Experimente und Computersimulationen
im naturwissenschaftlichen Unterricht

Priit Reiska

Experimente und Computersimulationen im naturwissenschaftlichen Unterricht

Ein empirischer Vergleich

PETER LANG
Frankfurt am Main · Berlin · Bern · Bruxelles · New York · Oxford · Wien

Bibliografische Information Der Deutschen Bibliothek
Die Deutsche Bibliothek verzeichnet diese Publikation in der Deutschen Nationalbibliografie; detaillierte bibliografische Daten sind im Internet über <http://dnb.ddb.de> abrufbar.

ISBN 3-631-51910-9

www.peterlang.de

Vorwort und Danksagung

Dieser Arbeit stellt den vorläufigen Abschluss meiner achtjährigen wissenschaftlichen Tätigkeit in der Abteilung Physik und ihre Didaktik an der Erziehungswissenschaftlichen Fakultät der Christian-Albrechts-Universität zu Kiel dar. Ich bedanke mich bei Prof. Dr. Dr. h. c. Helmut Dahncke von der Universität Kiel und bei Prof. Dr. Romi Mankin von der Pädagogischen Universität Tallinn, die sich für meine Weiterqualifizierung in Kiel eingesetzt haben.

Die vorliegende Studie betrifft die dritte Komponente eines Gesamtprojektes, das sich mit Physiklernen und Handeln befasst. An dieser Projektkomponente arbeiteten unter der Leitung von Prof. Dr. Dr. h. c. Helmut Dahncke die Privatdozentin Dr. Helga Behrendt und Dr. Priit Reiska als Verfasser dieser Arbeit. An dieser Stelle bedanke ich mich sehr herzlich bei Helga Behrendt und Helmut Dahncke für die erfreuliche Zusammenarbeit, für Beratung und Betreuung.

Eine wissenschaftliche Arbeit lebt von der Diskussion und dem ständigen Austausch von Ideen und Gedanken. Aus diesem Grunde wähle ich in der vorliegenden Arbeit überwiegend die Formulierung „wir“ und spreche von „unserer“ Arbeit.

Die umfangreiche Arbeit der Studie war nur möglich durch die großzügige finanzielle Unterstützung der Deutschen Forschungsgemeinschaft (DFG). Hierfür gilt mein ganz besonderer Dank.

Die Voruntersuchung wurde in der Realschule im Bildungszentrum Mettenhof und in der Realschule Schacht-Audorf durchgeführt. Die Hauptuntersuchung erfolgte in der Christian-Timm-Schule in Rendsburg. Bei allen Lehrerinnen und Lehrern sowie Schülerinnen und Schülern, die bereitwillig an diesem Projekt mitwirkten, bedanke ich mich.

Ebenso bedanke ich mich für die Mitwirkung vieler Studierender bei der umfangreichen Datenaufnahme und Auswertung.

Frau Christiane Baumgartner danke ich für das Korrekturlesen.

Reiska

Priit Reiska

1 Ausgangsposition, Ziele und Aufbau der Arbeit

Die vorliegende Studie ist eingebettet in ein Gesamtprojekt, das sich mit Physiklernen und Handeln befasst (siehe dazu Dahncke, 1997). Wir haben drei Bereiche gewählt, deren verbindendes Element das Energiekonzept ist. Die Arbeiten zur Komponente A "Wärmeenergieumsatz in einem Einfamilienhaus" (Fuhrmann, 1996) und zur Komponente C "Versorgung mit elektrischer Energie im Verbund von Kraftwerken" sind abgeschlossen (Behrendt, 1999; Reiska 1999). Die Komponente B "Umsatz von elektrischer Energie im Haushalt" ist Gegenstand dieser vorliegenden Studie.

Es ist unbestritten, dass der Physikunterricht die Aufgabe hat, physikalisches Wissen zu vermitteln, das Interesse an physikalischen Fragestellungen zu wecken und damit die Voraussetzungen für sachgerechte Anwendungen zu schaffen. Nach einem bereits sehr alten didaktischen und pädagogischen Postulat soll erworbenes Wissen auch zum Handeln befähigen. In der fachdidaktischen Literatur wird darauf eher mit Zurückhaltung reagiert und die Hoffnung ausgesprochen, dass Wissen angemessenes Verhalten *ermöglichen* könnte. Der neue Lehrplan von Schleswig-Holstein (Ministerium für Bildung, Wissenschaft, Forschung und Kultur des Landes Schleswig-Holstein, 1997) sieht in dem Konzept der Grundbildung u. a. die Aufgabe, "Wege zu verantwortbarem Handeln" (S. 4) aufzufinden. Schlüsselqualifikationen sollen zur Gestaltung des individuellen Lebens beitragen und die Teilnahme am gesellschaftlichen Handeln ermöglichen. Auch bei den Kompetenzen wird das Handeln betont. So werden die Kompetenzen als "Aspekte einer auf Handeln gerichteten und als Ganzes zu vermittelnden Lernkompetenz" (S. 7) bezeichnet.

Da die Frage nach einem Zusammenhang von Wissen und Handeln bisher nicht genügend geklärt ist, besteht hier ein Forschungsdesiderat, das wir in unserem dreiteiligen Projekt aufgreifen. Wir sind uns darüber im Klaren, dass das Handeln im Schulunterricht sich vom Handeln in realen Lebenssituationen des Alltags unterscheidet. Jeder Pädagoge hofft, dass das in der Schule Gelernte auch eine positive Wirkung auf zukünftige reale Handlungen hat. In unserem Projekt sind wir in den ersten beiden Komponenten von Eingriffen in Computersimulationen ausgegangen. Um die Einschränkungen der Aussagekraft dieser auch als "Spielhandlung" anzusehenden Handlungen zu mindern, haben wir in diesem dritten Teil geplant, physikalische Experimente, wie sie im Physikunterricht vorkommen können, mit gleichen Experimenten in Computersimulationen von Schülerinnen und Schülern durchführen zu lassen und zu beobachten. Wir beobachten also bei unterschiedlichen Probanden beide Arten des Handelns.

Wir gehen davon aus, dass Lernen und Handeln bereichsspezifisch erfolgen. Aus diesem Grund begrenzen wir unser Forschungsfeld auf festgelegte Unterrichtsinhalte, und zwar haben wir solche ausgewählt, denen das Energiekonzept zu Grunde liegt. Das Thema Energie durchzieht alle Bereiche der Physik. Die globale Bedrohung unseres Ökosystems und die knapper werdenden Ressourcen werfen Probleme auf, die alle Bürger betreffen. Der sparsame Umgang mit dem wertvollen Gut "Energie" wird auch zukünftig unsere heutigen Schülerinnen und Schüler betreffen. Es ist Aufgabe der Schule und insbesondere des Physikunterrichts, Kenntnisse und Handlungsweisen zu vermitteln, die die Schülerinnen und Schüler befähigen, als verantwortungsbewusste Bürger an gesellschaftspolitischen Entscheidungen mitzuwirken. Die im englischsprachigen Raum schon weit verbreitete STS-Bewegung (Science, Technology, Society) hat sich zum Ziel gesetzt, durch Verknüpfung von Naturwissenschaft mit Technik und Gesellschaft einen Alltagsbezug im naturwissenschaftlichen Unterricht herzustellen. Aus diesem Grunde haben wir für unseren Unterricht in dieser Untersuchung einen STS- Unterrichtsansatz gewählt. Die Ergebnisse unserer früheren Studie "Versorgung mit elektrischer Energie im Verbund von Kraftwerken" (Komponente C) geben uns Hinweise, dass dieser STS-Unterricht unserem traditionellen Unterricht auch im

Wissenserwerb keineswegs unterlegen, sondern in vielen Punkten sogar überlegen ist (siehe Reiska, 1999). Unsere Ergebnisse zu den Projektkomponenten C und A führen also dazu, dass unsere hier beschriebene Komponente B als nachunterrichtliche Untersuchung mit einer STS-Gruppe und einer Kontrollgruppe angelegt wird.

Den recht allgemein zu verstehenden Begriff "Wissen" schränken wir in unserer Untersuchung auf das mit der Methode Concept Mapping zu erfassende propositionale Wissen ein. Ein Concept Map stellt ein Beziehungsgeflecht zwischen Begriffen eines begrenzten Bereiches dar. In den abgeschlossenen Komponenten haben wir die Methode Concept Mapping bereits so weit entwickelt, dass wir in der Lage sind, eine Vielzahl von quantitativen Aussagen über das Wissen und insbesondere über Veränderungen von Wissen unserer Probanden zu treffen. Allerdings war der Zeitaufwand für die Auswertung der Netze erheblich und nur mit mehreren von uns entwickelten Computerprogrammen zu leisten. Die Eingabe der Informationen aus den Netzen in den Computer stellte ein Fehlerquelle dar. Auch war das Verfahren durch den Materialaufwand relativ teuer. Eine wesentliche Aufgabe der vorliegenden Studie ist es, die Schwachstellen des bisherigen Concept Mapping zu vermindern bzw. ganz auszumerzen. Für die Komponente B wird deshalb ein neues Computerprogramm CCMap entwickelt, dass es den Probanden ermöglicht, ihre Wissensnetze direkt am Bildschirm zu gestalten.

Eine weitere Datenerfassungsmethode in unserem Projekt ist die Computersimulation. Für die abgeschlossenen Komponenten wurden zwei unterschiedliche Computersimulationen entwickelt. In beiden Fällen war die Simulation die einzige Möglichkeit, die Schülerinnen und Schüler handeln zu lassen. Weder ist es möglich, unsere Probanden tatsächlich in einem Energieversorgungsunternehmen mit dem Einsatz unterschiedlicher Kraftwerke zu befassen, noch können die Probanden die über Stunden und Tage verlaufenden Aufheiz- und Abkühlungsvorgänge eines Einfamilienhauses beobachten und eingreifen (Dahncke, Fuhrmann, Steinhagen, 1998; Reiska, 1999). Die Registrierung aller Eingriffe der Probanden während des Handelns in der Computersimulation ermöglichte es, ein Verlaufsdiagramm jedes Probanden zu erstellen. Die aktuelle Komponente "Der Umsatz elektrischer Energie im Haushalt" ist grundsätzlich anders, weil unsere Probanden hier direkt eingreifen können. Wir haben uns deshalb die Aufgabe gestellt, eine neue Simulation zu entwickeln, die es ermöglicht, Handlungen in den Simulationen mit Handlungen in realen Situationen zu vergleichen. Bei der Energienutzung im Haushalt lassen sich so einfache Beispiele wählen, an denen das Handeln in der Realsituation beobachtbar wird. Als Realsituation betrachten wir das Experiment im Physikunterricht. Unter dem Gesichtspunkt des sparsamen Einsatzes von elektrischer Energie und Wärmeenergie im Haushalt wählen wir entsprechende Experimente aus.

Wir verfolgen somit in dieser Arbeit sowohl forschungsmethodische als auch didaktische Ziele. Im Folgenden werden die beiden Hauptziele der Arbeit dargestellt und erläutert:

MZ *Forschungsmethodisches Hauptziel: Bereicherung des Methodeninventars* der physikdidaktischen Forschung

DZ *Didaktisches Hauptziel: empirische Gewinnung von Erkenntnissen* über das Wissen und Handeln im Physikunterricht

MZ *Forschungsmethodisches Hauptziel: Bereicherung des Methodeninventars*

MZ1 Bereicherung des Methodeninventars der physikdidaktischen Forschung zur Erfassung von Wissen mittels Concept Mapping

MZ2 Bereicherung des Methodeninventars der physikdidaktischen Forschung zur Erfassung von Handlungen mittels Computersimulation (mit der Möglichkeit zum direkten Vergleich mit den Handlungen in Realsituationen)

Die theoretischen Grundlagen zum Erreichen dieser Ziele sind in den Kapiteln 2, 3 und 4 dargestellt. Die Beschreibung der durchgeführten Arbeiten beim Verfolgen der Ziele befindet sich im Kapitel 7. Ergebnisse zu den forschungsmethodischen Zielen der Arbeit sind im Abschnitt 9.2 dargestellt.

DZ *Didaktisches Hauptziel: empirische Gewinnung von Erkenntnissen*

DZ1 Gewinnung von Erkenntnissen über den Zusammenhang und über die Unterschiede von Handlungen in Realsituationen (physikalische Experimente) und am Computer (Computersimulation physikalischer Experimente)

DZ2 Gewinnung von Erkenntnissen über den Zusammenhang zwischen Wissen und Handeln in Realsituationen und am Computer

Die didaktischen Ziele der Arbeit sind bei den im Kapitel 6 formulierten fünf Hypothesen wiederzufinden. Die theoretischen Grundlagen zum Erreichen dieser Ziele sind in den Kapiteln 2, 3 und 4 zu finden. Die Ergebnisse zu den didaktischen Zielen sind im Abschnitt 9.3 dargestellt.

Die chronologische Durchführung der Arbeiten ist in der folgenden Tabelle dargestellt:

<table>
<tr><th>Literaturarbeiten</th><th>Arbeiten zur Empirie</th></tr>
<tr><td>Aufarbeitung der Literatur zu den vorigen Komponenten des Forschungsprojekts "Physiklernen und Handeln"</td><td></td></tr>
<tr><td></td><td>Konzeption der Studie (Hypothesen, Design)</td></tr>
<tr><td>psychologische Grundlagen zum "Wissen"
psychologische Grundlagen zum "Handeln"</td><td></td></tr>
<tr><td>Grundlagen zum Concept Mapping
Computerprogramme zum Concept Mapping</td><td></td></tr>
<tr><td>physikalische Experimente im Physikunterricht
Computersimulationen im Physikunterricht</td><td></td></tr>
<tr><td rowspan="8">Literaturarbeiten zum aktuellen Thema</td><td>Modifikation der STS-Unterrichtseinheit "Energie im Haushalt"</td></tr>
<tr><td>Auswahl, Gestaltung und Erprobug der Experimente</td></tr>
<tr><td>Programmierung und Erprobung der Computersimulation "Energie im Haushalt"</td></tr>
<tr><td>Programmierung und Erprobung des Computer Concept Mapping (CCMap)</td></tr>
<tr><td>Voruntersuchungen</td></tr>
<tr><td>Datenaufnahme zur Kontaminationshypothese</td></tr>
<tr><td>Datenaufnahme zu Hypothesen 1 bis 4</td></tr>
<tr><td>statistische Analyse und Interpretation der Ergebnisse</td></tr>
</table>

Tab. 1.1 Sequenz der Arbeiten zur Literatur und zur Empirie

Den Aufbau und die Struktur der Arbeit veranschaulicht die folgende Tabelle:

	Kapitel	Themen des Kapitels
theoretischer Teil	1. Ausgangsposition, Ziele und Aufbau der Arbeit	◦ Ausgangsposition der Arbeit ◦ Ziele der Arbeit ◦ Aufbau der Arbeit
	2. Darstellung von Wissen	◦ Wissensbegriff dieser Untersuchung ◦ Kognitionspsychologische Grundlagen zum Wissen ◦ Wissen und Begriffsnetze in dieser Untersuchung
	3. Concept Mapping	◦ Einsatzmöglichkeiten des Concept Mapping im Unterricht ◦ Concept Mapping in der naturwissenschafts-didaktischen Forschung ◦ Computerprogramme zur Konstruktion von Concept Maps ◦ Auswertung von Concept Maps ◦ Einordnung des von uns entwickelten Concept Mapping (CCMap)
	4. Handeln in Computer-simulationen und in Experimenten	◦ Grundlagen zum Handlungsbegriff ◦ Experimente im Physikunterricht ◦ Computersimulationen im Physikunterricht ◦ Computersimulation und Experiment im Vergleich
empirischer Teil	5. Unterrichtseinheit "Energie im Haushalt" als Untersuchungs-gegenstand	◦ Unterrichtseinheit "Energie im Haushalt"
	6. Fragestellung, Hypothesen und Untersuchungsdesign	◦ Kontaminationshypothese und dazugehöriges Untersuchungsdesign ◦ Haupthypothesen und dazugehöriges Untersuchungsdesign
	7. Forschungsmethoden der empirischen Studie	◦ Computer Concept Mapping (CCMap) ◦ Experimente ◦ Computersimulationen
	8. Durchführung der Datenaufnahme	◦ Datenaufnahme zu den Voruntersuchungen ◦ Datenaufnahme zur Hauptuntersuchung
	9. Ergebnisse	◦ Forschungsmethodische Fortschritte ◦ Prüfung der Hypothesen ◦ Zusammenfassung der Ergebnisse
	10. Diskussion und Ausblick	◦ Einordnung der Ergebnisse in die didaktische Diskussion ◦ Offene Fragen
	11. Literatur	◦ Literatur- und Internetquellen
	12. Anhang	◦ Screenshots des Programms CCMap ◦ Screenshots der Computersimulation "Energie im Haushalt" ◦ Unterrichtseinheit "Elektrizität zu Hause" ◦ Schülerarbeitsblätter ◦ Ergebnisse der statistischen Qualitätsprüfung mit SPSS

Tab. 1.2 Aufbau und Struktur der Arbeit

2 Darstellung von Wissen

Im ersten Abschnitt 2.1 dieses Kapitels wird der Wissensbegriff dieser Untersuchung erläutert. Im zweiten Abschnitt 2.2 werden die kognitionspsychologischen Grundlagen des Wissens kurz dargestellt. Im dritten Abschnitt 2.3 werden die Basisbegriffe zur Darstellung des Wissens im Netzform erläutert.

2.1 Der Wissensbegriff dieser Untersuchung

Der Informationsverarbeitungsansatz in der Psychologie und der in der Physikdidaktik sehr verbreitete Konstruktivismus gehen von einer Netzstruktur des Wissens aus. Die Verarbeitungsprozesse laufen in drei Ebenen mit jeweils charakteristischen Überdauerungszeiten und einer Vielzahl von Wechselwirkungen zwischen den Ebenen ab (Sensorischer Speicher ca. eine halbe Sekunde, Kurzzeitgedächtnis bis zu 15 Sekunden, Langzeitgedächtnis nahezu unbegrenzt. S. z. B. Roth, 1997). Die im Langzeitgedächtnis aktivierten Strukturen werden in der kognitiven Psychologie Begriffe genannt. Diese repräsentieren unsere erfahrungsabhängig akkumulierte Information über Teile der Lebenswelt und unsere Relation zu ihr. Zwischen den Begriffen gibt es lernabhängig gebildete Verbindungen. Von einem durch Reizeinflüsse aktivierten Begriff ausgehend, können auf diese Weise mit ihm verbundene Begriffe ebenfalls aktiviert werden, ohne dass weitere externe Reizwirkungen dazu erforderlich sind. Diese Begriffe und die zwischen ihnen existierenden Verbindungen bilden den Inhalt des Langzeitgedächtnisses und in diesem Sinne unser Wissen. Nach diesem Ansatz beginnt jede Reizverarbeitung mit der Aktivierung von Wissensstrukturen. Dabei werden aus den Reizen sinnvoll interpretierbare Informationen. Es gibt keine Verarbeitung eines Reizes ohne die Berücksichtigung des über diesen Reiz im Gedächtnis gespeicherten Wissens. Informationsverarbeitung erfolgt immer wissensgestützt. Die im Gedächtnis aktivierten Begriffe bilden eine Datenbasis für Entscheidungen über auszuführende Handlungen, und zwar sowohl im motorischen als auch im geistigen Bereich. Dass in solchen Formulierungen (die im wesentlichen in Anlehnung an Hoffmann,1994 formuliert sind) an zentraler Stelle das Wort "Begriff" verwendet wird, darf aus physikdidaktischer Sicht nicht überinterpretiert werden. Ausgangsthese in unserem Projekt ist vielmehr, dass die hier angesprochenen Begriffe mit der unmittelbaren Erfahrungs- und Erlebniswelt korrespondieren, also aus physikalischer Sicht recht elementar sind. Insbesondere muss bezweifelt werden, dass die in der Fachsprache der kognitiven Psychologie so bezeichneten Begriffe mit physikalischen Begriffen identifiziert werden dürfen.

Das hier skizzierte Problem hat in der wissenschaftlichen Debatte (damals unter dem Vorzeichen der Rezeption der Gagné'schen Lerntheorie) bereits Mitte der 70er Jahre eine beträchtliche Rolle gespielt. Dahncke, Duit und Niedderer wenden 1973 die von Gagné vorgenommene Unterscheidung zwischen Begriffs- und Regellernen (Theorielernen) auf eine Einheit des IPN-Curriculums Physik an und stoßen auf größere Schwierigkeiten in der Analyse und der Darstellung. Jung (1975) geht von der wissenschaftstheoretischen Seite an das Problem heran. Er führt in dieser Arbeit insbesondere aus, dass physikalische Begriffe theoriegeladen sind, dass also eine Trennung von Begriffs- und Theorielernen für die Physik sinnwidrig ist. Er bündelt dies in drei Hauptthesen:

"*1. Physiklernen heißt, physikalische Begriffe lernen, und physikalische Begriffe lernen heißt, physikalische Theorien lernen.*

2. Physiklernen heißt, eine physikalische Art der Betrachtung der Welt zu lernen. Es gibt inkommensurable Betrachtungsweisen, zwischen denen nicht einfach durch Experimente entschieden werden kann.

3. *Physiklernen heißt, die Normen einer Forschergemeinschaft lernen und an einem Forschungsprogramm teilnehmen."*

Abgesehen davon, dass ein Physikunterricht, der sich an den "Jung-Thesen" orientiert, außerordentlich anspruchsvoll sein müsste und in letzter Konsequenz wohl nur an der Universität stattfinden könnte, beziehen wir daraus für unsere Argumentation vor allem die Position, dass physikalische Begriffe nicht in schlichter Weise als Merkmalsklassen oder allein über Prototypen gebildet und gelernt werden können. Es bedarf vielmehr einer Einordnung des Begriffsnamens in ein partielles Netz, das die physikalische Theorie oder doch mindestens wichtige Teile von ihr ebenfalls enthält.

Klix (1984) hat solche partiellen Netze unter der Bezeichnung "Geschehenstypen" behandelt, um damit die große Verarbeitungsgeschwindigkeit und Flexibilität im menschlichen Denken erklären zu können. Wenn sich auch die Bezeichnung "Geschehenstyp" in der Literatur nicht auf breiter Front durchgesetzt hat, so ist die Grundidee aus physikdidaktischer Sicht doch interessant. Danach sind die in der kognitiven Psychologie so bezeichneten Begriffe durch Merkmale charakterisiert. Sie sind verbunden durch häufig erlebte Beziehungen zwischen den jeweiligen Begriffen in partiellen Netzwerken. Dementsprechend wird also nicht jeweils die Beziehung zwischen zwei Begriffen gestiftet, sondern die zwischen solchen partiellen Netzwerken. Dies erklärt auf der einen Seite die schnelle Verfügbarkeit von gebräuchlichem Wissen und die Flexibilität der menschlichen Wissensnutzung und ermöglicht auf der anderen Seite der Physikdidaktik, die Kritik von Jung (1975) aufzunehmen und in solchen semantischen Teilnetzen sowohl die physikalischen Begriffe als auch die ihnen zugehörigen Theorieelemente zu sehen. Demnach wäre also der Aufbau eines von Klix so bezeichneten Geschehenstyps (oder mehrerer) zugleich dem Lernen von physikalischen Begriffen und von physikalischen Theorien zuzuordnen. Ein semantisches Netz, mit beispielsweise dem Begriffsnamen Energie, wäre aus physikalischer Sicht gewiss solange unvollständig, als es nicht das Prinzip von der Erhaltung der Energie enthält usw. Dass der physikalische Begriff, wie Jung schreibt, theoriegeladen ist, drückt sich also in der Einbettung in solchen Geschehenstypen aus.

Nach Tergan (1986) ist Wissen organisiert und hat Struktur. Arbinger (1991) unterscheidet zwischen drei Typen von Wissenspräsentation:

1. *Deklaratives Wissen*
   Deklaratives Wissen wird in Form von Propositionen gespeichert. Eine Proposition besteht aus zwei Begriffen, die miteinander mit einer Relation verknüpft sind. Sie ist eine Aussage, die bewertet werden kann. Propositionen kann man zum Veranschaulichen in Form von Netzwerken darstellen. Deklaratives Wissen wird in episodisches und semantisches Wissen unterteilt. Episodisches Wissen beinhaltet individuelle Erfahrungen, das semantische Wissen ist allgemeiner und umfasst die Summe von Einzelerfahrungen.

2. *Prozedurales Wissen*
   Prozedurales Wissen bezieht sich auf Handlungswissen und wird in Form von Produktionssystemen dargestellt. Prozedurales Wissen ist häufig automatisiert und wird nicht von kognitivem Wissen begleitet.

3. *Analoges Wissen*
   Analoges Wissen bildet in analoger Form die Vorstellungsbilder und mentale Modelle eines Individuums ab.

Ähnlich wie Arbinger unterscheidet auch Tergan (1986) drei Typen von Wissenspräsentation:

1. *Semantische Raum-Modelle*
   Die semantischen Raum-Modelle repräsentieren das deklarative Wissen. Das Wissen wird in Form von Begriffen nach Ähnlichkeit sortiert (psychometrischer Ansatz), in Form von

Netzwerkstrukturen propositional dargestellt (Netzwerk-Ansatz) oder schematisch visualisiert (Schema-Ansatz).

2. *Produktionssysteme*
   In den Produktionssystemen wird das Handlungswissen in algorithmischer Form mit Wenn-dann-Beziehungen dargestellt.

3. *Analoge Repräsentation*
   Analoge Repräsentationen umfassen sowohl deklaratives als auch prozedurales Wissen.

Auf dieser Grundlage wird in der Studie das Wissen mit der Methode Concept Mapping erhoben.

2.2 Kognitionspsychologische Grundlagen zum Wissen

In der Neurobiologie wird zwischen deklarativem und prozeduralem Lernen unterschieden. Der Erwerb von Wissen über bestimmte Fakten und Ereignisse wird auch als deklaratives Lernen bezeichnet und beinhaltet auch bewusstes Erinnern von Vergangenem (Roth, 1997). Es kann sich sowohl um sprachliches als auch um nichtsprachliches Erinnern und Vorstellen handeln.

Prozedurales Lernen vollzieht sich meist in einer automatischen und weitgehend unbewussten Weise. Es führt zu Fähigkeiten im motorischen Bereich, wie Fahrradfahren oder Schwimmen. Das Lernen erfordert Übung.

Deklaratives Lernen und Gedächtnis werden unterteilt in episodisches und semantisches Lernen und Gedächtnis. Die strukturierten Inhalte des Langzeitgedächtnisses, die alle Kenntnisse eines Menschen beinhalten, werden häufig als Struktur des "semantischen Gedächtnisses" oder als "Wissensstruktur" dieses Menschen bezeichnet. Der Begriff "semantisch" kennzeichnet Informationen, die vom Individuum mit einer Bedeutung versehen werden; es sind Informationen, die nicht einer bestimmten Lernepisode zugeordnet werden können. Dagegen spricht man von einem "episodischen" Gedächtnisinhalt, wenn dieser mit einem speziellen Ereignis verknüpft ist, also einen autobiographischen Bezug aufweist.

In der Neurobiologie ist man sich heute einig, dass Lernen zu Veränderungen lokaler neuronaler Verschaltungen im Gehirn führt. Gedächtnis ist das Bewahren dieser Veränderungen sowie ihr Wirksamwerden zu einem späteren Zeitpunkt.

Es werden drei Formen des Gedächtnisses unterschieden:

Sensorisches Gedächtnis
Das sensorische Gedächtnis, auch Ultrakurzspeicher genannt, erhält für einige Sekunden die reizspezifische Erregung durch Informationen aus den Sinnesorganen oder aus dem Langzeitspeicher. In dieser Zeit findet auch die Assoziation mit anderen Reizen statt.

Kurzzeitgedächtnis
Das Kurzzeitgedächtnis hat eine begrenzte Speicherfähigkeit von etwa sieben Objekten und ist gegenüber neuen Reizen recht störanfällig. Es ist eine labile Vorstufe für das Langzeitgedächtnis, indem es aus der großen Menge von einlaufenden Informationen die für das Individuum wichtigen aussortiert.

Langzeitgedächtnis
Das Langzeitgedächtnis dagegen hat eine sehr große Speicherfähigkeit und ist weitgehend störungsanfällig. Über die Natur des Vergessens und Erinnerns liegen derzeit noch lückenhafte Kenntnisse vor.

Gedächtnisinhalte werden über Aufruf- und Ausleseprozesse wirksam. Wir können uns die Tätigkeit der Zentren beim Lernen und bei der Gedächtnisbildung folgendermaßen vorstellen: Wenn das Gehirn mit einer Wahrnehmungs- und Handlungssituation konfrontiert ist, wird zunächst festgestellt, ob die Situation neu oder bekannt und wichtig oder unwichtig ist.

Ist die Situation bekannt und wichtig, dann werden bereits bestehende Nervennetze aktiviert, die dann eine Erkennensleistung herbeiführen oder eine Handlung auslösen. Wird die Situation als neu und wichtig eingestuft, dann werden Nervennetze für eine Reorganisation ihrer synaptischen Verknüpfung bereitgestellt. Dazu werden ähnliche Gedächtnisinhalte hinzugezogen. Neues wird in etwas Bekanntes hineingelernt. Bei diesen Vorgängen spielen Gefühle wie Befriedigung, Sättigung, Ruhe, Freude, Erregung oder Angst eine Rolle.

Eine fundamentale Unterscheidung in der Repräsentation von Wissen ist die nach analoger und nicht-analoger Repräsentation.

Die nicht-analoge Repräsentation wird auch als propositionale Repräsentation bezeichnet. Die bestehende kognitive Struktur wird genutzt, um eingehende Informationen in ökonomischer Weise zu speichern.

Bei der analogen Repräsentation findet keine Umsetzung der eingehenden Informationen statt; sie werden raum-zeitlich gespeichert. Dabei handelt es sich um Vorstellungsbilder und mentale Modelle, bei denen Ausschnitte der Realität in analoger Weise abgebildet sind. Über die Existenz dieser Vorstellungsbilder bestehen keine Zweifel, aber über die Art der Repräsentation gehen die Meinungen auseinander. Mit Hilfe der mentalen Modelle kann ein Realitätsausschnitt verstanden und erklärt und können Vorhersagen getroffen werden.

Vom Standpunkt unserer Untersuchung aus ist es wichtig, dass die neurobiologische Sicht und die psychologische Sicht in der Einteilung von prozeduralem und deklarativem Wissen übereinstimmen und beim deklarativen Wissen von einer Netzstruktur ausgehen.

Deklaratives Wissen
Es wird davon ausgegangen, dass deklaratives Wissen in Form von Propositionen gespeichert ist. Eine Proposition ist eine Aussage, die eindeutig als wahr oder falsch bestimmt werden kann. Sie wird auch als Prädikat bezeichnet, d. h. sie stellt eine Relation zwischen Begriffen her. Mehrere Propositionen zusammen werden in Netzwerken anschaulich dargestellt. Man kann also davon ausgehen, dass beim Concept Mapping das deklarative Wissen eines Individuums veranschaulicht wird. Dabei steht nicht fest, ob die kognitive Struktur im Gedächtnis in gleicher Form festgehalten ist. Üblicherweise wird das deklarative Wissen in semantisches und episodisches Wissen unterschieden. Das episodische Wissen beinhaltet individuelle Erfahrungen, also Einzelerlebnisse, die aus einer Episode hervorgegangen sind. Das semantische Wissen stellt die Summe von Erfahrungen aus einem Themenkreis dar; es ist also aus vielen Erfahrungen zu einem Bereich zusammengefasst. Damit hat es einen allgemeineren Charakter als das episodische Wissen.

Prozedurales Wissen
Das prozedurale Wissen wird auch als das "Knowhow" bezeichnet. Es bezieht sich auf Handlungswissen. Dieses Handlungswissen läuft nicht immer bewusst ab, häufig ist es automatisiertes Wissen wie Schwimmen, Radfahren etc. Die Grenze zwischen deklarativem und prozeduralem Wissen kann nicht immer klar gezogen werden. Handlungswissen kann auch von bewusstem kognitivem Wissen begleitet sein. Beide Wissensformen ergänzen sich sinnvoll.

2.3 Wissen und Begriffsnetze in dieser Untersuchung

Vor dem Hintergrund des unter 2.1 und 2.2 Ausgeführten lag es für unser Projekt besonders nahe, das Wissen der Probanden propositional in Form von Begriffsnetzen zu erheben.

Die Ergebnisse der in den letzen 20 Jahren sehr umfänglich durchgeführten Forschung zu Alltagstheorien über Phänomene der natürlichen und technischen Umwelt können aus der oben eingenommenen Perspektive dahingehend interpretiert werden, dass den Alltagsvorstellungen der Schüler sehr früh gebildete und immer wieder durch erlebte Erfahrungen bewährte Geschehenstypen entsprechen, die nur außerordentlich schwer mit den im Unterricht aufgebauten partiellen Netzen verknüpft werden können. An dieser Stelle liegt einer der wichtigsten Gründe, semantische Netze der Schüler zu erheben und ihre Veränderung im Kontext von Unterricht zu beobachten. Wissen ist also u. a. in (gerichteten) Graphen darstellbar. Die Verbindung von je zwei Knoten mit einer (gerichteten) Relation stellt deshalb einen Teil des Wissens des Probanden in Form einer Proposition dar (Abb. 2.1). Solche Graphen lassen sich relativ unproblematisch zu unterschiedlichen Bereichen erheben und (allerdings mit beträchtlichem Aufwand) auch unter Einsatz von Auswertungsprogrammen analysieren.

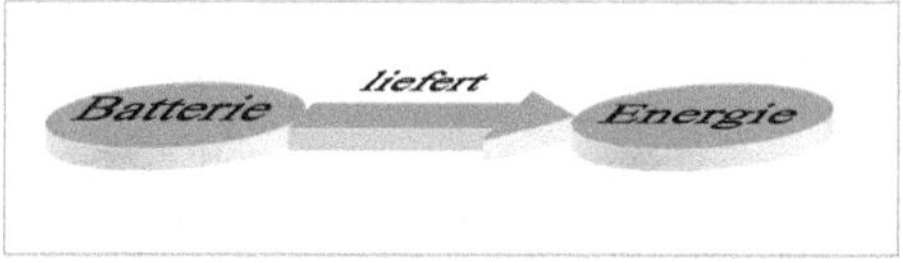

Abb. 2.1 Eine Proposition

Der Begriff „Wissen“ wird in der Psychologie heute sehr umfassend gesehen. Bei der Vielzahl von Forschungsrichtungen zur Erfassung von Wissen lässt sich von der Grundannahme ausgehen, dass gedächtnismäßig repräsentiertes Wissen als organisiertes, strukturiertes Wissen verstanden wird. Wissensrepräsentationen gehen häufig von deklarativer und prozeduraler Repräsentation aus. Deklaratives Wissen bezieht sich auf das Wissen von Fakten, Daten, Sachverhalten, während das prozedurale Wissen sich auf Handlungswissen, also Prozeduren und Operationen bezieht. Eine dritte angenommene Kategorie des Wissens sind Vorstellungsbilder und mentale Modelle, bei denen Ausschnitte der Realität in analoger Form abgebildet werden.

Es wird im Allgemeinen davon ausgegangen, dass deklaratives Wissen in Form von Propositionen gespeichert ist. Eine Proposition ist die kleinste Einheit einer Aussage, die als wahr oder falsch bestimmt werden kann. Eine andere Bezeichnung ist Prädikat, also eine Relation zwischen zwei Begriffen. Eine anschauliche Darstellung dieser Propositionen kann man sich in Netzwerken vorstellen. Die Concept Maps werden als Beziehungsgeflecht zwischen Begriffen eines Wissensbereiches angesehen. Ob sie tatsächlich ein Abbild des im Gedächtnis gespeicherten Wissensbereiches sind, kann nicht mit Bestimmtheit gesagt werden. Eine grundlegende Kritik kommt aus der radikal-konstruktivistischen Position, die diese Sichtweise als zu einfach bemängelt. Die Frage, wie das Wissen tatsächlich gespeichert ist, wird in der Kognitionspsychologie als nicht so bedeutungsvoll angesehen, wichtiger ist vielmehr, ein erfolgreiches Modell zu entwerfen, dass Beobachtungen erklärt und Vorhersagen ermöglicht. Die umfangreiche Forschung mit Concept Mapping bietet mittlerweile gute Vorraussetzungen für ein Modell der Wissensrepräsentation. In den Forschungsprojekten der naturwissenschaftlichen Fachdidaktiken haben Concept Maps eine weite Verbreitung gefunden. Danach werden Äußerungen von Lernenden über ihr Wissen als

Ausdruck ihrer Wissensstruktur angesehen, somit stellen auch die Concept Maps eine Form der Externalisierung von Wissen dar.

Begriffsnetze sind ein Mittel, um etwas darüber zu erfahren, welche Beziehungen ein Individuum zwischen Begriffen, Wörtern, Konzepten und Sachverhalten sieht. In der didaktischen Literatur findet man am häufigsten die Bezeichnungen „Begriff" und „Konzept", während in der Mathematik „Knoten" üblich ist. Die Verknüpfung zwischen den Begriffen kann aus einem Wort, einem Satz, einem Zeichen oder nur aus einer gerichteten oder ungerichteten Linie bestehen. Die Bezeichnungen „Verknüpfung" und „Relation" werden gleichwertig verwendet, während „Kante" überwiegend in der Mathematik üblich ist.
Bei der Zusammenfügung von Propositionen zu Concept Maps, können ganz unterschiedliche Beziehungsgeflechte entstehen. So können ein oder mehrere Begriffe sternförmig aussehen, d.h., sie stehen mit vielen anderen Begriffen in einem Zusammenhang, dies wird durch die Variable „Zentralität" erfasst. Begriffe können auch in einer Linie miteinander verbunden sein. Manche Probanden vernetzen alle Begriffe miteinander, andere legen „Inseln". Die Netze erlauben auch Aussagen über die Verwendung von Fachbegriffen oder Alltagsbegriffen. Ein sehr wichtiges Kriterium zur Bewertung von Begriffsnetzen ist die Richtigkeit und die Anzahl der Propositionen. Da nicht immer alle Aussagen eindeutig richtig oder falsch sind, können auch Zwischenwerte gegeben werden. In unseren Concept Maps bewerten wir jede einzelne Proposition in einer Rangfolge mit 0,1,2,3.

Der Vergleich von Netzen zu zwei verschiedenen Zeitpunkten gibt uns Anhaltspunkte für Wissensveränderungen. Auch Novak hat zunächst diese Methode in den USA entwickelt, um Veränderungen des Wissens bei Kindern darzustellen. Er erkannte bald, dass Concept Mapping auch gut geeignet ist, sinnvolles Lernen in den Naturwissenschaften und auch in anderen Fächern zu unterstützen. Bei der Bewertung legt Novak großen Wert auf die hierarchische Anordnung der Begriffe. Seine grundlegenden Ideen basieren auf der Assimilationstheorie von Ausubel. Danach bedeutet Lernen die Assimilation von neuen Begriffen in ein bereits vorhandenes Wissensnetz des Probanden. Die Untergliederung eines Leitkonzepts, also subsumtives Lernen, ist ein wesentlicher Bestandteil seiner Theorie. Durch diese hierarchische Anordnung entsteht eine Baumstruktur. Sie wird von Novak am höchsten bewertet. In der heutigen Literatur wird die Bedeutung von Baumstrukturen unterschiedlich beurteilt. Für uns stellt die hierarchische Struktur ein unentbehrliches Kriterium zur Bewertung dar, denn die Netze unserer Probanden beziehen sich auf ein Wissensgebiet, das nicht durch Unter- oder Überordnungen gekennzeichnet ist. Es werden eher sternförmige Netze mit zentralen Begriffen, wie z. B. „Energie" gelegt.

Die große Bandbreite der physik- und chemiedidaktischen Forschungsfragen, die mit Concept Mapping bearbeitet werden, spiegelt die Vielfalt der Einsatzmöglichkeiten wider. Es gibt keine festen Regeln für die Ausführung und Auswertung von Concept Maps, so dass die Methode den jeweiligen Erfordernissen flexibel angepasst werden kann.

3 Concept Mapping

Concept Maps sind visuelle Graphen. Sie bestehen aus Knoten, die Begriffe bzw. Konzepte repräsentieren und aus Kanten, die die Verknüpfungen zwischen den Konzepten repräsentieren. Die Methode Concept Mapping wird mittlerweile in unterschiedlichsten Disziplinen eingesetzt, weil sie es ermöglicht, komplexe Strukturen zu veranschaulichen. Concept Maps wurden in Bereichen wie Bildung (Lambiotte u. a., 1984; Novak und Gowin, 1984), Management (Axelrod, 1976; Hart, 1977; Eden, Jones und Sims, 1979; Banathy, 1991), künstliche Intelligenz (Quillian, 1968), Wissenserwerb (McNeese u. a., 1990), Linguistik (Sowa, 1984; Graesser und Clark, 1985), Programmieren (Burnett und Baker, 1994), Programmdesign (Cox, 1991; Booch, 1994; Coad, North und Mayfield, 1995), Programmvisualisierung (Myers, 1990) usw. eingesetzt. In diesem Kapitel wird hauptsächlich der Einsatz des Concept Mapping in der naturwissenschaftlichen Bildung betrachtet.

In den 70er Jahren entwickelte Novak in den USA das Concept Mapping zunächst als Instrument zur Diagnose von Lernschwierigkeiten und zur Analyse der Begriffsentwicklung bei Kindern. Novak erkannte bald, dass Concept Mapping außerdem sehr gut geeignet ist, sinnvolles Lernen in den Naturwissenschaften zu unterstützen. Es stellte sich heraus, dass diese Methode auch in vielen anderen Fächern mit Erfolg einsetzbar ist. Die grundlegenden Ideen des Forschungsprogramms von Novak basieren auf der Assimilationstheorie von Ausubel. Wissen wird als ein vernetztes System eng miteinander zusammenhängender Begriffe gesehen. Sinnvolles Lernen führt laut Ausubel anders als Auswendiglernen zu einer größeren Differenzierung der bestehenden kognitiven Struktur des Lernenden.

Mittlerweile gibt es eine große Zahl von Varianten des Concept Mapping in der fachdidaktischen Forschung. Concept Mapping hat sich aber nicht nur in der Forschung etabliert, sondern hat sich auch bereits in der Schulpraxis bewährt. Die Vorteile des Concept Mapping liegen auf der Hand. Schülerinnen und Schüler erhalten die Gelegenheit, die für das Verstehen so wichtigen und entscheidenden Verbindungen zwischen Begriffen aufzuzeichnen, also gewissermaßen eine Landkarte ihres Begriffsverständnisses anzufertigen. Daraus ist zu erkennen, welche Beziehungen die Lernenden zwischen den zentralen Begriffen eines Sachgebietes sehen, welche Lücken ihr Netz noch hat und wo es bereits gut entwickelt ist. Es lässt sich erkennen, ob alle Begriffe eines Sachgebiets miteinander verknüpft sind oder ob Inseln entstanden sind. Aufschlussreich ist auch, welchem Begriff der Lernende eine zentrale Rolle zugewiesen hat. Wichtig für den Unterrichtserfolg ist es ebenso, ob er Fachbegriffe oder eher Alltagsbegriffe verwendet hat. Zur quantitativen Erfassung in der Forschung gibt man die Verknüpfungen vor, für den Einsatz als Lehr-/Lerninstrument in der Schule hat es sich bewährt, den Schülerinnen und Schülern zu überlassen, wie sie die Verbindungen kennzeichnen.

3.1 Einsatzmöglichkeiten des Concept Mapping im Unterricht

Concept Mapping hat den Vorteil, dass die Inhalte physikalischer Aussagen für die Schülerinnen und Schüler nicht von der Formulierung und grammatikalischer Richtigkeit von Sätzen abhängen. Die Lernenden verknüpfen Begriffe mit Relationen zu einer Aussage, also fertigen eine Art Abbild ihres Begriffsverständnisses an.

Im Folgenden werden einige Einsatzbereiche und Vorteile des Concept Mapping aufgelistet:

- *Concept Mapping ist in jeder Phase des Unterrichts einsetzbar.*
- *Concept Mapping ist in allen Klassenstufen einsetzbar.*

- *Für die Schülerinnen und Schüler hilft das Anfertigen eines Concept Maps, um über das eigene Wissen nachzudenken.*
- *Für die Schülerinnen und Schüler hilft das Concept Mapping Gruppenarbeit durchzuführen.*
- *Für die Lehrerinnen und Lehrer geben die Concept Maps Hinweise zum Wissensstand der Schülerinnen und Schüler.*
- *Für die Lehrerinnen und Lehrer hilft Concept Mapping bei der Planung des Unterrichts.*

Zu Beginn eines neuen Themas ist es sinnvoll, zunächst das Vorwissen oder die Alltagsvorstellung der Lernenden zu erfahren; das kann im Gespräch, mit einem Test, aber auch mit Concept Mapping geschehen. Die Maps lassen sich zur Kontrolle des erreichten Wissensstandes während der Unterrichtseinheit einsetzen. Am Ende einer Unterrichtseinheit geben sie Aufschluss über den Wissenszuwachs.

Das Anfertigen eines Begriffsnetzes stellt auch eine Lernsituation dar. Die Lernenden werden dabei angeregt, über ihr erreichtes Wissen nachzudenken.

Besonders effektiv erweist sich Gruppenarbeit, aber auch die Erarbeitung eines Netzes mit der gesamten Klasse, da hierbei die Diskussion über richtige oder falsche Verknüpfungen angeregt wird. In Gruppen können die Jugendlichen ihre Begriffsnetze vorstellen und mit denen ihrer Mitschülerinnen und -schüler vergleichen.

Wie die Ergebnisse anderer Methoden auch, geben Begriffsnetze der Lehrkraft Hinweise, welches Wissensniveau die Lernenden erreicht haben, wo noch Lücken zu schließen und welche Anregungen für den weiteren Lernprozess nötig sind.

Zur Planung einer Unterrichtseinheit zeichnen sich viele Lehrer die Sachstruktur des neuen Themenbereichs in Form eines Ablaufdiagramms auf, was nichts anderes als eine Art von Begriffsnetz darstellt. Normalerweise würde eine Lehrkraft die für den Unterricht wesentlichen Begriffe entweder auf Kärtchen oder auf ein Blatt Papier schreiben. Die Kärtchen haben den Vorteil, dass sie einfacher zu verschieben sind. Ein solches Verfahren lässt Unstimmigkeiten und Lücken leicht erkennen. So entsteht ein Begriffsnetz, das als Referenznetz für die von Schülerinnen und Schülern nach dem Unterricht konstruierten Begriffsnetze dienen kann. Als eines der Ergebnisse dieser Studie wird im Abschnitt 7.1 das Programm CCMap dargestellt, mit dem dies direkt am Computer durchgeführt werden kann.

Schon Novak geht davon aus, dass auch sechs- und siebenjährige Kinder durch sorgfältigen Unterricht ein angemessenes Verständnis von naturwissenschaftlichen Konzepten erreichen können. Er betont, dass dieses in allen Bereichen der Naturwissenschaft möglich sei. Novak vergleicht die Ergebnisse seiner Untersuchungen mit den Erkenntnissen Piagets und gelangt zu der Meinung, dass jüngere Kinder nicht durch die Piaget'schen Entwicklungsstufen in ihren Lernfähigkeiten begrenzt seien, sondern dass die Quantität und Qualität des durch Erfahrung und Instruktion gewonnenen relevanten Wissens ausschlaggebend seien. Die Untersuchungen Novaks zeigen, dass auch schon Kinder der Primarstufe in der Lage sind, gut durchdachte Concept Maps zu erstellen und diese anderen zu erklären.

In einigen Erprobungen in verschiedenen Klassenstufen (von Klasse 2 bis Klasse 10) haben wir festgestellt, dass sich die Methode Concept Mapping in allen erprobten Klassenstufen bestens bewährt hat. Selbstverständlich muss die Lehrkraft die Begriffe und die Relationen dem jeweiligen Kenntnisstand der Schülerinnen und Schüler anpassen. In der Grundschule empfiehlt es sich, zusätzlich zu den geschriebenen Begriffen auch Bilder einzusetzen.

3.2 Concept Mapping in der naturwissenschaftsdidaktischen Forschung

Einsiedler stellt noch 1996 fest, dass es im deutschen Sprachraum wenig Forschung zum Concept Mapping gibt. Dies hat sich seither deutlich verändert. Es gibt eine Reihe von Studien, in denen die Methode Concept Mapping eingesetzt wird. In den folgenden Abschnitten wird eine Übersicht über Projekte zum Thema Concept Mapping in der naturwissenschaftsdidaktischen Forschung gegeben.

Zur besseren Übersichtlichkeit werden bei jedem Projekt die folgenden gleichen Gliederungspunkte benutzt:

- *Fachgebiet und Forschungsziel*
- *Durchführung und Gestaltung der Maps*
- *Auswertung*
- *Literatur*

3.2.1 Ansatz von Novak

Fachgebiet und Forschungsziel
Novak war der Erste, der die Methode Concept Mapping im naturwissenschaftlichen Unterricht eingesetzt hat. Er hat in den 60er und 70er Jahren die Änderung von naturwissenschaftlichen Konzepten bei sechs- und siebenjährigen Kindern in einer Langzeitstudie über zwölf Jahre untersucht.

Durchführung und Gestaltung der Maps
Zunächst legen die Schülerinnen und Schüler nur Begriffe. Im Verlauf der Weiterentwicklung der Methode werden die Begriffe dann miteinander verknüpft.

Auswertung
Novak bewertete die Netze nach folgenden Kriterien: Anzahl der Propositionen, Erstellung der Hierarchieebenen, Verknüpfung unterschiedlicher Wissensbereiche, zusätzliche Beispiele zu den Propositionen, subjektive Meinung des Versuchsleiters (im Vergleich mit einem Referenznetz).

Literatur:
Novak (1990, 1991, 1995)

3.2.2 Ansatz von Behrendt, Dahncke und Reiska

Fachgebiet und Forschungsziel
Die Methode Concept Mapping wird zur Bewertung von deklarativem Wissen vor und nach dem Physik- bzw. STS-Unterricht (Science Technology Society) eingesetzt. Insgesamt werden in einer deutschen Realschule und in einem estnischen Gymnasium mehr als 120 15- bis 16jährige Schülerinnen und Schüler untersucht.

Durchführung und Gestaltung der Maps
Jeder Schüler arbeitet einzeln im Klassenverband. 51 Begriffe und 10 Relationen werden vorgegeben. Die Benutzung von weiteren Begriffen bzw. Relationen ist nicht vorgesehen. Sowohl Begriffe als auch Relationen dürfen frei positioniert werden. Die Begriffe werden in der Reihenfolge des Legens nummeriert, damit man die Entstehung eines Netzes nachvollziehen kann. Die Schülerinnen und Schüler haben 45 Minuten Zeit, um Netze zu legen. Die Begriffe und Relationen sind auf selbstklebende Etiketten gedruckt und werden auf das Tonpapier geklebt.

Auswertung
Die Auswertung der Netze geschieht mit einem fünfstufigen computergestützten Auswertungsverfahren. Die Einzelnetze werden mit Hilfe einer Referenzmatrix nach Größe, Richtigkeit und Struktur quantitativ ausgewertet. Zusätzlich werden aus einzelnen Schülernetzen Gruppennetze (modale Netze und Bereichsnetze) konstruiert und bewertet.

Literatur:
Dahncke (1997a), Behrendt (1999), Reiska (1999), Behrendt, Dahncke, Reiska (2000)

3.2.3 Ansatz von Bonato

Fachgebiet und Forschungsziel
Bonato führt Concept Mapping mit 123 Oberstufenkursschülern und Studenten im Fach Biologie durch. Die Probanden sollen ihr Wissen über einen Lehrtext mit Hilfe der Struktur-Lege-Technik darstellen.

Durchführung und Gestaltung der Maps
Den Probanden werden leere weiße Kärtchen sowie bedruckte Relationskärtchen gegeben. Es stehen sechs unterschiedliche Relationen zur Verfügung. Zusätzlich zu den sechs Relationen hat auch die Positionierung der Begriffe im Netz eine Bedeutung: Z. B. sind zwei nebeneinander stehende Begriffe automatisch mit "und" verknüpft. Die Probanden sollen die Kärtchen auf einen weißen Bogen der Größe 70 x 100 cm kleben. Es wird kein Zeitlimit vorgegeben.

Auswertung
Bei der Auswertung legt Bonato viel Wert auf die Struktur der Netze. Dazu benutzt er das Computerprogramm GRADAP[1] (Stokman, F. N., Sprenger, C. J. A., 1989). Bonato berechnet zur Auswertung der Netze folgende Variablen: Anzahl der Knoten, Anzahl der Zusammenhangskomponenten, Durchmesser, mittlere Weglänge, Nutzungshäufigkeit der Relationskärtchen, Knotenzentralität, Inhaltsanalyse der Knoten.

Literatur: Bonato (1990)

3.2.4 Ansatz von Friege und Lind

Fachgebiet und Forschungsziel
Friege und Lind haben im Fach Physik insgesamt 108 Gymnasialschülerinnen und -schüler und Physikstudierende Concept Maps legen lassen und die Netzkenngrößen mit Variablen aus anderen Wissenstests verglichen. Die Begriffsnetze werden zur Bestimmung des von den Autoren so bezeichneten "Wissensexpertisestatus" eingesetzt.

Durchführung und Gestaltung der Maps
Friege und Lind haben den Probanden 17 Begriffe auf selbstklebenden Karten zum Legen des Netzes vorgegeben. Es bestand zusätzlich die Möglichkeit, noch weitere Begriffe dazuzunehmen. Die Netze sollten auf einem A3-Blatt konstruiert werden. Die Relationen zwischen den Begriffen konnten die Probanden selbst frei formulieren. Für das Legen standen 45 Minuten zur Verfügung.

Auswertung
Die Netze wurden nach graphentheoretischen und inhaltlichen Gesichtspunkten ausgewertet. Es wurden folgende graphentheoretische Variablen berechnet: Anzahl der Knoten, Anzahl der Kanten, Anzahl der Komponenten (zusammenhängende Komponenten, Inseln), Komplexität (Quotient der Kanten und Knoten, Dichte eines Graphen), Anzahl zentraler Knoten (der zentrale Knoten wird ein Knoten mit einem Grad größer oder gleich vier definiert), Anzahl

---

[1] GRADAP - **GRA**ph **D**efinition and **A**nalysis **P**ackage

einzeln verknüpfter Begriffe (Anzahl der Knoten mit Grad eins). Bei der inhaltlichen Auswertung wird den beiden folgenden Fragen nachgegangen: Welche Begriffe haben die größte Bedeutung für das Begriffsnetz? Welche Relationen werden verwendet? Die Bedeutung eines Begriffs wird anhand der Zentralität festgestellt. Die Relationen wurden nach Richtigkeit (richtig, falsch) und auch nach Art der Aussage (qualitativ, quantitativ) bewertet.

Literatur: Friege, Lind (2000)

3.2.5 Ansatz von Fuhrmann

Fachgebiet und Forschungsziel
Fuhrmann setzt Concept Mapping in einer Studie zur Wärmelehre ein. Er benutzt das Verfahren, um das Vorwissen der Probanden zu erfassen. Es werden Schüler (Novizen) und Gymnasiallehrer mit dem Fach Physik (Experten) untersucht. Fuhrmann lehnt sich bei der Methode Concept Mapping eng auf die Heidelberger Strukturlegetechnik an.

Durchführung und Gestaltung der Maps
Um ein Wissensnetz zu konstruieren, müssen die Probanden zuerst selbst die Begriffe nennen. Die zehn Relationen sind vorgegeben, die Probanden dürfen jedoch selbstständig neue Relationen dazunehmen. Die Begriffe werden auf Kärtchen geschrieben und dann dem Probanden zum Legen gegeben. Während des Legens ist ein Dialog mit dem Versuchsleiter erlaubt.

Auswertung
Zur Auswertung werden die Netze zuerst fotografiert. Fuhrmann hat zur Auswertung ein Computerprogramm "Matrix" geschrieben. Mit Hilfe des Programms "Matrix" werden zu den Netzen Matrizen berechnet, die Verknüpfungen im Netz in einer Fünf-Punkte-Skala bewertet und folgende Basisvariablen berechnet: Anzahl der Begriffe; Anzahl der Begriffe, die nicht im Instruktionsprogramm[2] vorkamen; Anzahl der Beziehungen; Anzahl der Beziehungen, die mit 1 bis 5 bewertet wurden; Anzahl der Beziehungen, die identisch mit Beziehungen der Referenzmatrix waren; Anzahl der Beziehungen, zwischen gleichen Begriffen wie in der Referenzmatrix, aber nicht identisch.

Literatur: Fuhrmann (1996), Dahncke, Fuhrmann, Steinhagen (1998), Dahncke (1997b)

3.2.6 Ansatz von Gerken, Fischer und von Aufschnaiter

Fachgebiet und Forschungsziel
Gerken, Fischer und von Aufschnaiter haben Concept Mapping im Forschungsprojekt "Lernprozesse im Physikstudium" (LiPs) zur Untersuchung von Studentenvorstellungen im Bereich Elektrodynamik eingesetzt. Es wurden fünf Datenerhebungen innerhalb von zwei Semestern durchgeführt. In den beiden ersten Erhebungen wurden die Netze in Vierergruppen gelegt, in den übrigen drei Erhebungen hat jeder Student einzeln gearbeitet.

Durchführung und Gestaltung der Maps
Den Studenten wurden zwölf bis vierzehn zentrale Begriffe aus der Elektrodynamik vorgegeben. Die Studenten durften neue Begriffe dazunehmen und brauchten auch nicht alle vorhandenen miteinander zu verknüpfen. Die Verknüpfungen konnten sie frei beschriften.

Auswertung
Zur Kontrolle der Maps wurde nach jeder Einzelsitzung ein Interview mit dem Studenten durchgeführt. Um den Entstehungsprozess der Netze besser zu untersuchen, wurden alle

---

[2] Fuhrmann hatte vor dem Concept Mapping einigen Probanden ein Instruktionsprogramm zur Wärmelehre gegeben

Sitzungen videodokumentiert. Bei der Auswertung wurden sowohl zur Größe der Netze (Anzahl der Wörter, Anzahl der Verknüpfungen) als auch zur Struktur der Netze (z. B. Hoede-Index) Variablen berechnet.

Literatur: Gerken, Fischer, von Aufschnaiter (1995)

3.2.7 Ansatz von Hegarty-Hazel

Fachgebiet und Forschungsziel
In diesem Forschungsprojekt wurde die Methode Concept Mapping vor und nach einem dreiwöchigen Unterricht zum Thema "Elektrizität" durchgeführt. Der Unterricht war stark alltagsbezogen und hatte viele Fragestellungen aus dem Fach Biologie.

Durchführung und Gestaltung der Maps
Die Schülerinnen und Schüler erhielten zwölf Karten mit Begriffen. Sie sollten zuerst die beiden wichtigsten Begriffe herausfinden und mit einer Linie verknüpfen. Danach sollten die Schülerinnen und Schüler die beiden zweitwichtigsten Begriffe miteinander verknüpfen usw. Alle Verknüpfungen wurden nummeriert. Zum Schluss sollten sie jeden Begriff aus dem Fach Physik mit einem Begriff aus dem Fach Biologie verknüpfen und zur Erklärung jeder Verknüpfung zwei Sätze formulieren.

Auswertung
Bei der Auswertung wurden folgende Kriterien berücksichtigt: Anzahl der Verknüpfungen, Allgemeinheitsgrad der Verknüpfungen und Anzahl der richtigen und falschen Verknüpfungen. Zusätzlich wurde zwischen den Verknüpfungen innerhalb des Bereiches Physik (intern) und zwischen den Bereichen Physik und Biologie (extern) unterschieden.

Literatur: Hegarty-Hazel (1991)

3.2.8 Ansatz von Hucke und Fischer

Fachgebiet und Forschungsziel
Die Methode Concept Mapping wird zur Untersuchung des Wissens der Studenten vor und nach der Durchführung eines Praktikumexperiments eingesetzt. Es geht um die Frage, inwieweit im traditionellen und computergestützten Praktikum physikalisches Wissen angewandt und erworben wird und welche Bedingungen dafür erforderlich bzw. hemmend sind. Bei 18 Physikstudenten wurden insgesamt 72 Maps erhoben.

Durchführung und Gestaltung der Maps
In dieser Studie wurden den Studenten 20 Begriffskarten vorgegeben. Sie konnten bei Bedarf weitere Begriffe dazunehmen. Die Aufgabe bestand darin, durch Legen und Verknüpfen der Karten den Praktikumsversuch zu beschreiben. Die Studenten konnten die Verbindungen frei beschriften, d. h. es waren keine Verbindungen bzw. Relationen vorgegeben. Die Erstellung der Maps dauerte ca. 30 bis 45 Minuten. Im direkten Anschluss wurde ein ca. 15-minütiges Interview durchgeführt, um die gelegten Verbindungen eindeutig zu erklären. Sowohl die Entstehung der Netze als auch die Interviews wurden videodokumentiert.

Auswertung
In dieser Studie werden die Concept Maps sowohl quantitativ als auch qualitativ ausgewertet. Die Auswertung wurde nach folgendem Verfahren durchgeführt: 1. Aus allen gelegten Propositionen wird ein Referenznetz erstellt; 2. Die Verbindungen des Referenznetzes werden kategorisiert; 3. Die Concept Maps der Probanden werden so bearbeitet, dass sie mit dem Referenznetz verglichen werden können; 4. Für jedes Map wird die Anzahl der Propositionen in verschiedenen Kategorien berechnet. Bei der qualitativen Auswertung werden die Wissenszuwächse nach Durchführung des Praktikums bezüglich bestimmter inhaltlicher Aspekte verglichen.

Literatur: Hucke (1999), Hucke, Fischer (2000)

3.2.9 Ansatz von Lichtfeldt

Fachgebiet und Forschungsziel
Lichtfeldt hat in seiner Langzeitstudie "Wege zum Atombegriff" zur Untersuchung des Wissens mehrere unterschiedliche Struktur-Lege-Techniken angewendet.

Durchführung und Gestaltung der Maps
Einige Beispiele zu unterschiedlichen Verfahren von Lichtfeldt sind im Folgenden dargestellt: Erstellung einer Wissensstruktur aus den im Interview genannten Wörtern, Erstellung eines Strukturgramms aus wahllos liegenden Wortkarten, freie Assoziationen zu einzeln gezeigten Wortkarten, Nennung des Gegenteils zu gezeigten Wortkarten.

Auswertung
Zusätzlich zu den üblichen Netzmerkmalen setzt Lichtfeldt aus Einzelnetzen Gruppennetze zusammen. In diesen Netzen beschreibt die Stärke der Verbindungslinien die prozentuale Anwendungshäufigkeit dieser Verbindung in der Gruppe.

Literatur: Lichtfeldt (1997, 1998)

3.2.10 Ansatz von Ohly, Habigsberg und Schönfeld

Fachgebiet und Forschungsziel
In dieser Studie wurde die Möglichkeit der Visualisierung von Konzeptenentwicklung mit der Methode Concept Mapping im Fach Biologie untersucht.

Durchführung und Gestaltung der Maps
Die Probanden erhielten ein Blatt Papier, auf dem nur ein Wort "DNA" stand. Zu diesem Begriff sollten sie innerhalb einer Stunde ein passendes Netz konstruieren. Es war nicht nötig, die Verbindungslinien zwischen den Begriffen zu beschriften.

Auswertung
Die Maps wurden quantitativ nach folgenden Variablen ausgewertet: Anzahl der Begriffe, Anzahl der richtigen und falschen Verknüpfungen, strukturelle Zusammenhänge.

Literatur: Habigsberg, Ohly, Schönfeld (1996)

3.2.11 Ansatz von Peuckert und Fischler

Fachgebiet und Forschungsziel
Peuckert und Fischler haben Concept Mapping in der Studie: "Stabilität und Ausprägung von Schülervorstellungen zum Atombegriff" eingesetzt. Concept Mapping wird in dieser Studie auf zwei Arten eingesetzt: Zum einen werden die Schülerinnen und Schüler aufgefordert, während eines Interviews Maps zu erstellen (Concept Mapping ist ein Element einer gesamten Interviewkonzeption). Zweitens wird die Methode als Analyseinstrument verwendet, indem der Forscher für jeden Schüler selbst ein Wissensnetz erstellt, das möglichst alle aus den Interviews gewonnenen Informationen in propositionaler Form darstellt.

Durchführung und Gestaltung der Maps
Den Schülerinnen und Schülern wird ein Wortraster im Format A3 vorgegeben, d. h. 39 Begriffe werden fest platziert vorgegeben. Die Aufgabe der Schülerinnen und Schüler besteht darin, möglichst viele Verbindungen zwischen den Knotenwörtern durch Linien zu kennzeichnen und diese Verbindungen zu beschriften.

Auswertung
Es wird eine auf Forschermaps basierende intraindividuelle und zeitliche Analyse der einzelnen Netze durchgeführt. Die Analyse ist überwiegend qualitativ. Für die quantitative Auswertung werden folgende Variablen berechnet: Anzahl der belegten Matrixfelder, Anzahl der unterschiedlichen Propositionen, Anzahl der insgesamt genannten Propositionen, Verteilung der Relationsqualitäten.

Literatur: Peuckert, Fischler (2000)

3.2.12 Ansatz von Schecker und Klieme

Fachgebiet und Forschungsziel
Schecker und Klieme untersuchen in ihrer Studie zur Newtonschen Mechanik die Aussagekraft der Methode Concept Mapping bezüglich folgender Fragestellungen: liefern die unterschiedlichen Concept Mapping Verfahren ähnliche Ergebnisse? Wie hängen die Ergebnisse aus dem Concept Mapping mit den Ergebnissen aus anderen Wissenstests zusammen? Lassen sich Lernresultate durch Concept Mapping vorhersagen? Kann man mit Concept Mapping Wirkungen unterschiedlicher Unterrichtsmethoden feststellen, die mit anderer Methoden nicht feststellbar sind? An der Untersuchung nahmen insgesamt 48 Physikleistungskursschüler teil.

Durchführung und Gestaltung der Maps
In dieser Studie wurden zwei Formen von Concept Mapping eingesetzt. In der ersten Form mit kontextfreien Concept Maps erhielten die Schülerinnen und Schüler neun Begriffe. Sie sollten zunächst die Begriffe auf dem Papier so ordnen, dass eng zusammengehörende Begriffe nah beieinander liegen und dann Verbindungslinien zwischen den Begriffen ziehen. Bei der zweiten Form (experimentbezogenes Concept Mapping) wurden neun spezifisch auf das Experiment bezogene Begriffe vorgegeben. Auch bei dieser Form sollten die Schülerinnen und Schüler die Begriffe miteinander verknüpfen.

Auswertung
Die Auswertung erfolgte nach zwei Hauptkriterien: Strukturiertheit (linkage, Dichte, Durchmesser, Zahl der Teile, Typ des Modells) und inhaltliche Güte. Die inhaltliche Güte wurde mit holistischen und analytischen Indikatoren erfasst. Zu den holistischen Indikatoren gehörten: keinen Zugang zur Aufgabe gefunden, Fehler bereits im Kinematik-Teil, Fehler im Dynamik-Teil, Dynamik und Kinematik im Wesentlichen korrekt. Zu den analytischen Indikatoren gehörten: Übereinstimmung mit Physik-Experten, essentielle Relationen, Kraft-Beschleunigungs-Kopplung.

Literatur: Schecker, Klieme (2000)

3.2.13 Ansatz von Sumfleth und Tiemann

Fachgebiet und Forschungsziel
Sumfleth und Tiemann setzten Concept Mapping im Form eines "Own Word Mapping" in einer Studie mit insgesamt 184 Schülerinnen und Schülern im Fach Chemie ein.

Durchführung und Gestaltung der Maps
In der ersten Phase wurde den Schülerinnen und Schülern auf einem Blatt Papier zwei Bilder und elf Begriffe, die zwischen diesen Bildern lagen, vorgegeben. Die Aufgabe der Schülerinnen und Schülern war, eine möglichst lange Begriffskette von Bild A zu Bild B herzustellen. In der zweiten Phase der Netzerstellung sollten die Schülerinnen und Schüler vorgegebene Fachbegriffe in das schon vorhanden Netz fachgemäß integrieren.

Auswertung
Die im "Own Word Map" verwendeten Begriffe werden in drei Kategorien eingeordnet: spezifisches Wissen, nichtspezifisches, aber bedeutsames Wissen und unspezifisches Wissen. Zusätzlich wurden die Verknüpfungen untersucht. Auch hier wurde eine Kategorisierung vorgenommen: interareale Verknüpfungen und intraareale Verknüpfungen.

Literatur: Sumfleth, Tiemann (2000)

3.2.14 Ansatz von Wilson

Fachgebiet und Forschungsziel
Wilson hat Concept Mapping im Fach Chemie zur Untersuchung von Unterschieden zwischen den Netzen von Novizen und Experten eingesetzt.

Durchführung und Gestaltung der Maps
Den Probanden wurden 24 Begriffe auf selbstklebendem Papier vorgegeben. Die Positionierung des Oberbegriffes "Gleichgewicht" war oben auf dem Blatt vorgegeben, alle anderen Begriffe durften frei darunter positioniert werden. Die Begriffe wurden mit beschrifteten Pfeilen (ein Wort oder Satz) miteinander verknüpft.

Auswertung
Bei der Auswertung wurde die Anzahl der vorhandenen bzw. nicht vorhandenen Verknüpfungen festgestellt. Um die Strukturmerkmale der Maps besser untersuchen zu können, wurde das Programm Pathfinder (Schvanefeldt, 1990) eingesetzt.

Literatur: Wilson (1994, 1996)

3.2.15 Beispiele weiterer Ansätze

In den Abschnitten 3.2.1 bis 3.2.14 haben wir den Überblick über die Ansätze von Anwendungen des Concept Mapping in der naturwissenschaftsdidaktischen Forschung auf die Projekte beschränkt, die für die Entwicklung des Concept Mapping in unserer Studie bedeutsam waren. Es gibt noch andere Ansätze zum Concept Mapping. Einige Beispiele werden hier kurz beschrieben.

Scheele und Groeben (1984) haben zur Rekonstruktion der Persönlichkeitsstrukturen eine Strukturlegetechnik entwickelt (sog. Heidelberger Struktur-Lege-Technik). Zuerst wurden die Begriffe in einem Interview erfragt und auf Kärtchen geschrieben. Dann legten der Proband und der Versuchleiter aus den Begriffen und vorgegebenen Relationen jeder ein Netz. Diese Netze wurden diskutiert und ein gemeinsames Netz daraus erstellt.

Horton (1993) hatte mit seiner Arbeitsgruppe die Ergebnisse aus 19 Studien, in denen die Methode Concept Mapping eingesetzte wurde, verglichen. Die Forscher konnten feststellen, dass der Einsatz von Concept Mapping positive Wirkung auf das Fachverständnis und auf die Einstellung zum Fach hat.

Roth und Roychoudbury (1993) haben im Fach Physik Concept Mapping zur Förderung von Gruppenarbeit eingesetzt. Es wurden auch einzelne Schülerinnen und Schüler gebeten in Einzelarbeit Concept Maps zu erstellen. Diese Maps wurden hinterher mit den Concept Maps aus der Gruppenarbeit verglichen. Die Maps wurden bezüglich der Anzahl der richtigen Verknüpfungen und der hierarchischen Anordnung ausgewertet.

3.3 Computerprogramme zur Konstruktion von Concept Maps

Mit der raschen Entwicklung der Computertechnik ist auch das Angebot von dazugehöriger Software schnell gewachsen. Es gibt heutzutage kaum ein relevantes Anwendungsgebiet, für das noch kein Computerprogramm entwickelt wurde. So ist auch für die Konstruktion von Netzstrukturen eine Vielzahl von Programmen entwickelt worden. Die meisten davon sind jedoch für gewerbliche Anwendungen und nicht für den Einsatz in Lehre und Forschung gedacht.

Flores-Mendez (1997) legt in seinem Papier "Designing a Concept Mapping System User Interface" Kriterien fest, die ein Concept-Mapping-Programm erfüllen soll. Demnach soll das Programm unbedingt folgende Funktionen haben:

- Knoten bzw. Konzepte
    - Erstellen
    - Löschen
    - Attribute ändern (Position, Größe, Beschriftung)
- Kanten bzw. Verbindungen
    - Erstellen (von einem Knoten zum anderen)
    - Löschen
    - Attribute ändern (Beschriftung, Linientyp)
- Beschriftungen
    - Erstellen (Beschriftungen sind Attribute von Knoten und Kanten und daher sollen sie von Knoten bzw. Kanten aus aufgerufen werden können.)
    - Löschen
    - Attribute ändern (Text, Position)

Flores-Mendez (1997) nennt auch zusätzliche Funktionen, die nicht unbedingt erforderlich sind:

- Ändern der Attribute von Einzelnobjekten und von Gruppen
- Ändern der Attribute von Knoten (Ellipse, Rechteck, gerundetes Rechteck, Farbe)
- Ändern der Attribute von Kanten (Pfeilkopf, Farbe, gebogene Linie)
- Ändern der Attribute von Beschriftungen (Schriftgröße, Farbe, Rotation)
- Kopieren und Einfügen
- Rückgängig machen und Wiederherstellen

Es gibt jedoch einige Einschränkungen zu diesen Kriterien: Es ist sehr schwierig, gebogene Linien vom Computer automatisch zeichnen zu lassen. Darüber hinaus nehmen die Werkzeuge zur Änderung der Attribute zu viel Platz in Anspruch.

Conlon (2001) legt für ein Programm zum Concept Mapping, das effizient zum Lernen im Unterricht eingesetzt werden kann, in folgenden drei Bereichen Kriterien fest: *Konstruktion von Maps, Korrektur bzw. Auswertung der Maps* und *Datenübertragung und Formatierung der Maps*. Seine Kriterien zum Concept-Mapping-Programm werden im Folgenden näher erläutert:

Konstruktion von Maps

K1 – Die Basis für ein Concept-Mapping-Programm ist ein Editor für Konzepte und Verknüpfungen. Dieser Editor muss höchst benutzerfreundlich sein, damit auch Schülerinnen und Schüler, die keine Computerkenntnisse besitzen, mit der Netzkonstruktion zurechtkommen können. Der Editor soll flexibel sein, damit erfahrene

Benutzer komplexere Netze mit Verknüpfungen zu anderen Dokumenten auf der Festplatte und im Internet erstellen können.

K2 – Mit der Software zum Concept Mapping muss es möglich sein, die zur Konstruktion der Maps nötigen Begriffe aus Listen einzulesen. Zusätzlich soll das Programm die Möglichkeit geben, Teilnetze einzulesen, damit Schülerinnen und Schüler diese Netze vervollständigen können.

Auswertung bzw. Korrektur der Maps

A1 – Das Programm soll den Vergleich mit einem Referenznetz zulassen.

A2 – Es wäre wünschenswert, wenn das Programm eine Rückmeldung über die Qualität des gelegten Netzes zulassen würde.

Datenübertragung und Formatierung der Maps

D1 – Das Programm muss eine Speicherung der Netze in andere Dateiformate zulassen.

D2 – Mit dem Programm muss es möglich sein, die erstellten Netze in andere Dokumente einzufügen bzw. zu integrieren.

Wir haben bei der Entwicklung des Programms CCMap (siehe Abschnitt 7.1) diese Kriterien von Flores-Mendez und Conlon berücksichtigt, jedoch noch zusätzliche Kriterien aufgestellt, die unserer Meinung nach von Bedeutung sind (siehe dazu Abschnitt 3.5.2).

In den Abschnitten 3.3.1 bis 3.3.17 werden Computerprogramme zur Konstruktion von Concept Maps vorgestellt, die eine Anwendung in der Lehre bzw. Forschung in den Naturwissenschaften gefunden haben. Dabei wird häufig auf Internet-Seiten verwiesen, weil hinter den jeweiligen Software-Entwicklungen nicht einzelne Autoren sondern Firmen stehen. Die Programme sind alphabetisch geordnet dargestellt.

3.3.1 ATLAS.ti

ATLAS.ti ist eine Software für die visuelle qualitative Analyse von Daten für Management und für Modellbildung. Mit ATLAS.ti kann man qualitative Analysen von langen Texten, graphischen Daten, Audio- und Videodaten durchführen. Die Hauptverfahren des Programms ATLAS.ti sind: Visualisierung, Integration und Exploration.

Der Name des Programms kommt aus dem Forschungsprojekt "Archiv für Technik, Lebenswelt und Alltagssprache" (ATLAS) an der TU Berlin, bei dem zur Auswertung der Interviews ein Computerprogramm eingesetzt wurde. Das "ti" im Namen des Programms steht für Textinterpretation. ATLAS.ti soll die Arbeit mit Texten (aber auch graphischem und akustischem Material) erleichtern. Mit dem Programm ist es möglich, die Textstellen zu markieren, zu ordnen, zu kommentieren, zur besseren Übersicht miteinander zu verbinden und "semantische Netzwerke" zu konstruieren (siehe Abb. 3.3.1).

Die Anwendungsgebiete des Programms ATLAS.ti liegen vor allem in dokumentenbasierten Forschungsgebieten. Einige sind folgend aufgelistet:

- Wirtschaft
- Erziehungswissenschaften
- Geschichte
- Sprachwissenschaften
- Literatur
- Psychologie
- Soziologie
- Softwareentwicklung

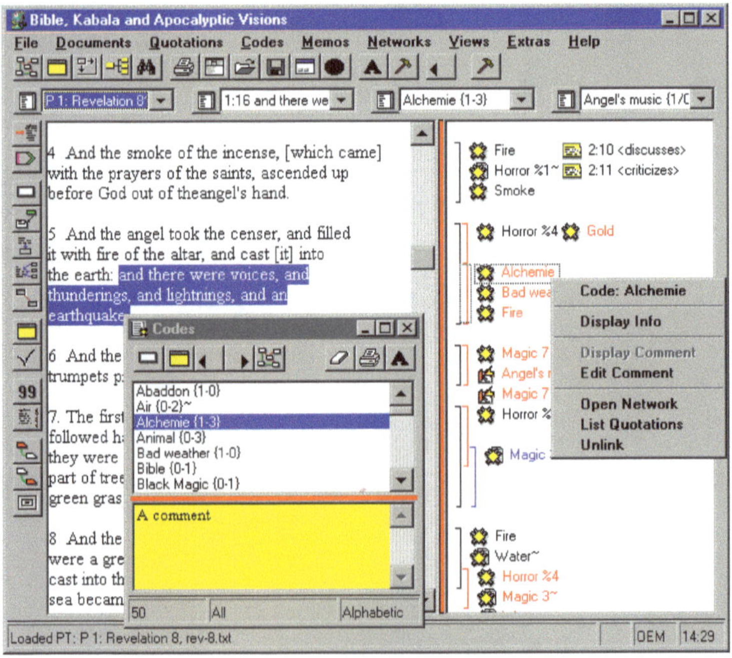

Abb. 3.3.1 Dateneingabe mit dem Programm ATLAS.ti

Das Programm ist geeignet für die universitäre Forschung und sein Schwerpunkt liegt in der Auswertung von "weichen" Daten. Es ist nicht gut geeignet zur Konstruktion von Netzen. Ebenso ist das Programm viel zu umfangreich und komplex für die Anwendung in der Schule.

Internetseite zum Programm ATLAS.ti: http://www.atlasti.de

3.3.2 Axon Idea Processor

Axon Idea Processor ist ein Windows Programm um Ideen zu generieren und zu organisieren, Concept Mapping durchzuführen und kreativ zu schreiben. Axon Idea Processor wurde in der Computersprache Prolog mit einer objektorientierten Technik entwickelt. Idea Processor benutzt folgende visuelle Attribute: Farbe, Form, Größe, Maßstab, Position, Tiefe, Schatten, Verknüpfung, Symbol usw.

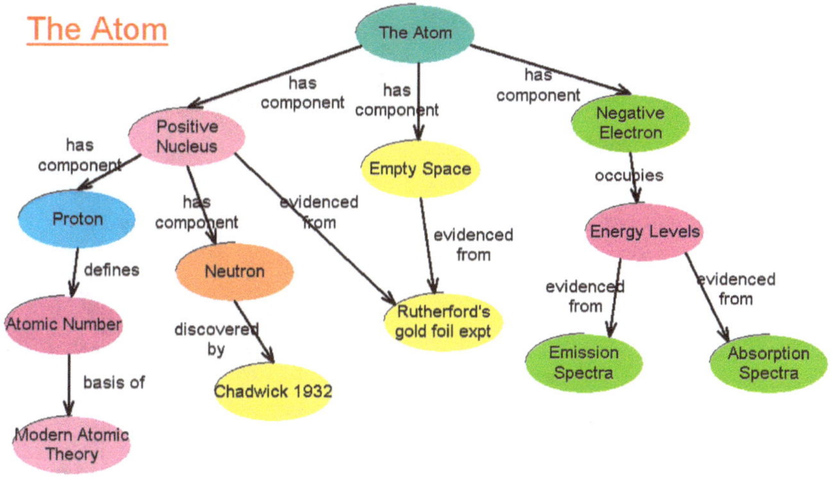

Abb. 3.3.2 Concept zum Thema "Atom", konstruiert mit dem Axon Idea Processor

In Axon ist ein Auswertungsprogramm integriert. Mit dem Programm kann man feststellen, welche Begriffe und Verknüpfungen das Map beinhaltet. Ebenso kann man die Anzahl der einzelnen Objekte (Begriffe bzw. Konzepte) oder auch die Anzahl der vordefinierten Konzeptgruppen berechnen.

Internetseite zum Programm Axon Idea Processor:
http://web.singnet.com.sg/~axon2000/index.htm

3.3.3 Concept System

Das Programm Concept System wurde von Concept Systems Incorporated für die Organisation und Anwendung von Wissen einer Gruppe entwickelt. Es ist hauptsächlich für Unternehmen konzipiert, jedoch auch im Bildungsbereich einsetzbar. Das Programm hilft Ideen zu sortieren und zu bewerten.

Der Prozess des Concept Mapping mit dem Programm Concept System hat folgende sechs Stufen:

1. Projekt vorbereiten (Fragestellung und Population festlegen)
2. Ideen generieren (z. B. durch Brainstorming oder Textabstraktion)
3. Ideen strukturieren (sortieren, bewerten)
4. Maps berechnen (Maps analysieren, Input festlegen, Cluster Analyse)
5. Maps interpretieren
6. Maps anwenden

In Abbildung 3.3.3 ist die Visualisierung der Ideen einer Gruppe für die Strategieplanung eines Projektes mit Hilfe von Concept System dargestellt.

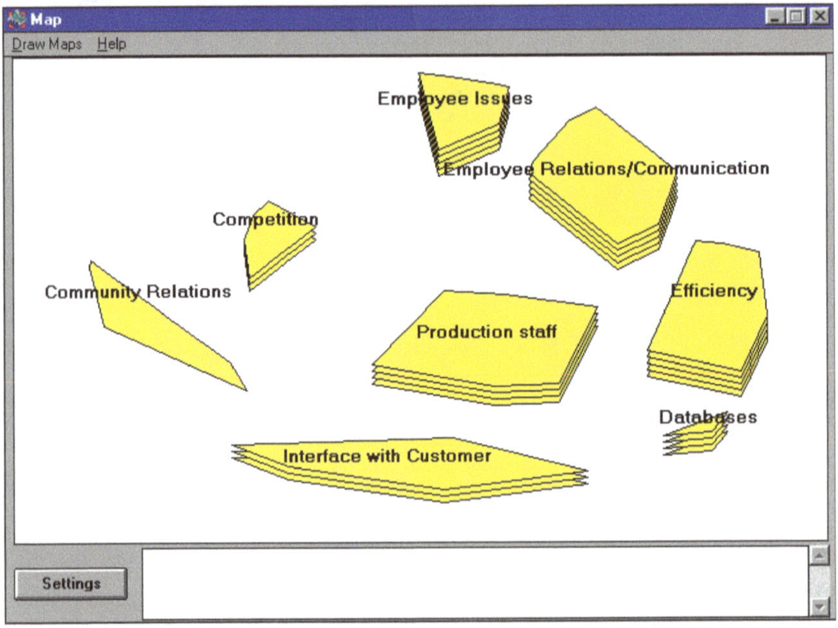

Abb. 3.3.3 Concept Map mit Ideen einer Gruppe, konstruiert mit dem Concept System

Internetseite zum Programm Concept Systems: http://www.conceptsystems.com

3.3.4 Constraint Graphs

Es gibt viele Programmiersprachen zum Concept Mapping. Sie haben alle die gleiche fundamentale Struktur, bestehend aus Knoten und Kanten. Allerdings unterscheiden sie sich in Eingabeformen von Informationen, erlaubten Typen von Komponenten, graphischen Attributen der Komponenten sowie im Einbezug der Kontexte und in sonstigen Einschränkungen. Die meisten von ihnen sind relativ komplex und zeitaufwendig durchzuführen. Constraint Graphs System wurde von Kremer (1997) entwickelt, um ein Concept Mapping System für den Endbenutzer mit minimalen fundamentalen Komponenten anzubieten. Es sollte ein Mehrzweck-System entwickelt werden, in dem das World Wide Web

(WWW) die Basisstruktur für das Concept Mapping bildet. Die heutigen WWW Browser (wie z. B. Internet Explorer und Netscape) erlauben, Concept-Mapping-Programme in den Browser zu integrieren, so dass die Benutzer mit den Images per Mausklick direkt interagieren können. Bei der Benutzung eines Java[3] Zusatzprogramms kann JavaScript die Kontrolle über Concept Maps übernehmen. JavaScript ermöglicht den Benutzern, Informationen in Web-Dokumenten (meistens HTML[4]-Masken) einzugeben und damit mit den graphischen Elementen eines Concept Maps zu interagieren. In der Abb. 3.3.4 ist ein mit Constraint Graphs in das HTML-Dokument eingebettetes Concept Map dargestellt.

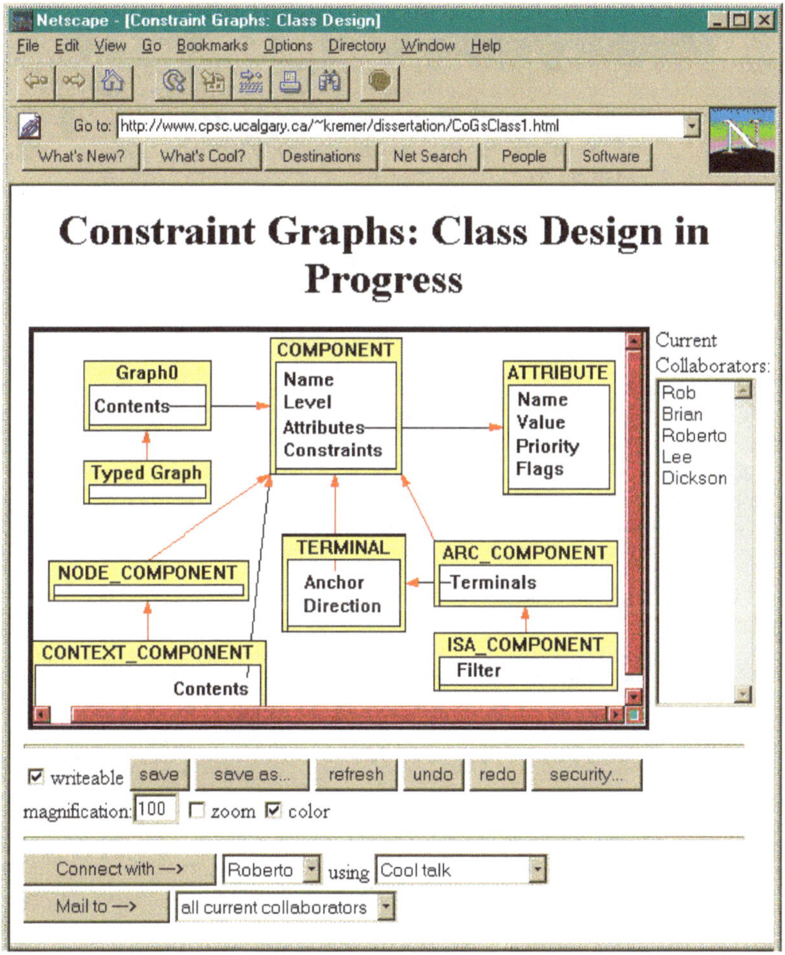

Abb. 3.3.4 Ein mit Constraint Graphs in das HTML Dokument eingebettetes Concept Map

---

[3] Java ist die von Sun Microsystems Inc. entwickelte Programmiersprache für WWW

[4] HTML - Hypertext Markup Language. Seitenbeschreibungssprache zum Erstellen eines Dokuments im WWW

In diesem Beispiel sind die Eingabeelemente wie Tasten und Auswahlmenüs mit JavaScript geschrieben und erlauben das Eingreifen aus dem HTML-Dokument heraus. Durch die Benutzung von JavaScript und WWW kann ein Concept Map nicht nur von mehreren Personen gleichzeitig angeschaut werden, sondern sie können das Map auch gleichzeitig bearbeiten.

Internetseite zu Constraint Graphs: http://sern.ucalgary.ca/~kremer/dissertation/index.html

3.3.5 Conzilla[5] Browser

Conzilla ist der erste Prototyp eines *concept browsers*, ein Werkzeug zur Organisation und Exploration von elektronisch gespeicherten Informationen. Ein effizienter *concept browser* erzeugt einen Überblick über die unterschiedlichen Begriffe bzw. Konzepte. Er stützt sich dabei auf unterschiedliche Zusammenhänge und Inhalte der Konzepte.

Das Arbeitsprinzip eines *concept browsers* ist:

- Inhalte von Zusammenhängen trennen
- einzelne Zusammenhänge in Form eines Concept Maps beschreiben
- einer Gruppe von Komponenten ein adäquates Konzept bzw. eine konzeptuelle Relation zuweisen
- Komponenten durch unterschiedliche Aspekte filtrieren
- Komponenten mit dem standardisierten Beschriftungsschema beschriften.

Mit dem Conzilla kann man unterschiedliche Konzepte und Relationen zeigen und blättern (browse), die als Text oder als 2D bzw. 3D Images dargestellt werden. Diese Konzepte sind in Map-Form dargestellt, die relativ ähnlich wie gängige WWW-Seiten aufgebaut sind:

- Man kann zu einem anderen Map so wechseln, wie man zu einer anderen Web-Seite über einen Hyperlink gelangt.
- Man kann die Inhalte der Konzepte so anschauen, wie man bei den Web-Seiten mit externen Anschauungsprogrammen wie Web Browser oder Video Player die Inhalte anschauen kann.

In der Abb. 3.3.5 ist ein Ausschnitt aus der Benutzeroberfläche des Programms Conzilla dargestellt.

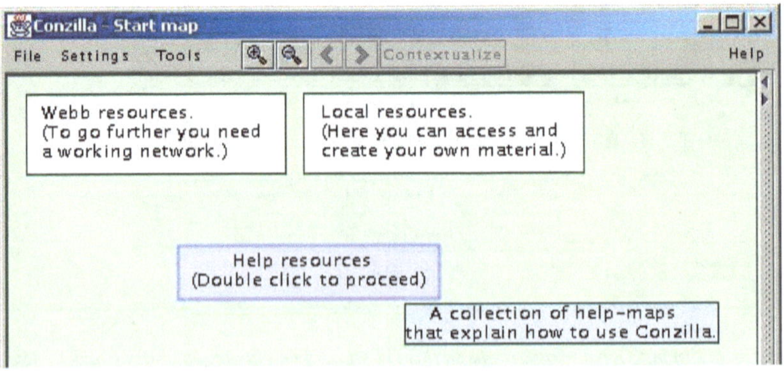

Abb. 3.3.5 Ausschnitt aus der Benutzeroberfläche des Programms Conzilla

[5] CONZILLA - CONZeptual ILLuminAtor

Zur Zeit steht noch kein fertig entwickeltes Conzilla-Programm zur Verfügung, es ist jedoch angekündigt. Conzilla verlangt eine Bildschirmbreite von mindestens 1024 Pixels, die mit den derzeit gängigen Schulcomputern noch nicht zu erreichen ist.

Internetseite zum Programm Conzilla: http://www.conzilla.org

3.3.6 IHMC CMap Tools

Das Programm IHMC CMap Tools wurde vom *Institute for Human and Machine Cognition* in der *University of West Florida* entwickelt. Mit diesem Programm lassen sich Wissensmodelle mit Hilfe von Concept Maps konstruieren und analysieren. Das Programm ist plattformunabhängig und ermöglicht während der Konstruktion eines Maps die Zusammenarbeit über ein Netzwerk. In der Abbildung 3.3.6 ist ein mit dem IHMC CMap konstruiertes Concept Map zum Thema "Use of Concept Mapping in Schools" dargestellt.

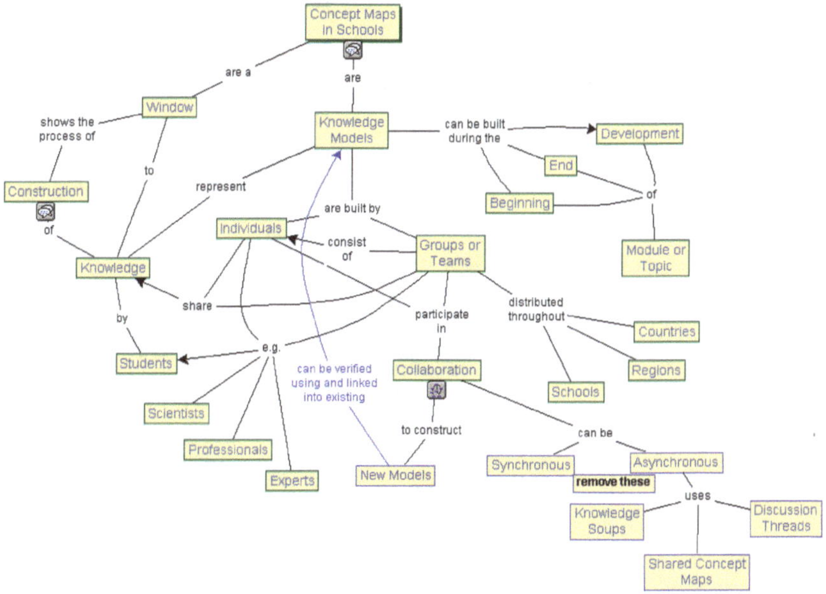

Abb. 3.3.6 Das Concept Map zum Thema "Use of Concept Mapping in Schools", konstruiert mit dem IHMC CMap

In dem Map werden Konzepte und Relationen zwischen diesen Konzepten dargestellt. An einem Konzept kann man zusätzliche Ressourcen wie z. B. Bilder, Sounds, Web-Seiten oder auch andere Concept Maps anhängen. Mit dem Programm kann man mehrere Concept Maps mit hierarchischer Struktur konstruieren. In einem Concept Map kann ein Konzept eine Verknüpfung zu einem anderen Concept Map erhalten.

Internetseite zum Programm: http://cmap.coginst.uwf.edu/docs

3.3.7 Inspiration

Inspiration ist ein visuelles Lernprogramm für Schülerinnen und Schüler der 4. bis 12. Klasse für die Entwicklung von Ideen und Organisation des Denkens. Das Programm ist im Sprach- und im naturwissenschaftlichen Unterricht einsetzbar. Ferner hilft das Programm Inspiration Schülerinnen und Schülern bei folgenden Tätigkeiten:

- Brainstorming
- Planen
- Organisieren
- Diagramme herstellen
- Concept Maps konstruieren

In Abb. 3.3.7 ist ein mit dem Programm Inspiration konstruiertes Concept Map dargestellt.

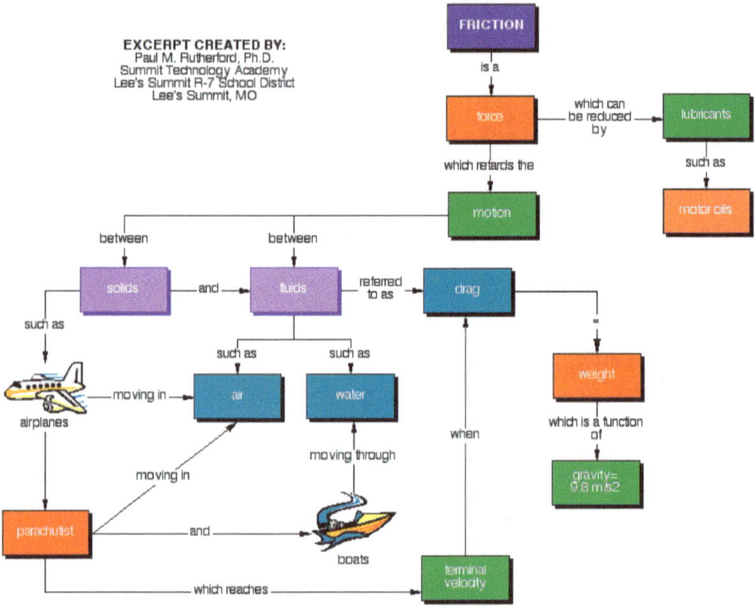

Abb. 3.3.7 Ein Concept Map, konstruiert mit Inspiration

Internetseite zum Programm Inspiration: http://www.inspiration.com

3.3.8 jKSImapper

Im Projekt "jKSImapper" werden Eigenschaften für ein Computerprogramm zur Konstruktion der Concept Maps entwickelt. Die wichtigsten werden im Folgenden kurz beschrieben.

Begriffe bzw. Knoten zu erzeugen und beschriften.
Diese Funktion kann man entweder über die Menüleiste oder auf der Werkzeugleiste aufrufen (siehe Abb. 3.3.8 und 3.3.9).

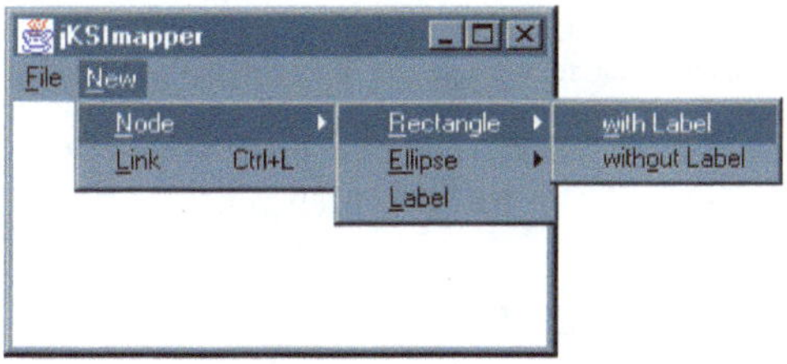

Abb. 3.3.8 Erzeugen eines Knotens über die Menüleiste

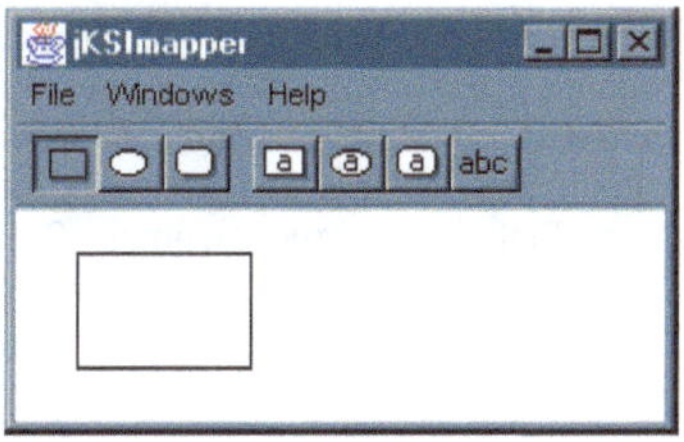

Abb. 3.3.9 Erzeugen eines Knotens mit Hilfe einer Werkzeugsleiste

Relationen bzw. Kanten zu erzeugen und beschriften
Das Programm bietet die Möglichkeit, vorhandene Knoten miteinander zu verknüpfen. Dieses geschieht über die Werkzeugleiste (Abb. 3.3.10).

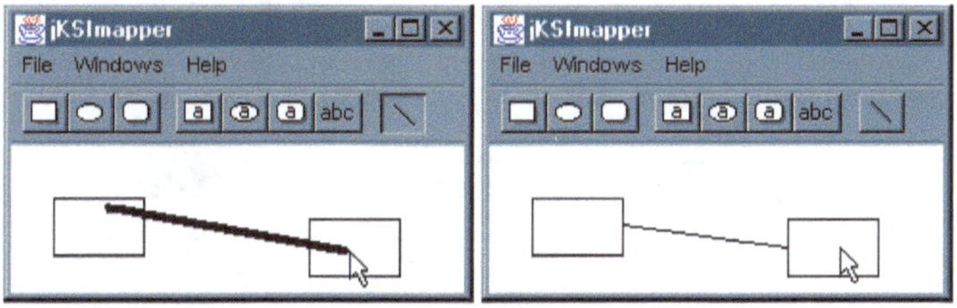

Abb. 3.3.10 Erzeugen eines Kanten über die Menüleiste

Mit dem Programm kann man die Eigenschaften von Knoten und Kanten wie folgt ändern:

- Position des Feldes für einen Begriff
- Größe des Feldes für einen Begriff
- Kanten einfügen bzw. löschen
- Beschriften der Knoten und Kanten

Die Benutzeroberfläche des Programms hat zusätzlich eine Leiste, um die Eigenschaften der Knoten und Kanten zu bestimmen (Abb. 3.3.11).

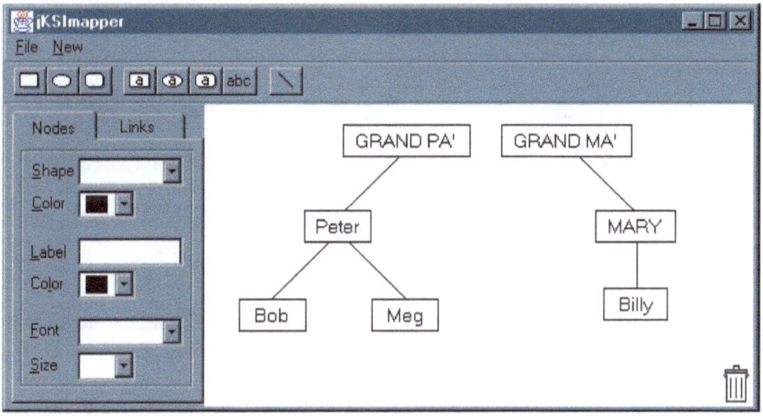

Abb. 3.3.11 Die Benutzeroberfläche des Programms jKSImapper

In dem Projekt werden einige Einschränkungen des Concept Mapping mit dem Computer erwähnt: Zum einen ist es computertechnisch sehr schwierig, die Knoten mit gebogenen Kanten zu verknüpfen. Zum anderen setzt die Bildschirmauflösung ihre Grenzen. Es wird deshalb auch mit interaktiven, verborgenen Menüs gearbeitet, weil diese in der Normalansicht keinen Platz in Anspruch nehmen. Das Programm ist in Java programmiert.

Internetseite zum Programm jKSImapper:
http://www.cpsc.ucalgary.ca/~robertof/jKSImapper/#JKSIMAPPER

3.3.9 KMap

KMap ist ein Computerprogramm zur Konstruktion von Concept Maps, das für die Macintosh Computer entwickelt wurde. KMap wurde in unterschiedlichen Bereichen eingesetzt wie z. B. bei Bildung und Ausbildung (Gaines und Shaw, 1993) sowie bei der Entwicklung von semantischen Netzen für wissensbasierte Systeme (Gaines und Shaw, 1992; Gaines, 1994).

In dem Programm KMap ist es möglich, Knoten bzw. Begriffsfelder von unterschiedlicher Form zu benutzen (Abb. 3.3.12).

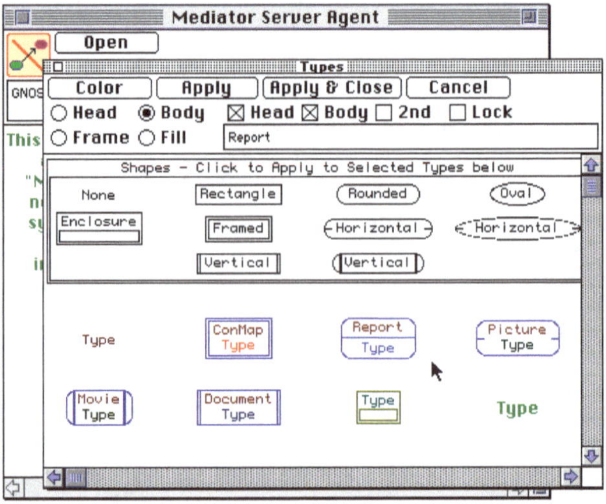

Abb. 3.3.12 Formatierung eines Knotens bzw. Begriffsfeldes im Programm KMap

Internetseite zum Programm KMap: http://ksi.cpsc.ucalgary.ca/articles/WWW/WWW4WM

3.3.10 Mind Manager

Das Programm Mind Manager wurde hauptsächlich für den Einsatz in der Wirtschaft entwickelt. Es ist insbesondere dann hilfreich, wenn mehrere Personen gleichzeitig über ein Netzwerk an einem gleichen Diagramm arbeiten.

In Abb. 3.3.13 ist ein mit dem Programm Mind Manager konstruiertes Map zum Thema "How to create Mind Maps" dargestellt.

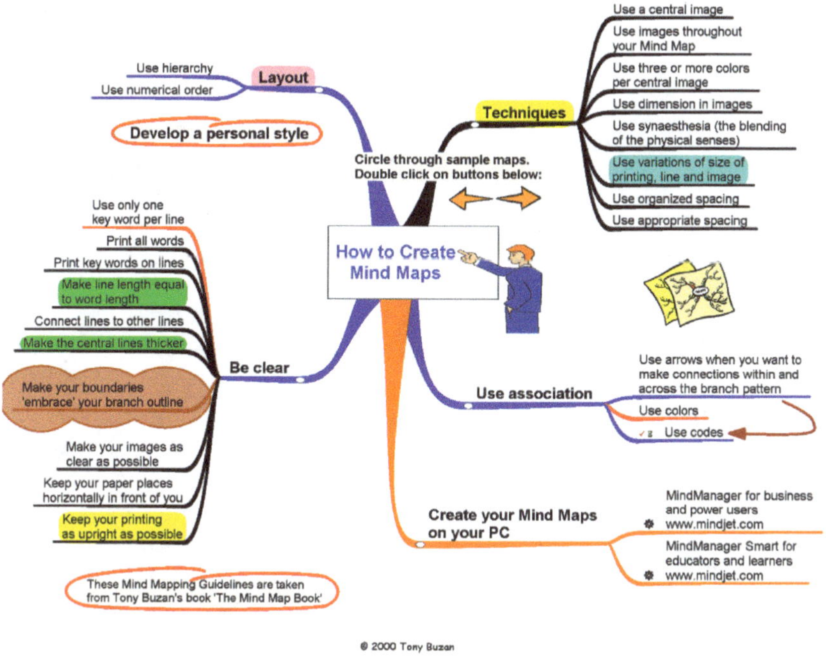

Abb. 3.3.13 Ein Mind Map, konstruiert mit Mind Manager

Bei den mit Mind Manager konstruierten Maps muss immer ein Begriff bzw. ein Thema zentral stehen. Mit diesem zentralen Begriff werden dann die anderen Unterbegriffe bzw. Unterthemen verknüpft. Die Maps können per Hyperlink mit anderen Mind Maps, aber auch mit anderen Dateien (wie z. B. Word-Dokumenten) verknüpft werden. Das Programm lässt eine Bewertung der Maps nicht zu.

Internetseite zum Programm Mind Manager: http://www.mindjet.com

3.3.11 MindMapper

Das Programm MindMapper wurde entwickelt von SimTech Systems Inc., um

- Aufgaben und Projekte zu organisieren und effizient darzustellen.
- kreatives Denken zu fördern.

Im Bildungsbereich soll das Programm helfen,

- Studierenden bei Fach- und Diplomarbeiten umfangreiche Konzepte und Inhalte zu erarbeiten.
- Schülerinnen und Schüler auf Prüfungen vorzubereiten.
- Lehrerinnen und Lehrern auf effiziente Weise Wissen zu vermitteln.

In der Abb. 3.3.14 ist ein mit dem Programm MindMapper konstruiertes Map zu den neuen Funktionen unter Windows 2000 dargestellt.

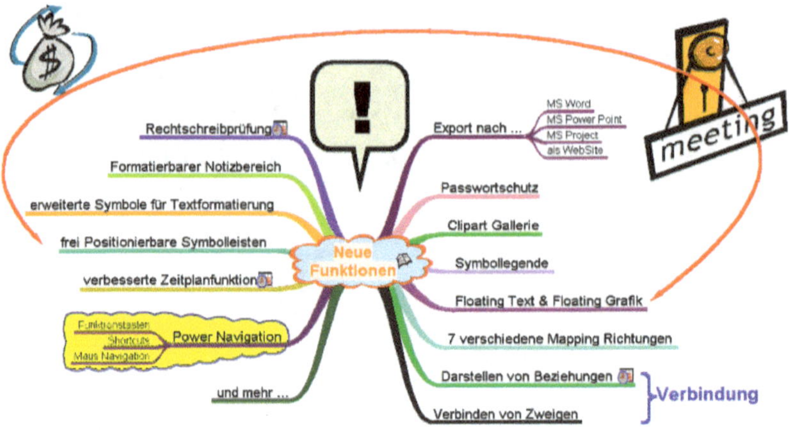

Abb. 3.3.14 Ein Mind Map, konstruiert mit MindMapper

Wie bei Mind Maps üblich, muss auch in diesem Programm ein Begriff bzw. Thema zentral positioniert sein. Das Programm ist einfach zu bedienen, es ist jedoch nur für die Visualisierung der Inhalte gedacht und lässt keine Bewertung der Maps zu.

Internetseite zum Programm MindMapper: http://www.mindmapper.de

3.3.12 PiCoMap

PiCoMap ist ein Computerprogramm zur Konstruktion von Concept Maps auf Palm-Computern. Das Programm ermöglicht Schülerinnen und Schülern Concept Maps zu konstruieren, gemeinsam zu diskutieren und zu interpretieren. In der Abb. 3.3.15 ist ein mit dem Programm PiCoMap konstruiertes Concept Map zum Thema "Atmosphäre" dargestellt.

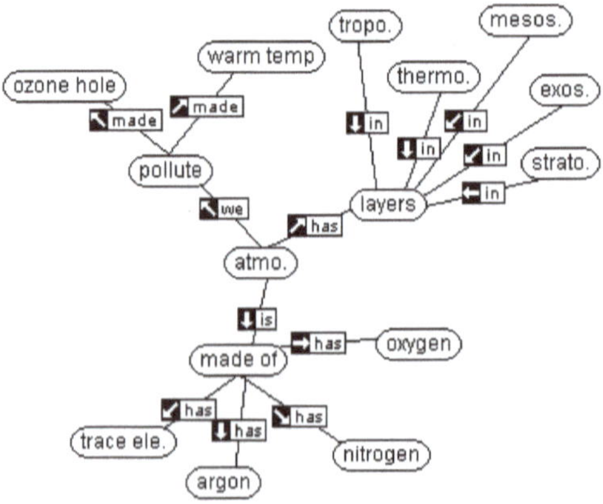

Abb. 3.3.15 Ein Concept Map, konstruiert mit PiCoMap

Das Concept Map verknüpft drei Gesichtspunkte zum Thema "Atmosphäre": technisch-naturwissenschaftliche Komponenten der Atmosphäre, chemische Zusammensetzung der Atmosphäre und Einfluss des menschlichen Lebens auf die Verschmutzung der Atmosphäre.

Internetseite zum Programm PiCoMap:
http://www.handheld.hice-dev.org/picomapAppPage.htm

3.3.13 PIViT

Project Integration Visualization Tool (PIViT) ist ein Programm, das sowohl mit den Windowskompatiblen als auch Macintoshkompatiblen Computern funktioniert. PIViT ermöglicht, Projekte zu konstruieren, Wissen konstruktiv zu betrachten und zu organisieren. PIViT beinhaltet folgende Teile:

- Concept Map,
- Projekt Design
- Kalender.

PIViT wurde von Project-Based Science group at the University of Michigan entwickelt. PIViT erleichtert es Lehrerinnen und Lehrern den Weg vom Brainstorming zur Konstruktion vom plausiblen und integrierten Projektdesigns. In Abb. 3.3.16 ist ein mit PIViT konstruiertes Concept Map zum Thema "Matter" dargestellt.

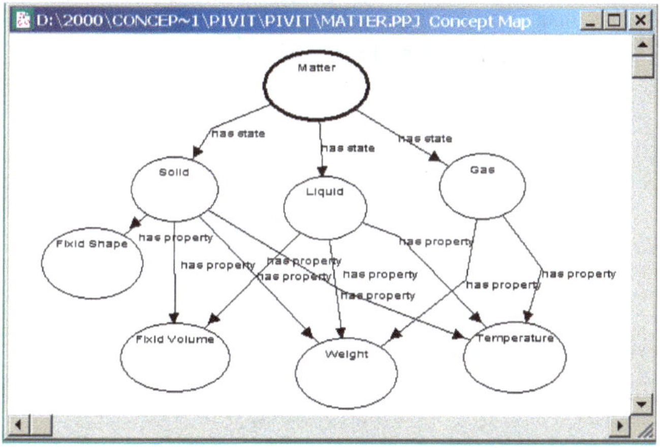

Abb. 3.3.16 Ein Map zum Thema "Matter", konstruiert mit PIViT

Im Programm PIViT gibt es keine Möglichkeit, die konstruierten Concept Maps auszuwerten. Wenn es viele Begriffe und Relationen im Netz gibt (große Dichte), wird das Netz sehr unübersichtlich, weil Begriffe und Beschriftungen von Relationen auch übereinander liegen dürfen.

Internetseite zum Programm PIViT: http://www.umich.edu/~pbsgroup/PIViT.html

3.3.14 VisiMap

VisiMap ermöglicht schnell und effizient Informationen einzugeben, zu visualisieren, zu restrukturieren und zu präsentieren. VisiMap liefert eine einfache zweidimensionale Repräsentation. Es ist gedacht für visuelle Organisation, Brainstorming, Problemlösen, Management von Dokumenten, Planung, HTML- und Web-Seiten Generierung usw. Einige wichtige Merkmale von VisiMap (Version 2.5) sind im Folgenden aufgelistet:

- Interaktive Erstellung und Bearbeitung von Maps (Layout und Zeichnen auch automatisch durchführbar)
- Integrierter QuickEditor (für jeden Zweig können Notizen erstellt werden)
- Text-Gliederungsansicht (Maps können in linearer Textgliederungsform bearbeitet werden)
- Ansichts- und Gliederungsfunktionen (Maps können auf verschiedene Arten und mit unterschiedlichem Detaillierungsgrad angesehen werden)
- Formatvorlagen und eine Farbpalette (man kann Farben und Schriften ändern)
- Druckfunktionen für Grafik und Text
- Export und Import von und nach anderen Anwendungsprogrammen mit verschiedenen graphischen und Textformaten (auch HTML)
- Einbau von Hyperlinks zu WWW
- Eingebaute Rechtschreibprüfung
- netzwerkfähig

In der folgenden Abb. 3.3.17 ist ein mit VisiMap konstruiertes Map zum Thema "What's New in Version 2" dargestellt.

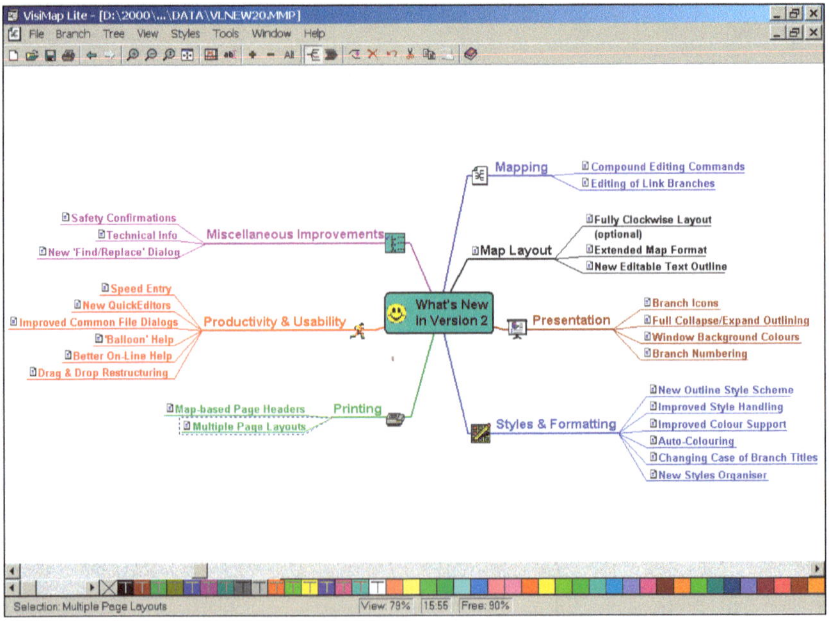

Abb. 3.3.17 Ein Map zum Thema "What's New in Version 2", konstruiert mit VisiMap

Das VisiMap ist ein typisches Mind Mapping Programm. Es ermöglicht graphisch gut aussehende Maps zu legen, jedoch ist die Struktur der Maps fest vorgegeben (ein zentraler Begriff) und es fehlen die Funktionen für eine Auswertung der Maps.

Internetseite zum Programm Visi Map: http://www.coco.co.uk/

3.3.15 Visual Concept

Visual Concept ist ein Medium für kreatives und systematisiertes Denken. Es ist Basis für Planung, Darstellung, Gestaltung, Organisation, Mapping, Szenarienbildung usw. Visual Concept hilft Ideen zu strukturieren, mit anderen Visual Maps in Bezug zu bringen und sie mit allen Windows-basierten Dokumenten zu verknüpfen. Es hilft, eine große Menge von Informationen in einem Wissensnetz zusammenzufassen. Damit gewinnt man einen Überblick über komplexe Sachverhalte. Die methodische Basis des Visual Concept wird schon seit Jahren in den Bereichen: Erziehung und Bildung, Gesundheitswesen, Industrie und Verwaltung eingesetzt. In Abb. 3.3.18 ist die Benutzeroberfläche des Programms Visual Concept mit einem Beispielnetz zum Thema "Energie im Haushalt" dargestellt.

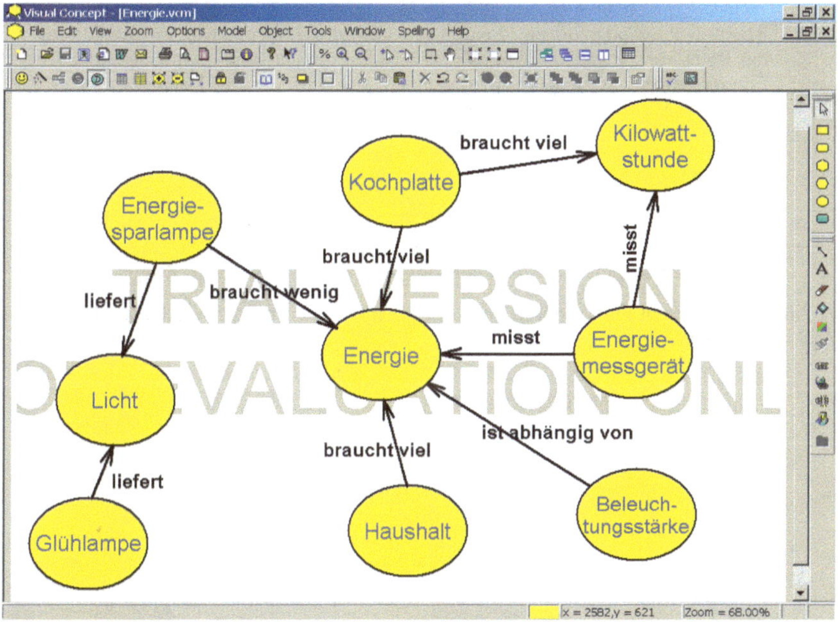

Abb. 3.3.18 Benutzeroberfläche des Programms Visual Concept mit einem Beispielnetz zum Thema "Energie im Haushalt"

Das Programm Visual Concept ist gut geeignet zur Konstruktion von Concept Maps, jedoch kann man mit dem Programm die Netze nicht auswerten.

Internetseite zum Programm Visual Concept: http://visual-concept.co.uk

3.3.16 Visual Mind

Das Programm Visual Mind wurde von Norcan Data AS entwickelt, um Informationen und Wissen zu organisieren. Mit dem Visual Mind kann man Maps herstellen, die Texte, Bemerkungen und Hyperlinks zu anderen Dokumenten, E-Mail-Adressen oder Internet-Seiten beinhalten.

In dem Visual Mind ist es möglich, folgende Map-Elemente zu benutzen:

+ Zeigt an, dass dieser Zweig weitere Unterzweige hat. Beim Anklicken dieses Symbols werden die Unterzweige sichtbar.

- Zeigt an, dass alle Unterzweige sichtbar sind. Beim Anklicken werden Unterzweige unsichtbar.

Repräsentiert eine Internet-Seite. Beim Anklicken wird die Seite geöffnet.

Repräsentiert ein Dokument. Beim Anklicken wird das Dokument geöffnet. Wenn das Datei-Format erkannt wird, wird das Dokument automatisch in einem anderen Fenster geöffnet, wenn das Format nicht erkannt wird, wird die Datei gespeichert.

Repräsentiert eine E-Mail-Adresse. Beim Anklicken wird das Verfassen einer E-Mail für einen bestimmten Adressaten mit dem aktuellen E-Mail-Programm gestartet.

Repräsentiert eine Verknüpfung zu einem anderen Zweig. Der Zweig kann entweder in demselben Map oder in einem anderen Map existieren. Beim Anklicken des Symbols gelangt der Anwender in den verknüpften Zweig.

In Abb. 3.3.19 ist ein mit Visual Mind konstruiertes Map zu den Anwendungsgebieten und Funktionen des Programms dargestellt.

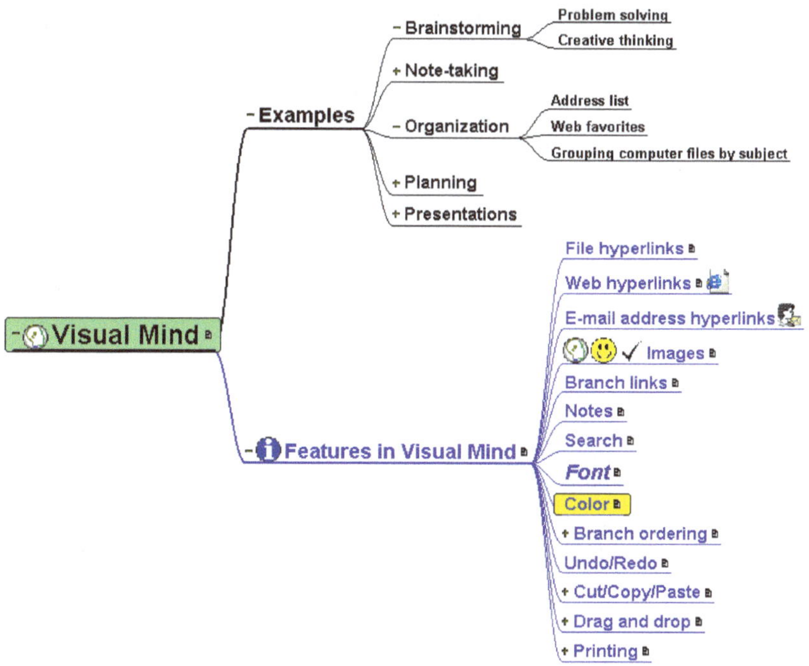

Abb. 3.3.19 Ein Mind Map, konstruiert mit Visual Mind

Auch bei diesem Programm (wie bei Mind-Map-Programmen üblich) ist die graphische Darstellung der Maps gut ausgearbeitet, es fehlt jedoch eine Möglichkeit für die Auswertung der Maps.

Internetseite zum Programm Visual Mind: http://www.visual-mind.com

3.4 Auswertung von Concept Maps

Ein wichtiger Bestandteil beim Einsatz der Methode Concept Mapping im Unterricht oder in der Forschung ist die Auswertung von Concept Maps. Die Auswertung kann im einfachsten Fall allein zur Feststellung von Verständnisschwierigkeiten dienen. Es ist jedoch möglich anhand der Maps auch das Wissen der Schülerinnen und Schüler festzustellen. Die Ergebnisse aus Concept Maps können dabei hoch mit den Ergebnissen aus anderen Wissenstests korrelieren (Mikelskis, 1999). Die Auswertung kann von nur intuitiven Eindrücken bis zur quantitativen Auswertung mit dem Computer reichen. Im Folgenden sind die möglichen Stufen nach Art der Auswertung und Computeranwendung aufgelistet:

Stufe 1 intuitiv
Stufe 2 halbquantitativ
Stufe 3 quantitativ mit Hilfe des Computers
Stufe 4 quantitativ nur mit dem Computer

Stufe 1 intuitiv
Intuitive Auswertung ist geeignet z. B. für Lernberatung mit Hilfe von Concept Maps. Der Berater bzw. Forscher kann die Maps der zu Beratenden anschauen und anhand der intuitiven Eindrücke (Größe, Struktur und Richtigkeit einzelner Propositionen) den Wissensumfang des zu Beratenden einschätzen. Eine intuitive Auswertung kann nur bei kleineren, überschaubaren Concept Maps durchgeführt werden. Diese Art der Auswertung ist nicht gut geeignet für Vergleichstudien, weil hier die Ergebnisse nur intuitiv sind und sehr stark vom jeweiligen Versuchsleiter (Berater) abhängen.

Stufe 2 halbquantitativ
Halbquantitative Auswertung kann für die Beurteilung von kleineren Begriffsnetzen und bei kleineren Netzmengen eingesetzt werden. Bei dieser Auswertung werden einige einfache Variablen (z. B. Anzahl aller Propositionen, Anzahl richtiger Propositionen) berechnet. Da alles per Hand ausgewertet wird, ist diese Auswertung sehr zeitaufwendig und von daher für die Auswertung von größeren Netzmengen nicht geeignet.

Stufe 3 quantitativ mit Hilfe des Computers
Quantitative Auswertung mit Hilfe des Computers ist auch für größere Netze und Netzmengen einsetzbar. Bevor eine Auswertung mit dem Computer erfolgen kann, müssen jedoch die Informationen aus den Begriffsnetzen in den Computer eingegeben werden. Dafür kann man zwar spezielle Computerprogramme benutzen, um den Zeitaufwand und die Eingabefehler zu reduzieren, für eine Anwendung im Schulalltag ist dies aber immer noch mit zu viel Zeitaufwand verbunden. Die quantitative Auswertung mit Hilfe des Computers eignet sich jedoch gut für den Einsatz in der Forschung.

Stufe 4 quantitativ nur mit dem Computer
Quantitative Auswertung mit dem Computer ist die leistungsfähigste Auswertungsart. Diese Auswertung kann jedoch nur dann durchgeführt werden, wenn die Concept Maps direkt auf dem Bildschirm erzeugt werden. Dadurch werden sowohl der Zeitaufwand bei der Eingabe der Netzdaten in den Computer als auch die damit verbundenen Fehlerquellen vermieden. Mit diesem Verfahren kann man auch umfangreiche Netze und eine große Anzahl von Netzen auswerten. Diese Art der Auswertung eignet sich neben dem Einsatz in der Forschung auch gut für den Schulalltag.

Solange Begriffsnetze zur Diagnose von Verständnisschwierigkeiten und als Basis für eine Lernberatung verwendet werden, ist eine formale Auswertung nicht unbedingt erforderlich. Bereits die sich unmittelbar aufdrängenden Eindrücke geben wichtige Informationen über den

Wissensstand. Zu einer formalen Auswertung müssen jedoch Kriterien festgelegt werden, nach denen man die Netze mit bestimmten Punktzahlen belegen will.

Novak (1990) legt großen Wert auf die hierarchische Struktur der Maps. Eine Anlehnung an Ausubel (1963) und der starke Bezug zur Ordnungsstruktur der Biologie führten Novak und seine Mitarbeiter zur Vorstellung, Concept Maps seien grundsätzlich hierarchisch strukturiert. Aus der Assimilationstheorie Ausubels folgerte man, dass das Entstehen neuer propositionaler Beziehungen in den meisten Fällen ein Zeichen für die untergeordnete Beziehung des neuen Stoffes zur bestehenden kognitiven Struktur sei.

Zu Beginn der Entwicklung des Concept Mapping wurden die hierarchischen Ebenen deshalb mit der höchsten Punktzahl belegt. Dieser Gedanke der Unterordnung und damit eine hierarchische Struktur wird heute deutlich in Frage gestellt. Im Bereich der Biologie finden wir recht häufig hierarchischen Strukturen, jedoch sind in der Chemie und Physik die Verknüpfungen im Netzwerk sehr vielfältig verzweigt und häufig auch sternförmig.

Fife und Berger (1996) setzen eine computergesteuerte Auswertung von Concept Maps ein. Sie erstellen zu jedem Concept Map eine Matrix, die alle Propositionen des Maps beinhaltet. Diese Matrix vergleichen die Autoren mit der aus dem Referenznetz erstellten Matrix. Der Vergleich erfolgt bezüglich folgender Merkmale:

1. Sind die Begriffe in den beiden Netzen identisch?
2. Sind die Relationen zwischen identischen Begriffen nach Inhalt gleich?
3. Sind die Relationen zwischen identischen Begriffen nach Richtung gleich?

In unserer Studie haben wir eine quantitative Auswertung mit dem Computer gemäß Stufe 4 vorgenommen (siehe dazu auch Abschnitt 7.1.5)

3.5 Einordnung des von uns entwickelten Concept Mapping (CCMap)

Das von uns entwickelte Programm CCMap wird im Abschnitt 7.1 beschrieben. Von daher kann es hilfreich sein, den Abschnitt vorher kurz anzuschauen. Hier wird die Einordnung einmal unter fachlich-inhaltlichen Gesichtspunkten (Einordnung zum Abschnitt 3.2) und einmal unter computer- und durchführungstechnischen Gesichtspunkten (Einordnung zum Abschnitt 3.3) vorgenommen. Wir wollen damit verdeutlichen, warum eine Eigenentwicklung vorgenommen und kein kommerzielles Programm eingesetzt wurde.

3.5.1 Inhaltliche Einordnung des CCMap in die vorhandenen physikdidaktischen Forschungsprojekte

Die inhaltliche Einordnung des CCMap wird zur besseren Übersicht anhand der im Abschnitt 3.2 angewendeten Raster durchgeführt.

Fachgebiet und Forschungsziel
Die Methode Concept Mapping wird in vielen unterschiedlichen Bereichen der Naturwissenschaftsdidaktik eingesetzt. Wir haben in unserer neuesten Studie[6] das Concept Mapping zum Thema "Umsatz von elektrischer Energie im Haushalt" durchgeführt. Die Methode Concept Mapping haben wir zur Feststellung des physikalischen Wissens der Probanden eingesetzt. Dabei haben die Schülerinnen und Schüler zuerst nach einer Unterrichtseinheit Concept Mapping durchgeführt, dann am Computer bzw. in Realsituationen gehandelt und dann noch einmal Concept Maps gelegt (siehe Abschnitt 6.1 und 6.2). Wir haben mit Concept Mapping den Wissenszustand vor den Handlungen und die Wissensänderungen durch die Handlungen feststellen können (siehe dazu Abschnitt 9).

Durchführung und Gestaltung der Maps
Das Concept Mapping wurde in unserer Studie mit dem speziell für diese Zwecke entwickelten Computerprogramm CCMap durchgeführt (siehe dazu Abschnitt 7.1). Dieses ermöglichte den Schülerinnen und Schülern, ihre Maps direkt am Bildschirm zu konstruieren. Das Programm CCMap wurde so konzipiert (benutzerfreundlich, intuitiv zu bedienen), dass es keine Einarbeitungszeiten benötigte. Deshalb war es möglich, das Concept Mapping innerhalb einer Schulstunde durchzuführen. Den Probanden wurden 48 Begriffe zum Thema "Umsatz von elektrischer Energie im Haushalt" und 10 Relationen vorgegeben. Sie durften keine weiteren Begriffe bzw. Relationen hinzunehmen (jedoch mussten sie nicht alle vorgegebene Begriffe miteinander verknüpfen). Jeweils zwei Begriffe durften nur mit einer Relation verknüpft werden. Durch die Eingrenzungen beim Legen eines Netzes (z. B. feste Vorgabe der Begriffe und Relationen) wollten wir gute Voraussetzungen für den direkten Vergleich der Netze bei der Auswertung schaffen.

Auswertung
Die von den Schülerinnen und Schülern mit CCMap konstruierten Begriffsnetze werden automatisch im Computer gespeichert, so dass die Daten aus den Netzen für die weitere Auswertung benutzt werden können. Wir haben eine "quantitative Auswertung nur mit Computer" durchgeführt (siehe Abschnitt 3.4, Stufe 4). Es wurden insgesamt acht Variablen aus folgenden Bereichen berechnet: Größe, Inhalt und Struktur der Netze (siehe dazu Abschnitt 7.1.5). Anhand dieser Variablen wurde eine Varianzanalyse durchgeführt, um die Unterschiede zwischen den Gruppen bzw. Klassen auf Signifikanz zu prüfen.

[6] Ein Überblick über die Gesamtstudie gibt Dahncke (1997b)

3.5.2 Computertechnische Einordnung des CCMap in die vorhandenen Computerprogramme zum Concept Mapping

Im Abschnitt 3.3 wurden einige Computerprogramme zur Konstruktion der Concept Maps dargestellt. Der Großteil dieser Programme erfüllt die allgemeinen Kriterien von Flores-Mendez (1997), die ein Programm zum Concept Mapping aufbringen soll. Demnach soll ein Programm zum Concept Mapping folgende Funktionen beinhalten: *Erstellen*, *Löschen* und *Attribute ändern* von Knoten bzw. Konzepten, Kanten bzw. Verbindungen und Beschriftungen (näher dazu siehe Abschnitt 3.3). So haben auch wir bei der Entwicklung des Programms CCMap darauf geachtet, dass diese Kriterien erfüllt sind.

Conlon (2001) hatte in seiner Studie die Programme Inspiration (siehe Abschnitt 3.3.7) und IHMC CMap Tools (siehe Abschnitt 3.3.6) bezüglich der im Abschnitt 3.3 dargestellten Kriterien evaluiert. Er hatte für die einzelnen Kriterien Punkte (Sterne) von 1 (*not at all*) bis 5 (*completely*) gegeben. Die Ergebnisse der Evaluation sind in der folgenden Tabelle 3.5.1 dargestellt.

Kriterium	**Inspiration 5**	**IHMC Tools 2.7**
K1: Editor für Konzepte und Verknüpfungen	***	***
K2: Begrifflisten einlesen, Teilnetze vorgeben	*	*
A1: Vergleich mit einem Referenznetz	*	*
A2: Rückmeldung über die Qualität des Netzes	*	*
D1: Speicherung in andere Dateiformate	**	*
D2: Netze in andere Dokumente integrieren	***	****

Tab. 3.5.1 Evaluation der Programme Inspiration und IHMC CMap Tools nach Conlon (2001, S. 214)

Aus der Tabelle ist zu erkennen, dass insbesondere die Kriterien zur Auswertung und Korrektur unzureichend bewertet werden. Für unsere Untersuchung ist jedoch gerade die Auswertung der Netze von großer Wichtigkeit. Diese Programme sind repräsentativ für alle Mind Mapping Programme.

Durch die methodische Weiterentwicklung des Concept Mapping und den Einsatz des Computers werden jedoch qualitative und quantitative Kriterien für das Concept Mapping sich erhöhen. Ein Computerprogramm, das für die Durchführung des Concept Mapping in unserer Studie geeignet ist, sollte zusätzlich noch folgende fünf Kriterien erfüllen:

1. *Benutzerfreundlichkeit und intuitive Programmbedienung*
2. *Möglichkeit, Anfangskonfiguration für die Netzeinstellungen zu bestimmen*
3. *Möglichkeit, Concept Maps unter fachlichen Gesichtspunkten auszuwerten*
4. *Plattformunabhängigkeit*
5. *Sichtbarkeit aller Elemente*

Im Folgenden wird die Erläuterung der fünf Kriterien mit gleichzeitiger Bewertung der kommerziellen Computerprogramme zum Concept Mapping und des Programms CCMap bezüglich des jeweiligen Kriteriums vorgenommen (siehe dazu Abschnitte 3.3 und 7.1.1.2).

1. Benutzerfreundlichkeit und intuitive Programmbedienung
Das Kriterium "Benutzerfreundlichkeit und intuitive Programmbedienung" ist bei allen neueren Computerprogrammen zum Concept Mapping erfüllt. Ein Problem bei den kommerziellen Programmen ist, dass sie meistens "flexibel" und daher sehr umfangreich und relativ komplex sind. Einerseits kann man diese Programme in verschiedenen Bereichen zum Strukturlegen einsetzen, andererseits sind sie gerade daher nicht optimal für den Einsatz im naturwissenschaftlichen Unterricht bzw. in der Forschung. Wir haben die Oberfläche unseres Programms CCMap übersichtlich gehalten und nicht mit überflüssigen Tasten bzw. Menüs belastet.

2. Möglichkeit, Anfangskonfiguration für die Netzeinstellungen zu bestimmen
Die kommerziellen Programme bieten die Möglichkeit, Anfangskonfiguration für die Netzeinstellungen zu bestimmen, nicht an. Mit diesen Programmen kann man verschiedene Netze mit unterschiedlichen Anfangskonfigurationen legen. Die einzige Möglichkeit, die Bedingungen zum Legen der Maps zu bestimmen ist, wenn die Lehrerin bzw. der Lehrer sie vorher mündlich bzw. schriftlich den Schülerinnen und Schülern mitgeteilt hat. Solches Verfahren garantiert allerdings nicht, dass die Bedingungen von den Schülerinnen und Schülern auch eingehalten werden. Z. B. kann der Proband schnell vergessen, ob er 20 oder schon 22 Begriffe gelegt hat. Ein zusätzliches Problem ist die Arbeit mit vorgegebenen Begriffen und Relationen. Mit den kommerziellen Programmen kann man zwar meistens unvollständige Teilnetze zum Vervollständigen einlesen, jedoch nicht Begriffe und Relationen. Diese müssen die Anwender meistens selbst schreiben. Bei der Entwicklung des Programms CCMap war es deshalb für uns ein Hauptanliegen, dass der Lehrer bzw. Forscher die Anfangsbedingungen zum Concept Mapping festlegen kann.

3. Möglichkeit, Concept Maps unter fachlichen Gesichtspunkten auszuwerten
Die Möglichkeit, Concept Maps unter fachlichen Gesichtspunkten auszuwerten, bieten die kommerziellen Programme nicht. Fast alle diese Programme haben keine Funktion zur Auswertung der Maps. Diejenigen, die eine Auswertung ermöglichen, sind jedoch von der Handhabung her sehr umfangreich, komplex und nicht für das Concept Mapping in der Schule (d. h. für Schülerinnen und Schüler) geeignet (ATLAS.ti, Axon Idea Processor, Concept System). Die Statistiken, deren Durchführung nur einige Programme ermöglichen, sind begrenzt (Anzahl der Begriffe, Anzahl der Relationen, Anzahl der Inseln) und erfassen nicht die Auswertung unter fachlichen Gesichtspunkten. Das von uns entwickelte Programm CCMap ermöglicht die Auswertung nach Größe, Struktur und auch Inhalt der Netze.

4. Plattformunabhängigkeit
Die kommerziellen Programme erfüllen in dem Sinne das Kriterium "Plattformunabhängigkeit", weil sie auf unterschiedlichen Plattformen laufen können. Ebenso funktionieren sie mit unterschiedlichen Graphikeinstellungen. Jedoch sieht ein Concept Map, das mit bestimmten Graphikeinstellungen gelegt wurde, bei anderen Graphikeinstellungen anders aus. Z. B., wenn man mit der Auflösung 1024 x 768 ein Netz legt und speichert, ist von diesem Netz bei der Auflösung 800 x 600 nur ein Teil zu sehen. Einige Programme haben eine Zoom-Funktion, womit man dieses wieder ausgleichen kann. Jedoch kann man nicht davon ausgehen, dass alle Benutzer die gleichen Bedingungen zum Concept Mapping haben. Dies ist aber für die Durchführung einer Untersuchung von großer Wichtigkeit. Das Programm CCMap wurde so programmiert, dass auch bei unterschiedlichen Graphikeinstellungen ein Netz immer in gleicher Weise angezeigt wird.

5. Sichtbarkeit aller Elemente
Das Kriterium "Sichtbarkeit aller Elemente" wird bei den meisten kommerziellen Programmen nur bedingt erfüllt. Die Programme haben zwar eine Zoom-Funktion, mit der der Benutzer meistens auch das gesamte Netz anschauen kann. Bei etwas größeren Netzen sind dann jedoch die einzelnen Konzepte bzw. Begriffe und Verknüpfungen bzw. Relationen nicht mehr zu erkennen. In unserem Programm CCMap ist zwar die mögliche Größe eines Netzes von der Auflösung abhängig, beim Legen eines Netzes ist jedoch immer das gesamte Netz mit allen Komponenten sichtbar.

Bei den kommerziellen Programmen sind jeweils höchstens drei der insgesamt fünf Kriterien erfüllt. Wegen dieser Mängel haben wir ein eigenes Computerprogramm zum Concept Mapping geschrieben.

4 Handeln in Computersimulationen und in Experimenten

4.1 Grundlagen zum Handlungsbegriff

In der Lernpsychologie gibt es eine Vielzahl von Handlungstheorien und Definitionen zum Handlungsbegriff. Im Allgemeinen wird beim Handeln ein mehr oder weniger detaillierter Plan aufgestellt und dieser dann vom Handelnden verfolgt. Der Plan wird auch Handlungskonzept genannt (siehe Edelmann 1996, S. 9).

Wir stützen uns bei dem Begriff "Handeln" auf Aebli (1993, 1998) und Edelmann (1996).

Aebli (1993) versteht unter Handeln bewusstes und zielgeleitetes Tun. Nach Aebli müssen die Handlungen nicht in die Wirklichkeit eingreifen und sie verändern. Demnach sind Handlungen auch Suchen, Forschen, Beobachten und Nachdenken (Aebli, 1998, S. 182). Aebli gibt in seinem Buch (1993) eine kurze, systematische Darstellung der Handlungstheorie und stellt dazu 16 Thesen auf:

1. "Eine Handlung zielt darauf hin, eine Beziehung zwischen Elementen zu verwirklichen." Zielgerichtetheit des Handelns und Zusammenhang von Handlungsziel und Handlungsstruktur, d.h. eine Handlung intendiert ein Ziel.
2. "Die Beziehung zwischen den Elementen kann temporärer oder dauernder Natur sein." Die temporäre Beziehung dauert so lange wie auch die Handlung. Beispiel: Streichholz anzünden. Die dauernde Beziehung geht über die Dauer der Handlung hinaus. Beispiel: Stuhl anstreichen.
3. "Vor dem Vollzug sind die Handlungselemente unverbunden. Sie sind erst "Material". Im Vollzug werden sie verknüpft." Bezüglich der Handlung sind die Elemente ungeordnet oder die Ordnung spielt keine Rolle. Beispiel: geordnet abgelegte Ziegelsteine spielen bezüglich der Handlung des Maurers keine Rolle, weil diese Ordnung zerstört und nicht in die Ordnung des Bauwerkes integriert wird.
4. "Die Elemente in Handlungen können sein: Sachen, Vorgänge, Personen, fremde Handlungen, eigene Handlungen bzw. abstrakte Beziehungen innerhalb derselben." Der Begriff "Handlungselement" ist sehr umfassend. Während Elemente von praktischen Handlungen konkrete Sachen sind, sind Elemente in sozialen Handlungen Personen und deren Handlungen.
5. "Ein besonderes Handlungselement ist die eigene Person und der eigene Körper." Z. B.: sieht Aebli auch Heiraten als eine Handlung an. Beim Heiraten sind die Personen in einem körperlichen, seelischen und rechtlichen Sinn beteiligt.
6. "Ein Sonderfall des Handelns ist das geordnete Lösen einer Beziehung." Während nach Aebli ein blindes Zerstören keine Handlung ist, ist dieses ein durchdachtes Lösen einer Konstruktion.
7. "Die Handlungselemente bringen gewisse Eigenschaften in die Handlung mit. Durch ihren Einbezug in die Handlung erwerben sie ein neues Rollenmerkmal. Dieses gibt ihre Rolle in der Handlung an oder, was das gleiche besagt, ihre Relation zu den anderen beteiligten Elementen." Z. B. bringt ein Stein beim Werfen die Eigenschaften wie Masse, Festigkeit, Form in die Handlung mit.
8. "Ein Handlungsschema kann auf neue Situationen und Gegenstände übertragen (angewendet, transferiert) werden." Handlungsschemata enthalten Leerstellen, in die verschiedene Elemente eingesetzt werden können. In diesem Sinne bedeutet das Übertragen eines Handlungsschemas das Einsetzen neuer Werte in die Leerstellen.

9. "In Handlungen enthaltene physikalische Prozesse werden vom Handelnden zum einen Teil direkt und fortlaufend gesteuert. Er kann sie aber auch für eine Zeit lang gemäß ihren eigenen, sachlichen Gesetzen "laufen lassen", um ihr Ergebnis dann wieder als Element in den Fortgang der Handlung einzubringen." Z. B. Kuchenteig herstellen und Kuchen backen.

10. "Auf Menschen bezogene Handlungen lösen psychologische Prozesse aus. Diese werden vom Handelnden zum Teil direkt und fortlaufend gesteuert, zum anderen Teil lässt er sie für eine Zeit lang gemäß ihren eigenen psychologischen Gesetzen "laufen", um ihr Ergebnis dann wieder als Element in den Fortgang seiner Handlung einzubeziehen." Z. B.: Beim Schachspiel löst ein Schritt im Gegner komplexe Reaktionen aus.

11. "Eine Bedingung ist ein für das Gelingen einer Handlung notwendiges, abstraktes Element. Eine variable Bedingung ist ein Handlungselement, das mit dem Handlungsergebnis kovariiert." Z. B. ist die Nässe oder Trockenheit eines Holzes eine wichtige Bedingung für das Gelingen bzw. Nichtgelingen der Handlung des Anzündens.

12. "Ein Mittel ist eine Handlungsbedingung, also ein Handlungselement, über die/das der Handelnde verfügt." Es gibt materielle Mittel und menschliche Ressourcen.

13. "Eine Mittelhandlung realisiert ein Zwischenziel in einem komplexen Handlungsablauf oder ein Element, das in der Folge weiterverarbeitet wird." Z. B. die Berechnung eines Zwischenergebnisses beim Rechnen.

14. "Eine TOTE-Handlung[7] erzeugt durch Wiederholen eines Aktes oder durch seinen fortlaufenden Vollzug ein Ergebnis, wobei der Impuls zur Wiederholung bzw. zum Weitermachen vom Ergebnis einer Vergleichsoperation ausgeht. Gegenstand des Vergleichs ist die Zielvorstellung und das beobachtete Handlungsergebnis." Die TOTE-Handlung besteht aus zwei Teilhandlungen: aus der eigentlichen Wirkreaktion und der Vergleichsoperation.

15. "Es gibt zwei Arten von Handlungen und, allgemeiner, von Akten: frei aus dem Repertoire erzeugte und einer Gegebenheit nachkonstruierte." Z. B. ist das Ersteigen eines Berges oder freies Tanzen jeweils eine Handlung "frei aus dem Repertoire". Dagegen ist das Erklären einer Naturerscheinung eine Nachkonstruktion. Man spricht auch von "herstellenden" und "darstellenden" Handlungen bzw. Akten.

16. "Im Verlaufe des Lernens und der Entwicklung des Menschen werden immer neue Handlungsschemata aufgebaut, die immer neue Rollen von Teilnehmern an der Handlung und immer neue Beziehungen zwischen den Teilnehmern definieren. Die Zahl der möglichen Kasus ist daher grundsätzlich unbegrenzt." Das Handeln hat so viele Fälle, wie es Handlungsschemata gibt und diese können unendlich vermehrt werden.

Nach Edelmann (1996) ist eine Handlung ein Mittel, das zur Erreichung eines Ziels oder mehrerer Ziele willentlich und absichtlich eingesetzt wird. Edelmann nennt acht Merkmale einer Handlung:

1. Innensteuerung durch ein Subjekt: Der Handelnde setzt die Ziele selbst und verfolgt sie durch das Handeln.

2. Entscheidung zwischen Handlungsalternativen: Die Handlungen sind grundsätzlich wählbar, d. h. dem Handelnden müssen Alternativen zur Verfügung stehen.

3. Subjektiver Sinn: Die Handlungen dürfen willkürlich eingesetzt werden.

4. Intentionalität: Der Handelnde stellt einen Plan auf und verfolgt diesen Plan, dabei denkt er ggf. auch antizipierend.

---

[7] TOTE – Test-Operate-Test-Exit (siehe dazu Miller, Galanter und Pribram, 1973)

5. Bewusstheit: Die Handlungen werden immer bewusst durchgeführt.
6. Flexibles Handlungskonzept: Das Handlungskonzept ist eine Antizipation der späteren Aktivität und das eigentliche Handeln wird durch dieses Konzept gesteuert.
7. Verantwortlichkeit (auch rechtliche): Ein Handelnder ist verantwortlich für das, was er tut.
8. Wissenserwerb: Durch die Rückmeldung der Handlungsfolgen erwirbt der Handelnde Wissen über die Welt und über den Erfolg seines Handlungsplanes.

Wir entschieden uns die Theorie von Edelmann als Grundlage zu nehmen. Diese Theorie erwies sich als sehr geeignet, um sie auf Handlungen in einer Computersimulation anzuwenden. Da die Handlungstheorie nach Edelmann für unseren Forschungsgegenstand vollständig ausreicht, ist es nicht erforderlich die ausführliche Theorie Aebli's anzuwenden.

Diese Merkmale benutzen wir in unserer Untersuchung als Kriterien und sehen demgemäss die Experimente und Eingriffe in Computersimulationen als Handlungen an.

Wir haben unsere Experimente (ausführlicher in Kapitel 7) so weit entwickelt und mit Schülern erprobt, dass auch hier die Kriterien für den Begriff Handeln nach Edelmann erfüllt sind.

Beim Steuerverhalten der Probanden in Computersimulationen nimmt der Handelnde nicht nur den Vorgang wahr, sondern greift aktiv ein. Er muss die Wirkung von einzuleitenden Maßnahmen zur Annäherung an die Zielsituation (Aufgabenstellung) antizipieren können. Insoweit haben die Eingriffe und das Steuerverhalten bei Computersimulationen unserer Probanden die von Edelmann (1996) geforderten Merkmale von Handlungen. Dennoch sind wir uns der Tatsache bewusst, dass man zwar Eingriffe in Computersimulationen im o. g. Kontext als Handlungen ansehen kann, dass diese sich aber vom Handeln in Realsituationen in situativer und inhaltlicher Hinsicht unterscheiden:

Zum einen muss beachtet werden, dass bereits einfache Simulationen im Computer den Idealvorgang aus der Physik nachbilden und sich insofern von jeder Realsituation inhaltlich unterscheiden. Zum anderen geht es darum, dass ein Eingriff in eine Computersimulation einer Spielhandlung gleicht, indem sie für den Probanden weitgehend folgenlos bleibt, also in diesem Sinne keinen Ernstcharakter besitzt.

Unsere Untersuchung umfasst auch die Frage nach dem Einfluss von Wissen auf Handeln. Dabei bestimmte uns inhaltlich, dass der Sachbereich Energieumsatz zu Hause zwar im traditionellen Physikunterricht angesprochen wird, dass aber an einer damit verknüpften Befähigung zum Handeln erhebliche Zweifel angebracht sind. Dem steht gegenüber, dass Unterrichtsansätze aus dem Bereich Science-Technology-Society ausdrücklich die Vermittlung von Handlungskompetenz zumindest im gesellschaftlichen Bereich postulieren, ohne die Erreichung des Ziels bisher nachweisen zu können. Das Energiekonzept findet sich in einer Reihe von Curricula aus dem angelsächsischen Sprachraum. Hier haben wir uns für das SATIS - Programm entschieden und davon fünf Unterrichtsstunden ausgewählt, übersetzt und für die Lernumwelt unserer Probanden überarbeitet.

4.2 Experimente im Physikunterricht

In diesem Absatz geht es darum, eine kurze Zusammenfassung von Zielen, Klassifikationen und psychologischen Ratschlägen zur Anwendung des Experiments im Physikunterricht darzustellen. Hier wird keine vollständige Behandlung des Experiments beabsichtigt. Wir setzen den Hauptakzent bei den für uns wichtigsten Positionen aus der Physikdidaktik und fassen sie zusammen.

Zum Begriff Experiment
Der Begriff "Experiment" wird in der Literatur nicht eindeutig verwendet (siehe Behrendt 1990). Wir verwenden (wie auch Kircher, Girwidz und Häußler, 2001) die Begriffe "Experiment" und "Versuch" synonym. Wir verstehen unter Experiment ein wiederholbares, vom Experimentator unabhängiges Verfahren zur Erkenntnisgewinnung. Die Durchführung eines Experiments beinhaltet folgende Stufen:

Planung
Kontrolle relevanter Variablen
Datenaufnahme
Analyse der Messwerte
Physikalische Interpretation

Ziele von Experimenten im Physikunterricht
Im Folgenden werden die didaktischen Ziele des Experiments dargestellt. Da die wissenschaftlichen Ziele eines Experiments im Unterricht nur eine untergeordnete Rolle spielen, werden sie hier nicht erläutert.
Die von verschiedenen Autoren (Bleichroth, 1978; Duit, Häußler, Kircher, 1981; Druxes, Born, Siemsen, 1983; Schietzel, Kalipke, 1968; Knoll, 1971; Haspas, 1969; Manthei, 1971; Töpfer, Bruhn, 1976; Fischler, 1987; Berge, 1988) genannten didaktischen Ziele des Experiments fasst Behrendt (1990) in folgende Bereiche zusammen:

A Erkennen der Natur
- Phänomene zeigen und verstehen
- Bildung physikalischer Begriffe
- Verstehen der Welt und Orientierung in der Welt

B Kennen lernen der naturwissenschaftlichen Forschungsmethode
- Falsifikation und Verifikation
- Induktive und deduktive Methode
- Historische Kenntnisse

C Entwicklung der Schülerpersönlichkeit
- Erwerb von Haltungen und Einstellungen
- Wecken von Freude, Begeisterung und Interesse
- Erwerb von Fertigkeiten und Fähigkeiten
- Entwicklung von Verantwortungsbewusstsein, Selbstständigkeit, Ordnung, Sauberkeit, Ausdauer.

Kircher, Girwidz und Häußler (2001) nennen insgesamt 14 physikdidaktische Ziele des Experiments im Unterricht:

1. Ein Phänomen klar und überzeugend darstellen
2. Physikalische Konzepte veranschaulichen
3. Grunderfahrungen aufbauen bzw. ausschärfen
4. Physikalische Gesetzmäßigkeiten direkt erfahren

5. Theoretische Aussagen qualitativ prüfen
6. Schülervorstellungen prüfen
7. Physik in Technik und Alltag aufzeigen
8. Denkanstöße zur Wiederholung oder Vertiefung geben
9. Physikalische Vorstellungen aufbauen
10. Physikalische Gesetze quantitativ prüfen
11. Physikalische Arbeitsweisen einüben
12. Motivieren und Interesse wecken
13. Nachhaltige Eindrücke vermitteln
14. Meilensteine unserer Kulturgeschichte aufzeigen

Klassifikation von Experimenten
Es gibt eine Vielzahl von Möglichkeiten, die Experimente zu klassifizieren. Kircher, Girwidz und Häußler (2001) nehmen eine Klassifizierung bezüglich folgender fünf Aspekte vor: Datenerfassung, Organisationsform, Unterrichtsphase, Sachbegegnung und Ablaufform. Wir werden diese Klassifikation anhand eines Schemas veranschaulichen.

Aspekte der Experimente im Unterricht				
I. Datenerfassung	II. Organisationsform	III: Unterrichtsphase	IV. Sachbegegnung	V. Ablaufform
1. qualitativ 2. quantitativ	1. Demonstrationsversuch 2. Schülerversuch	1. zum Einstieg 2. zur Erarbeitung 3. zur Vertiefung 4. zur Verständniskontrolle	1. Freihandversuch 2. mit physikalischen Apparaturen 3. Simulationsversuche 4. Gedankenexperimente	1. Einzelversuch 2. Parallelversuch 3. Versuchsreihe

Abb. 4.2.1 Aspekte der Experimente im Unterricht nach Kircher, Girwidz und Häußler (2001)

Die Datenerfassung (Spalte I) kann entweder qualitativ (z. B.: Ist ein Vorgang schneller als ein anderer?) oder quantitativ durchgeführt werden. Die quantitative Datenerfassung ist zeitaufwendiger und verlangt zudem den Einsatz von Messgeräten.

Beim Demonstrationsversuch (Spalte II), der vom Lehrer durchgeführt wird, spielen die Schülerinnen und Schüler eine weitgehend passive Rolle. Beim Schülerversuch dagegen handeln sie selbst.

Einstiegsversuche (Spalte III) werden zur Einführung in ein Thema eingesetzt. Sie sind häufig verblüffend und sollten dadurch die Motivation der Schülerinnen und Schüler erhöhen. Erarbeitungsversuche dienen zur Verknüpfung von Theorie und Experiment. Hier werden z. B. durch Datenerfassung und Auswertung physikalische Gesetze geprüft. Durch Experimente kann das Wissen zusätzlich vertieft oder auch geprüft werden (siehe auch Behrendt, 1990).

Mit Freihandversuchen (Spalte IV) werden (meistens) verblüffende Effekte ohne Geräte der Lehrmittelindustrie vorgestellt. Bei Experimenten mit quantitativer Datenerfassung sind Messgeräte erforderlich. Mit Messgeräten lassen sich auch Vorgänge erfassen und veranschaulichen, die direkt mit menschlichen Sinnen nicht zu erfassen sind. Kircher, Girwidz und Häußler (2001) sprechen zusätzlich von "Simulationsversuchen". Diese Simulationsversuche werden auf der Basis eines Modells durchgeführt. Es werden entweder Analogien benutzt, um Sachverhalte zu veranschaulichen, die nicht direkt zugänglich sind, oder es werden Vorgänge am Computer simuliert. Wie mit Simulationen, kann man auch mit Gedankenexperimenten Bereiche erschließen, die für reale Experimente nur sehr schwer oder gar nicht zugänglich sind.

Während beim Einzelversuch (Spalte V) ein einziges Experiment durchgeführt wird, werden beim Parallelversuch mehrere Vorgänge nebeneinander durchgeführt. Dieses eignet sich gut für eine qualitative Beobachtung, bringt aber keine Vorteile für quantitative Messungen. Bei einer Versuchsreihe werden mehrere Einzelversuche nacheinander durchgeführt. Dieses kann man z. B. zur Erkennung von Gesetzmäßigkeiten einsetzen.

Duit bezieht sich in der allgemeiner Klassifikation auf Parthey und Wahl (1966) und unterschiedet Experimente nach vier Typen:

1. Etappen des Experimentierens
   - Erkundungs- und Orientierungsexperimente
   - Hauptexperimente
   - Kontrollexperimente
2. Strategien
   - Black-Box-Experimente
   - Trial- und Errorexperimente
   - Experimente aufgrund geschlossener Algorithmen
3. Arten der experimentellen Beeinflussung
   - Experimente unter natürlichen Bedingungen
   - Experimente unter künstlichen Bedingungen
   - Modellexperimente
4. Messgenauigkeit
   - qualitative Experimente
   - quantitative Experimente
   - Breitenexperimente
   - Tiefenexperimente

Eine Klassifikation der Schulversuche nach physikalischen und technischen Sachverhalten stellt Bleichroth (1991) schematisch dar.

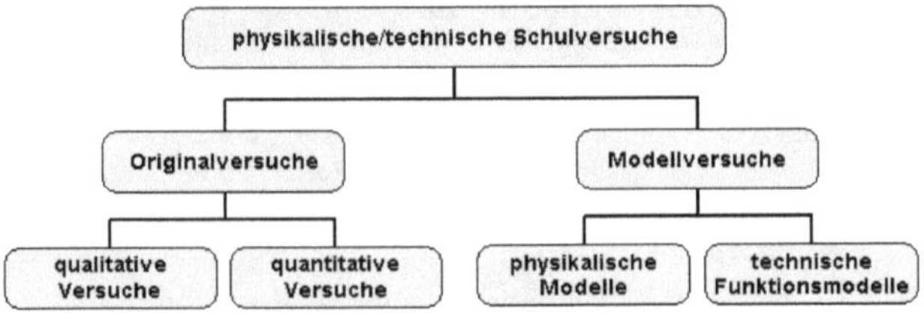

Abb. 4.2.2 Klassifikation der Schulversuche nach Bleichroth (1991)

Die von uns entwickelten Experimente (siehe Abschnitt 7.2) sind nach Kircher, Girwidz und Häußler (2001) in der Datenerfassungsform als quantitativ einzustufen (siehe dazu Abb. 4.2.1). Sie sind nach Organisationsform Schülerversuche und nach Unterrichtsphase werden sie zur Verständniskontrolle eingesetzt. Nach Sachbegegnung sind unsere Experimente die Experimente mit physikalischen Apparaturen und nach Ablaufform sind sie Einzelversuche.

Nach Parthey und Wahl (1966) sind die von uns entwickelte Experimente wie folgt einzuordnen:

1. nach Etappen des Experimentierens sind sie Kontrollexperimente
2. nach Strategien ist eines unserer Experimente ("Beleuchtung", siehe Abschnitt 7.2.2) ein Black-Box-Experiment und das andere ("Erwärmung von Wasser") ein Experiment aufgrund geschlossener Algorithmen
3. nach Arten der experimentellen Beeinflussung ist das Experiment "Beleuchtung" ein Experiment unter künstlichen Bedingungen, das Experiment "Erwärmung von Wasser" ist aber ein Experiment unter natürlichen Bedingungen
4. nach Messgenauigkeit sind beide Experimente quantitativ.

Nach der Klassifikation von Bleichroth (1991) sind die von uns entwickelte Versuche quantitative Originalversuche.

Psychologische Sichtweisen zur Anwendung des Experiments im Physikunterricht

Aus lernpsychologischer Sicht ist die Verknüpfung der Inhalte von Experimenten mit dem Vorwissen der Schülerinnen und Schüler wichtig (Ausubel, Novak, Hanesian, 1980). Ebenso ist es wichtig, dass Experimente gut strukturiert und die Zusammenhänge im Versuchsablauf gut erkennbar sind.

Aus wahrnehmungspsychologischer Sicht erfordert das Beobachten eines Experiments insbesondere folgende Fähigkeiten: Differenzierung (Unterscheidung zwischen verschiedenen Vorgängen), Diskriminierung (Vernachlässigung unwesentlicher Informationen) und Integration (Erkennung von Zusammenhängen). Von daher müssen Experimente für Schülerinnen und Schüler gut sichtbar sein, sich auf das Wesentliche beschränken und prägnant und gut strukturiert aufgebaut sein. Des gleichen soll eine Sequenz von Experimenten gegliedert sein und unterschiedliche Repräsentationsformen erhalten.

Aus motivationspsychologischer Sicht sollte man die Schülerinnen und Schüler bei Experimenten möglichst aktiv mitwirken lassen, das Experiment interessant gestalten und den individuellen Bezug zum Versuch verstärken. Ebenso sollte man Erfolgserlebnisse hervorrufen.

Aus erzieherischer Sicht sind Nachahmungs- und Vorbildeffekt zu berücksichtigen. Diesbezüglich muss der Lehrer selbst präzise arbeiten, auf Sicherheitsaspekte hinweisen, mit physikalischen Geräten sachgerecht umgehen, umweltbewusst handeln und eine korrekte Fachsprache benutzen.

Beispiele von Experimenten zu Themen "Beleuchtung" und "Erwärmung von Wasser" im Physikunterricht

Zum Thema "Beleuchtung" wird in Physiklehrbüchern eine Vielzahl von Experimenten angeboten. In den meisten Versuchen wird eine Glühlampe entweder zur Kontrolle des Stromkreises (leuchtet oder leuchtet nicht) oder zur Veranschaulichung der verschiedenen Spannungen (leuchtet verschieden hell) eingesetzt. Obwohl die Helligkeit in einigen Versuchen eine Rolle spielt, werden die Beleuchtungsstärken einer Lampe im Allgemeinen nicht quantitativ erfasst.

In Abb. 4.2.3 ist eine Versuchsanordnung aus dem Lehrbuch Impulse Physik 1 (Bredthauer, W. u. a., 1997) für ein Experiment zum Vergleich der Spannungen von unterschiedlichen Batterien dargestellt. Die Aufgabe für die Schülerinnen und Schüler lautet: *Bringe eine Glühlampe wie in Abb. 4.2.3 zum Leuchten. Ersetze die Flachbatterie durch eine Monozelle.* (Erwartetes Ergebnis: Das Lämpchen leuchtet verschieden hell.)

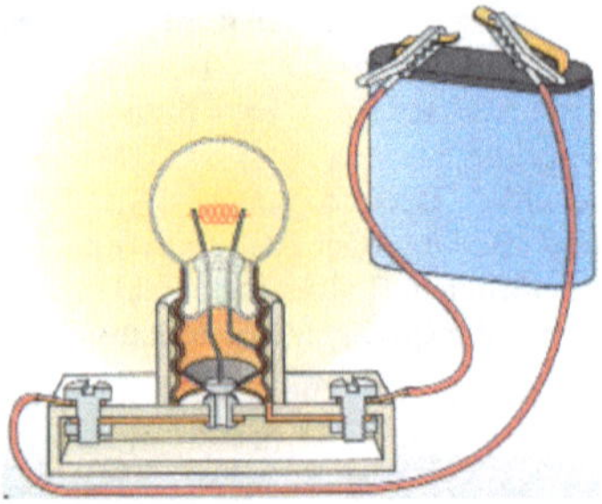

Abb. 4.2.3 Versuchsanordnung zum Vergleich der Spannungen von unterschiedlichen Batterien über die Helligkeit aus dem Lehrbuch Impulse Physik 1 (Bredthauer, W. u. a., 1997)

Im Lehrbuch CVK Physik für Realschulen (Heepmann, B., Muckenfuß, H., Schröder, W. Stiegler, L., 1987) wird ein Schülerexperiment dargestellt, das die Beziehung zwischen Leistung und Helligkeit der Glühlampen veranschaulicht. Die Experimentieranordnung zu diesem Versuch ist in Abb. 4.2.4 dargestellt. Die Aufgabe lautet: *Das Bremslicht eines Autos (21 W) leuchtet etwa so hell wie die Glühlampe in Bild 4.2.4. Die Autolampe wird jedoch nur mit 12 V betrieben (Spannung der Autobatterie). Welche Stromstärke vermutest du im Vergleich mit dem Messwert in Bild 4.2.4? Prüfe nach!*

Abb. 4.2.4 Versuchsanordnung zur Veranschaulichung der Beziehung zwischen Leistung und Helligkeit aus dem Lehrbuch CVK Physik für Realschule, (Heepmann, B., Muckenfuß, H., Schröder, W., Stiegler, L., 1987)

Aus demselben Lehrbuch wird noch ein weiterer Schülerversuch zum Zusammenhang von Leistung, Stromstärke und Spannung vorgestellt. Die Versuchsanordnung ist in Abb. 4.2.5 dargestellt. Die Experimentieraufgaben lauten: *Wie hängt die Leistung von Stromstärke und Spannung ab? Miss jeweils diese beiden Größen:*

a) An ein Netzgerät (6 V) wird eine Lampe angeschlossen. Ihre Helligkeit dient uns als "Leistungseinheit".

b) Verdopple (verdreifache) die Leistung, indem du zwei (drei) Lämpchen parallel schaltest.

c) Schalte zwei (drei) Lämpchen hintereinander. Wie kannst du für doppelte (dreifache) Leistung sorgen?

d) Nun soll die sechsfache Leistung erreicht werden: Schließe deshalb 6 Lämpchen (je zwei in Reihe) an.

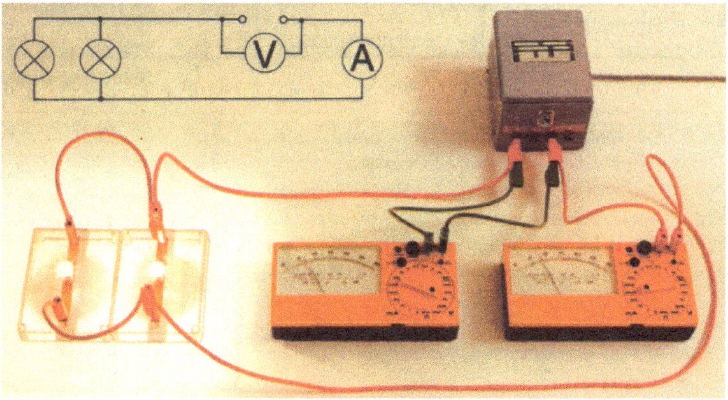

Abb. 4.2.5 Versuchsanordnung zum Zusammenhang von Leistung, Stromstärke und Spannung aus dem Lehrbuch CVK Physik für Realschulen (Heepmann, B., Muckenfuß, H., Schröder, W. Stiegler, L., 1987)

In Abb. 4.2.6 sind die zum Lehrerversuch gehörenden Glühlampen und das Messgerät dargestellt. Der Lehrerversuch: *Wir untersuchen, wie die Leistung von Elektrogeräten mit Stromstärke und Spannung zusammenhängt. Wir benötigen Glühlampen mit 25 Watt (25 W), 40 Watt, 60 Watt... Die Glühlampen werden nacheinander an die Stechdose angeschlossen um zu sehen, wie sie sich in der Helligkeit unterscheiden. Gleichzeitig werden mit einem Messgerät (Abb. 4.2.6) Leistung und Strom bestimmet. Notiere die Beobachtungen und Messwerte in einer Tabelle (Tabelle 4.1).*

Abb. 4.2.6 Lampen und Messgerät aus dem Lehrbuch Physik für die Sekundarstufe I, Cornelsen Verlag

Als nächste Aufgabe werden Glühlampen parallel geschaltet und wieder Leistung und Stromstärke gemessen. Die Messwerte werden ebenfalls in die Tabelle eingetragen.

Leistung P		Stromstärke	Helligkeit
angegeben in W	gemessen in W	I in A	
25	?	?	gering

Tab. 4.1 Messung des Zusammenhangs von Leistung, Stromstärke und Spannung nach dem Lehrbuch Physik für die Sekundarstufe I, Cornelsen Verlag, S. 284

Im Folgenden wird aus dem Lehrbuch CVK Physik für Realschulen vom Cornelsen-Velhagen & Klasing Verlag (Heepmann, B., Muckenfuß, H., Schröder, W., Stiegler, L., 1995) ein Schülerexperiment zum Thema "Erwärmung von Wasser" dargestellt. Die Aufgaben lauten: *Mit zwei verschiedenen Tauchsiedern soll ½ l Wasser erwärmt werden. Zu Beginn wird jeweils die Wassertemperatur gemessen.*

a) Ein 1000-W-Tauchsieder wird so lange eingeschaltet, bis die Zählerscheibe 10 Umdrehungen gemacht hat. Wie lange braucht sie dafür? Um wie viel °C ist die Wassertemperatur in dieser Zeit angestiegen?

b) Der Versuch wird mit einem Reisetauchsieder (300 W) wiederholt. (Kaltes Wasser nehmen und wieder 10 Umdrehungen der Scheibe abwarten!) Welche Zeit werden wir wohl messen? Wie hoch wird die Temperatur steigen?

Einordnung der von uns entwickelten Experimente zu den Experimenten aus den Physikschulbüchern

Wir haben für unsere Studie viele Experimente in Physikschulbüchern und in den SATIS-Unterrichtseinheiten angesehen und diese auch ausprobiert. Die allgemeine Bedingungen, die die Schülerexperimente in unserer Studie erfüllen sollen, sind im Abschnitt 7.2 aufgelistet. An dieser Stelle werden einige wichtige thematische Bedingungen noch einmal wiederholt und ergänzt. Die Experimente sollen

- einen engen Bezug zum Alltagsleben der Schülerinnen und Schüler haben
- zu einem aktuellen Thema passen
- quantitative Messungen einbeziehen
- den Bereich des Energiesparens einbeziehen
- (oder mindestens ein Experiment) sollen das Thema „Wärmeenergie“ beinhalten, weil in diesem Bereich die meiste Energie im Haushalt umgesetzt wird.

Aus den obengenannten Gründen haben wir uns letztendlich für zwei Themen entschieden: „Beleuchtung“ und „Erwärmung von Wasser“. Für die Auswahl der „Beleuchtung“ sprach in erster Linie die Aktualität des Themas „Energiesparen“ und die gute Durchführbarkeit. „Erwärmung von Wasser“ ist einer der wenigen Versuche zum Thema „Wärmeenergie“, der in dem vorgegebenen Zeitraum und in einer neunten Klasse durchführbar ist.

Zum Thema „Beleuchtung“ haben wir in dem vorigen Abschnitt Experimente aus den Physiklehrbüchern zusammengestellt. Alle diese Experimente laufen sehr ähnlich ab: Eine Glühlampe wird zum Vergleich der Spannungen bzw. zur Veranschaulichung des Zusammenhangs zwischen Leistung, Stromstärke und Spannung eingesetzt. Wie zu sehen ist, erfüllen die Experimente zum Thema „Beleuchtung“ nicht die von uns geforderten Kriterien: Das Energiesparen wird in diesen Experimenten nicht thematisiert und auch die Helligkeit der Glühlampen wird nur qualitativ durch Sinnesorgane erfasst. Aus diesen Gründen haben wir für unsere Studie ein neues Schülerexperiment zum Thema „Beleuchtung“ entwickelt, das alle unsere Kriterien erfüllt.

Zum Thema „Wärmeenergie“ gibt es in den Physiklehrbüchern Schülerexperimente hauptsächlich zu folgenden Unterthemen: „Ausdehnung durch Wärme“, „Wärmekapazität“.

Keines dieser Themen ist unmittelbar mit dem Alltagsleben von Schülerinnen und Schülern verknüpft bzw. in einer halben Unterrichtsstunde durchführbar. Zum Thema „Erwärmung von Wasser“ haben wir in den Physiklehrbüchern nur ein Experiment (mit Variationen) gefunden. Wir haben dieses Experiment als Grundlage genommen und daraus ein neues Experiment entwickelt (siehe Abschnitt 7.2).

4.3 Computersimulationen im Physikunterricht

In Abschnitt 7.3 wird ein von uns entwickeltes Computerprogramm zum Thema "Energie im Haushalt" dargestellt. Dieses Programm enthält zwei Computersimulationen zu den Experimenten "Beleuchtung" und "Erwärmung von Wasser". Unser Anliegen dabei war, ein Diagnoseinstrument zur Erfassung von Handlungen zu entwickeln. Deshalb konnten wir grundsätzlich kein schon vorhandenes Lernprogramm zu diesem Thema übernehmen. Ein Computerprogramm, das zum Lernen konzipiert ist, erfüllt nicht die Kriterien zum Diagnoseinstrument. Das bezieht sich Z.B. auf die Datenerfassung: Bei einem Computerprogramm zur Datenerfassung der Lerneffekt möglichst klein gehalten werden, während bei einem Lernprogramm ein möglichst großer Lerneffekt wünschenswert ist. Bevor man eine Computersimulation entwickelt, ist es jedoch wichtig, sich mit den schon vorhandenen Simulationen zu diesem (oder benachbartem) Thema auseinander zu setzen. Im Folgenden Abschnitt wird eine Zusammenfassung vom Computereinsatz im Physikunterricht und von Computersimulationen im Physikunterricht dargestellt.

Heutzutage spielt der Computereinsatz im Physikunterricht eine bedeutende Rolle. Wir fassen die Anwendungsgebiete nach Bader (1989), Al-Amoodi (1993), Merzyn (1996), Winter (1998), Heuer (1996), Fuhrmann (1996), Goldkuhle (1997) und Schmidt (1997) folgendermaßen zusammen:

- Messwerterfassung und Messwertbearbeitung im Experiment
- Computersimulation
- Modellbildung
- Übungs- und Testprogramm
- Rechenprogramm und Tabellenkalkulation
- Datenbank
- Multi- und Hyper-Media

Von diesen Anwendungsgebieten wird in diesem Abschnitt auf das Anwendungsgebiet "Computersimulationen im Physikunterricht" näher eingegangen.

Zum Begriff "Computersimulation"

Der Begriff Computersimulation ist nicht eindeutig definiert. Ciesla (1994) sieht unter didaktischen Gesichtspunkten Computersimulation als eine Erkenntnismethode, die von einem mathematischen Modell ausgeht und durch Anwendung des Computers zu neuen Aussagen über physikalische Sachverhalte führt. Nach Heusler (1990) ist die Grundlage für eine Simulation ein mathematisches Modell, das das Verhalten eines Systems beschreibt. Dabei ist bei der Beschreibung eines Systems die wichtigste Aufgabe die richtige Auswahl der Komponenten bzw. Parameter, die das System charakterisieren (Braak, 1990). Nach Brademann (1996) ist die Simulation die Berechnung innerhalb eines bereits vorliegenden Modells. Fuhrmann (1996) definiert Simulation als die Nachbildung eines realen Vorganges durch einen anderen. Stieglitz (1997) bezeichnet Simulation als Experimentieren mit Modellen. Goldkuhle (1997) versteht unter Simulation einen Prognoseprozess mit Hilfe des Experimentierens in der Modellebene.

Am Anfang einer Computersimulation werden in den Computer alle Systemparameter, die den Anfangszustand eines Systems beschreiben, eingegeben. Mit diesen Parametern berechnet der Computer die weitere Veränderung des Systems. Die Parameter können während der gesamten Simulation konstant oder auch während des Simulationsablaufs durch die Eingriffe von außen steuerbar sein. Dieser zweite Fall ist erforderlich, wenn man Handeln beobachten und protokollieren will. Da wir bei unserer Datenerfassung genau dieses erreichen wollen, haben wir unsere Computersimulation so entwickelt, dass die Parameter während der Simulation von außen änderbar sind.

Legitimation der Computersimulationen im Physikunterricht

Schmidt (1997) nennt einige didaktischen Kriterien für den Einsatz von Computersimulationen im Physikunterricht:

1. Computersimulationen ersetzen in keiner Weise die realen Experimente.
2. Mit Computersimulation kann das mathematische Modell für die Schülerinnen und Schüler transparent, handhabbar und verständlich gemacht werden.
3. Simulationen bieten sich insbesondere dann an, wenn zu den betreffenden Inhalten keine Geräte zur Verfügung stehen oder der Versuchsaufbau zu kompliziert, zu zeitaufwendig, zu risikoreich oder zu kostenaufwendig ist.
4. Mit Computersimulationen können einfachere Gedankenexperimente verifiziert werden.
5. Die Ergebnisse aus dem Experiment können mit denen aus dem mathematischen Modell verglichen werden.

Die Computersimulationen haben sich im heutigen Physikunterricht neben Theorien und Experimenten als dritte Methode zum Erwerb neuer Erkenntnisse etabliert (Al-Amoodi, 1993, Jupe, 1993a). Z. B. kann man mit den Computersimulationen komplizierte mathematische Methoden, die den Schülerinnen und Schülern noch nicht zur Verfügung stehen, benutzen. So werden auch solche Themen für die Schulphysik zugänglich, die sonst nicht mit der Schulmathematik zu beschreiben sind (Sauer, 1997). Computersimulationen werden im Unterricht zur Verdeutlichung von Abläufen in Experimenten eingesetzt. Des weiteren werden Simulationen den Experimenten vorgezogen, wenn die Experimente zu kompliziert, zu zeitaufwendig, zu risikoreich oder zu kostenaufwendig sind (siehe oben bei Schmidt Punkt 3). Ciesla (1993) empfiehlt, die Computersimulation zur Beschreibung und Erklärung der empirisch gewonnenen Erkenntnisse einzusetzen. Seiner Meinung nach ist es sehr wichtig, dass die Schülerinnen und Schüler auch mit den mathematischen Inhalten der Simulation vertraut gemacht werden. Brademann (1996) weist darauf hin, dass die Computersimulationen besonders gut geeignet sind, um bei den Schülern heuristische Fähigkeiten zu entwickeln und Möglichkeiten zum entdeckenden Lernen zu bieten. Nach Janka (1992) kann man mit Computersimulationen komplexe Sachverhalte vereinfachen und gesetzmäßige Zusammenhänge gewinnen. Positiv zu bewerten ist es auch, dass durch den Einsatz der Computersimulationen im Physikunterricht den Schülerinnen und Schülern moderne Forschungsmethoden vorgestellt werden (Jupe, 1993b, Merzyn, 1991).

Beispiele von Computersimulationen im Physikunterricht

Heutzutage gibt es eine Fülle von Computersimulationen zur Anwendung im Physikunterricht. Die meisten davon kann man jedoch nur für ein einzelnes Thema oder für ein Themengebiet einsetzen. Hier werden einige Computersimulationen, die in unterschiedlichen Bereichen des Physikunterrichts eingesetzt werden können, dargestellt. Zusätzlich werden einige Computersimulationen zum Thema in unserer Studie – Energie im Haushalt – beschrieben.

Beispiel a): "Interactive Physics"

Der Software-Baukasten "*Interactive Physics*" beinhaltet Bausteine wie Körper, Verbindungen (z. B. Federn) und Messgeräte. Aus diesen Bausteinen ist es möglich, die unterschiedlichsten Simulationen selbst zusammenzusetzen. Für die Einführung in das Programm sind die mitgelieferten Beispielsimulationen behilflich. In diesen Simulationen kann man verschiedene Einstellungen bzw. Parameter ändern und dadurch die Werkzeuge des Programms kennen lernen. So schafft man einen Überblick über die Möglichkeiten des Baukastens. Die graphische Benutzeroberfläche ist intuitiv zu bedienen.

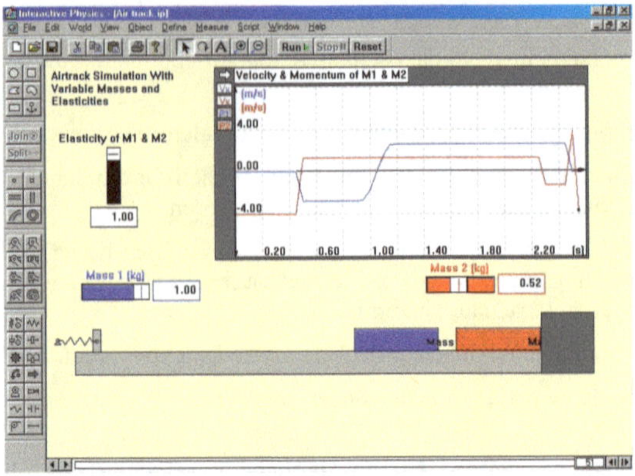

Abb. 4.3.1 Beispiel aus der Computersimulation "Interactive Physics"

Die Rahmenbedingungen des simulierenden Systems kann man selbst festlegen. Z. B. sind unter dem Menüpunkt "World" die Variablen wie "Gravity", "Air Resistance", "Electrostatics" und "Force Field" selbst zu bestimmen. Im *Interactive Physics* ist es möglich, die Simulationsvorgänge in einem Video-Format (*.avi)[8] abzuspeichern.

Beispiel b): "Albert – Physik Interaktiv"
Albert ist eine Oberfläche für verschiedene physikalische Simulationen. Den Kern der Simulationsmodelle in Albert bilden die Variablen. Sie können als Plots oder Graphiken auf dem Bildschirm angezeigt und auch verändert werden. Die Simulationsparameter können während des Simulationsvorgangs jederzeit interaktiv verändert werden (mit Ausnahme einiger Anfangsparameter). In Albert werden 43 Simulationen aus den unterschiedlichsten Bereichen der Physik wie z. B. klassische Mechanik, Atomphysik, Elektrizitätslehre, Optik, Thermodynamik, Quantenmechanik oder Astronomie mitgeliefert.

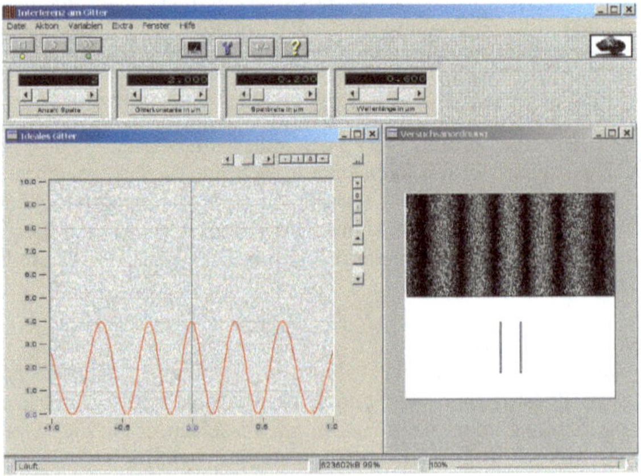

Abb. 4.3.2 Beispiel aus der Computersimulation "Albert"

[8] AVI - Audio Video Interleaved (Ein Microsoft-Standard für Audio- und Videodaten)

Beispiel c): "Energiesparen im Haushalt"
In dieser Computersimulation soll der Anwender zunächst die Wohnung mit unterschiedlichen Geräten aus einem Gerätekatalog einrichten. Danach kann der Anwender den Energieumsatz bei Einsatz dieser Geräte simulieren. Zusätzlich kann man mit dem Programm die unterschiedlichen Geräte bezüglich des Energieumsatzes miteinander vergleichen.

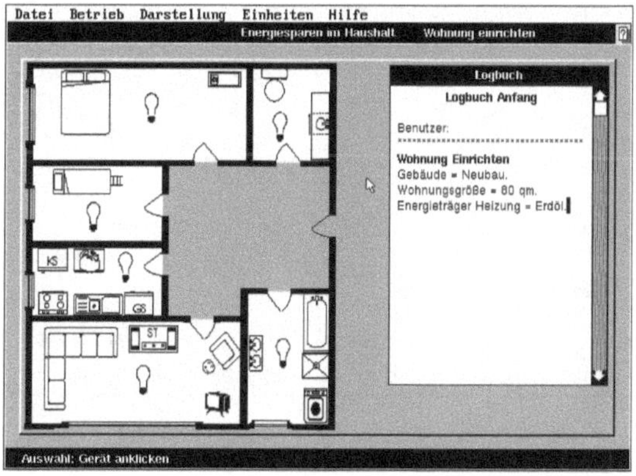

Abb. 4.3.3 Beispiel aus der Computersimulation "Energiesparen im Haushalt"

Beispiel d): "Wasserkochen"
Das Computerprogramm "Wasserkochen" wurde 1987 von Druxes, Schaber, Schiffmann und Sperber entwickelt. Das Programm läuft unter dem Betriebssystem DOS. Das Programm beinhaltet zwei Simulationen:

1. Erwärmen von Wasser mit Tauchsieder oder Kochplatte
2. Wasserkochen mit verschiedenen Geräten

1. Erwärmen von Wasser mit Tauchsieder oder Kochplatte
Hier kann man den experimentell ermittelten Kurvenverlauf im Temperatur-Zeit-Diagramm sowie den Energieaufwand mit Hilfe des Computers simulieren. Dabei wird empfohlen, die Versuchsergebnisse mit der Computersimulation zu vergleichen. In dieser Simulation kann man 0,5 Liter Wasser (die Wassermenge ist vorgegeben und unveränderbar) mit einem Tauchsieder bzw. einer Kochplatte bis zu 60 °C erwärmen. Zunächst muss man die Anfangstemperatur des Wassers (4 bis 20 °C) und die Leistung des Gerätes (300 bis 1000) bestimmen. Danach kann man die Simulation starten. Das Programm ist für die heutigen schnellen Computer nicht mehr geeignet, da die Abläufe zu schnell sind und deswegen nicht mit dem Auge verfolgt werden können. In Abbildung 4.3.4 ist ein Beispiel aus der Computersimulation "Erwärmen von Wasser mit Tauchsieder" dargestellt.

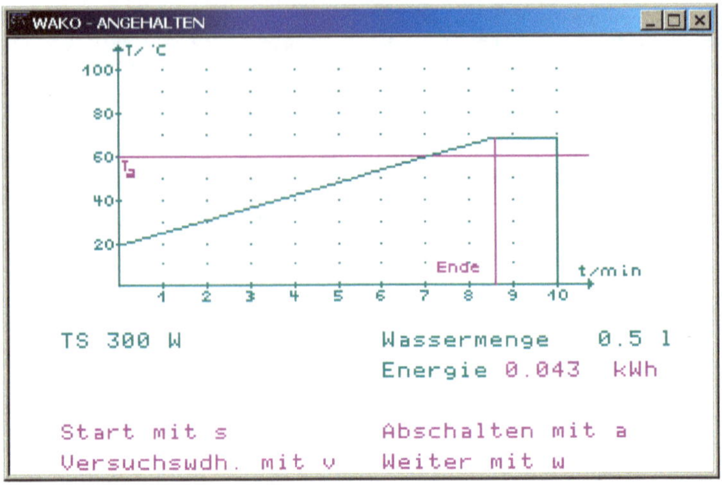

Abb. 4.3.4 Computerprogramm "Wasserkochen", Simulation "Erwärmen von Wasser mit Tauchsieder"

2. Wasserkochen mit verschiedenen Geräten

In dieser Simulation kann man zum Wasserkochen folgende Geräte einsetzen:

- Tauchsieder
- Kochplatte
- Kaffeemaschine
- Kochendwassergerät
- Expresskocher

Vor dem Beginn der eigentlichen Simulation, muss der Proband die Anforderungen an das Gerät festlegen. Dazu gibt der Proband für die folgenden Anforderungen Wertungen von 0 (unwichtig) bis 2 (sehr wichtig):

- geringer Energieverbrauch
- kurze Kochzeit
- großer Bedienungskomfort
- vielseitige Verwendbarkeit

Der Proband kann mit der richtigen Geräteauswahl und dem rechtzeitigen Abschalten der Energiezufuhr maximal bis zu 100 Punkte erreichen. Er soll für seine vorgegebenen Anforderungen das optimale Gerät auswählen. Der Simulationsablauf wird ähnlich wie bei der vorigen Simulation "Erwärmen von Wasser mit Tauchsieder oder Kochplatte" dargestellt. Am Ende der Simulation werden die Versuchsdaten dargestellt (Abb. 4.3.5).

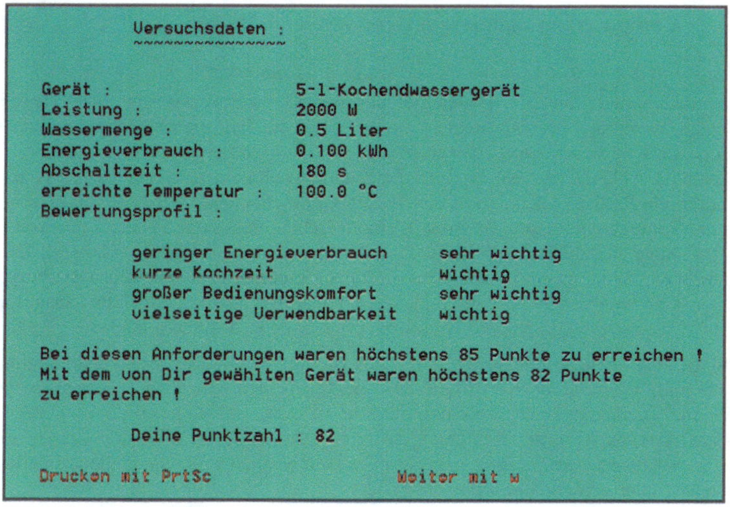

Abb. 4.3.5 Computerprogramm "Wasserkochen", Versuchdaten aus der Simulation "Wasserkochen mit verschiedenen Geräten"

Das Computerprogramm "Wasserkochen" arbeitet ohne bildliche Darstellung der Versuchgeräte und entspricht damit nicht mehr den heutigen Anforderungen an die Qualität der graphischen Darstellung.

Handeln in Computersimulationen

Die Durchführung einer Computersimulation beinhaltet einen Vorgang des Problemlösens, in dem Schülerinnen und Schüler in Strukturen und Prozessen denken, mehrere Lösungsstrategien abschätzen und ähnlich geartete Problemstellungen erkennen müssen (Becker, 1986). Zusätzlich sollen sie analytisches Denkvermögen und die Fähigkeit zum Reduzieren komplexer Probleme besitzen. Eine Computersimulation zur Erfassung von Handlungen soll die Realität möglichst genau abbilden und die Probanden in eine Situation versetzen, in der die Voraussetzungen zum Handeln günstig liegen. Nach Dörner (1976, 1989) gibt es fünf Merkmale zur Charakterisierung von Situationen (Realitätsbereiche):

1. Komplexität (hängt von der Anzahl unterschiedlicher Komponenten in der Situation ab)
2. Vernetztheit (hängt von der Vernetzung der Komponenten in der Situation ab)
3. Dynamik (hängt von der automatischen Weiterentwicklung der Situation ab)
4. Transparenz (hängt von den Folgen eines Eingriffes auf die Situation ab)
5. Grad des Vorhandenseins freier Komponenten (hängt von der Anzahl freier Komponenten in der Situation ab).

In ähnlicher Weise äußert sich Häußler (1985). Für die Erfassung der Handlungen in der Simulation sind insbesondere Situationen geeignet, die komplex, im hohen Grade vernetzt, dynamisch und intransparent sind und wenig freie Komponenten beinhalten.

4.4 Computersimulation und Experiment im Vergleich

Handlungen in der Realsituation und Handlungen am Computer

Die Computersimulation als Datenerhebungsmethode zur Erfassung von Handlungen einzusetzen, bietet sich normalerweise dann an, wenn die Registrierung der Handlungen der Probanden in der Realsituation schwer oder nicht durchführbar ist. Dies ist der Fall, wenn reale zeitliche Abläufe (für ein Experiment mit den Schülern und Schülerinnen) zu lange dauern oder ein Risiko besteht, das reale System zu beschädigen. Wir haben in dieser Studie jedoch die Computersimulation bewusst in einem Gebiet eingesetzt, in dem keine von beiden Fällen (zu lange Zeitabläufe und Risiko, das System zu beschädigen) vorkommt. Da unser Anliegen war, Handlungen in der Realsituation (Experimente) mit den Handlungen am Computer (Computersimulation) zu vergleichen, haben wir bewusst ein Gebiet ausgesucht, in dem die Schülerinnen und Schüler beide Arten des Handelns ausführen können.

Obwohl die Handlungen im Experiment mit den Handlungen in der Computersimulation nicht identisch sind, haben sie doch viel Gemeinsames: In beiden haben die Erkenntniswege eine gemeinsame interne logische Handlungsstruktur (Ciesla, 1994). Auch Janka (1992) weist darauf hin, dass die Arbeitsweisen und Denkabläufe sowohl beim Simulationsexperiment als auch beim Realexperiment in ihrer Erkenntnisstruktur ähnlich sind. Die gemeinsame logische Handlungsstruktur verdeutlicht folgendes Schema:

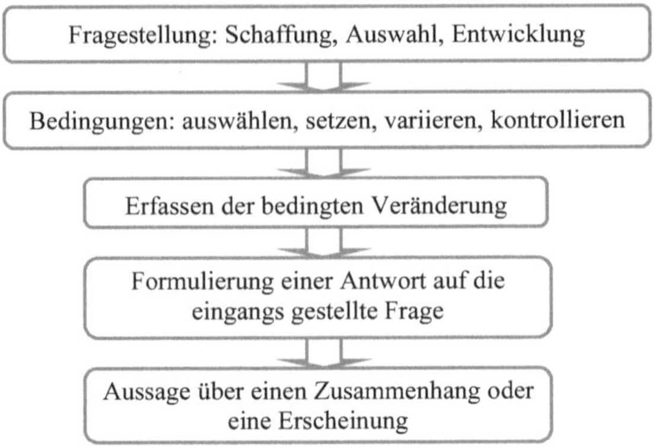

Abb. 4.4.1 Gemeinsame Handlungsstruktur von Experimentieren und Handeln am Computer nach Ciesla (1994)

In dieser Studie vergleichen wir Handeln in der Realsituation und Handeln in der Computersimulation. Wir sind uns dabei der Tatsache bewusst, dass die Durchführung von Experimenten zum Energieumsatz im Haushalt zwar der realen Situation näher steht als Eingriffe in Computersimulationen, aber immer noch nicht den vollen "Ernstcharakter" einer realen Handlung besitzt. In unserer früheren Studie (siehe dazu Dahncke, 1997a, Behrendt, 1999 und Reiska, 1999) haben wir zur Erfassung von Handlungen nur die Computersimulation eingesetzt. Es war uns bewusst, dass diese Eingriffe in Computersimulationen gemäß den Edelmann-Kriterien in der Tat Handlungen sind, dass sie aber keine direkten Rückwirkungen auf die Handelnden haben und dass sie deshalb als Ersatz oder Spielhandlungen angesehen werden müssen. Dies ist in dieser Studie "Der Umsatz elektrischer Energie zu Hause" grundsätzlich anders, weil unsere Probanden hier direkt eingreifen können. In dieser Studie haben wir die Möglichkeit, sowohl Handlungen in der Computersimulation und Handlungen in der realen Situation durchzuführen und zu beobachten. Wir beobachteten also beide Arten des Handelns. Zusätzlich bedienten wir uns des Verfahrens des Lauten Denkens, da die Probanden jeweils aufgefordert wurden, ihre Handlungen zu begründen und zu erläutern. Dabei war es aus unserer Sicht besonders interessant festzustellen, ob die Probanden sich dabei auf physikalische Kenntnisse stützen, ob sie Erklärungen aus anderen Bereichen geben, ob sie subjektive Theorien (wie z. B. in Concept Maps niedergelegt) benutzen und ob dies alles vom vorangegangenen Unterricht beeinflusst ist. In der hier beschriebenen Studie wurde also das Wissen und Handeln in Experimenten (Handeln in Realsituationen) und in Computersimulationen (Handeln am Computer) erfasst.

5 Unterrichtseinheit "Energie im Haushalt" als Untersuchungsgegenstand

In der vorigen Studie haben wir die Wirkungen unterschiedlicher Unterrichtskonzepte (SATIS- und traditionelles Konzept) auf das Wissen der Schülerinnen und Schüler untersucht (siehe Reiska, 1999). In dieser Studie haben wir nicht die Absicht, mit einem Messwiederholungsdesign vor und nach dem Unterricht mögliche Unterrichtswirkungen zu untersuchen. Hier wird die Datenaufnahme nur nach dem Unterricht folgen, um den Status quo der Schülerinnen und Schüler vor den Handlungen in Realsituationen und am Computer festzustellen (siehe Forschungsdesign in Abb. 6.1 und 6.2). Mit dem Unterricht vor der Datenaufnahme wollen wir erreichen, dass die Teilpopulation mit Unterricht (Erprobungsgruppe) ein größeres physikalisches Wissen besitzt als die Teilpopulation ohne Unterricht (Kontrollgruppe). Auf der Grundlage dieser beiden Teilpopulationen lässt sich eine Untersuchung zur gegenseitigen Beeinflussung von Wissen und Handeln durchführen.

Unterrichtseinheit "Elektrizität zu Hause"

Die Unterrichtseinheit besteht aus den allgemeinen Hinweisen für Lehrerinnen und Lehrer, aus den Lehrerarbeitsblättern und aus den Schülerarbeitsblättern. Im Folgenden werden die allgemeinen Hinweise und die Arbeitsblätter für die Lehrerinnen und Lehrer dargestellt. Die vollständige Unterrichtseinheit mit den Arbeitsblättern für Schülerinnen und Schüler ist im Anhang zu finden.

Allgemeine Hinweise für die Lehrerinnen und Lehrer

Anzahl der Unterrichtsstunden: 5

Lernziele:
Übergeordnetes Lernziel:
Es sollen Kenntnisse aus dem Bereich Energie vermittelt werden. Die Ausbildung eines Energiebewusstseins soll einen Beitrag zur Umweltbildung leisten.

Einzelne Lernziele dieser Unterrichtseinheit:

- Die Schülerinnen und Schüler sollen den Energieumsatz verschiedener Haushaltsgeräte mit dem Zähler und mit dem Energiemessgerät messen und die Leistung an den Geräten ablesen.
- Die Schülerinnen und Schüler sollen aus den gemessenen Umdrehungszahlen des Zählers den Energieumsatz berechnen.
- Die Schülerinnen und Schüler sollen erkennen, dass mit Haushaltsgeräten zum Wärmen und zum Kühlen sehr viel elektrische Energie umgesetzt wird.
- Die Schülerinnen und Schüler sollen den Zusammenhang zwischen elektrischer Leistung und Energieumsatz kennen.
- Die Schülerinnen und Schüler sollen wissen, wie man im Haushalt elektrische Energie sinnvoll nutzen und sparen kann. Dabei geht es um zwei Aspekte: Kosten im eigenen Haushalt einsparen und Bewusstsein für einen sinnvollen Umgang mit Energieressourcen entwickeln.

Die Unterrichtseinheit enthält Hinweise für die Lehrkraft und Arbeitsbögen[9] für Schülerinnen und Schüler.

---

[9] Siehe Anhang

Sparsamer Umgang mit Energie
Die Energienutzung ist ein globales ungelöstes Problem. Unsere gegenwärtige Energieversorgung ist mit erheblichen Umweltgefahren verbunden. Insbesondere stellt die drohende Klimaveränderung durch die CO_2-Freisetzung aus der Verbrennung von Kohle, Gas und Erdöl ein weltweites Problem dar. Die fossilen Brennstoffe werden in absehbarer Zeit aufgebraucht sein. Energiesparen und der Einsatz erneuerbarer Energiequellen sind Ansatzpunkte, die zur Lösung des Problems beitragen können.

Hier bieten sich eine Reihe von Anknüpfungspunkten für den Physikunterricht, speziell in der Wärmelehre und in der Elektrizitätslehre. Um eine Verbindung zur Lebenswelt der Schülerinnen und Schüler herzustellen, gehen wir in dieser Unterrichtseinheit von Energiesparmöglichkeiten im Haushalt, also einem direkten Erfahrungs- und auch Entscheidungsbereich des Einzelnen aus. Es geht darum den Schülerinnen und Schülern bewusst zu machen, dass Energie ein kostbares Gut ist, mit dem wir sorgsam umgehen müssen.

"Energie sparen" ist physikalisch gesehen keine angemessene Sprechweise, denn Energie bleibt insgesamt erhalten, Energie geht niemals verloren, also kann man sie auch nicht sparen. Mit "Energieverlust" will man in der Umgangssprache ausdrücken, dass diese Energie für die beabsichtigte Verwendung verloren geht, also nicht mehr nutzbar ist. Der Widerspruch zwischen Energieverbrauch und Energieerhaltung kann mit dem Begriff "Energieentwertung" aufgehoben werden. Energie ist um so hochwertiger, je weitgehender sie sich in andere benötigte Energieformen umwandeln lässt. Beispielsweise ist elektrische Energie eine sehr hochwertige Energieform, während Abwärme in den meisten Fällen nutzlos ist. "Energie sparen" bedeutet somit das Sparen wertvoller Energieressourcen und eine möglichst geringe Produktion nutzloser Abwärme. Verbunden damit ist eine Verringerung der durch Energienutzung bedingten Umweltschädigung. Streng genommen geht es also nicht um das Sparen der Energie, sondern um eine sinnvolle, effektive Nutzung der Energie. Im Unterricht lässt sich der umgangssprachliche Begriff "Energieverbrauch" ersetzen durch "Energieumsatz".

Andererseits können wir auch sagen, wir verbrauchen hochwertige elektrische Energie und erzeugen dabei nutzlose Abwärme. In diesem Sinne gibt es doch einen "Energieverbrauch", für den wir an das Energieversorgungsunternehmen zahlen.

Energiebedarf der Haushalte
Die Haushalte benötigen rund 27 % des Endenergiebedarfs der Bundesrepublik Deutschland (Industrie 27 %, Verkehr 28 %, Gewerbe u. ä. 18 %). Der mittlere Energieumsatz eines Haushalts beträgt ca. 3000 kWh im Jahr. Folgende Haushaltsgeräte sind mit über 90 % in den Haushalten vorhanden: Kühlschrank, Waschmaschine, Bügeleisen, Staubsauger.

Zur Orientierung über die Größenordnungen der Leistungen der wichtigsten Elektrogeräte im Haushalt dient Tab. 1

Elektrogerät	Leistung in Watt (W)
Bohrmaschine	350 bis 1000
Bügeleisen	1200
Computer	200 bis 300
Eierkocher	350
Fernseher	300
Haartrockner	1200
Gefrierschrank	200
Heizlüfter	1000 bis 3000
Herd (vier Platten mit voller	6500

Elektrogerät	Leistung in Watt (W)
Leistung eingeschaltet)	
Kaffeemaschine	1000
Küchenmaschine	400
Kühlschrank	150
Lampe	25 bis 100
Mikrowelle	750 (1200)
Radiowecker	2
Rasierapparat	10
Staubsauger	1000 bis 2000
Toaster	750
Wäschetrockner	3000
Waschmaschine	2500
Wasserkocher	800 bis 2000
Elektrische Zahnbürste	10

Tab. 5.1 Leistung der wichtigsten Elektrogeräte im Haushalt

Zusammenhang von Energie und Leistung

Die Typenkennzeichnung eines elektrischen Gerätes gibt die Leistungsaufnahme an, doch wird diese vom Benutzer nur selten bewusst wahrgenommen. Nur bei Glühlampen sind diese Werte normalerweise bekannt. Es bietet sich also im Unterricht an , von der Alltagserfahrung auszugehen und die Wattzahl mit Helligkeit und Energieumsatz der Lampen in Verbindung zu bringen.

In dieser Unterrichtseinheit wird die Leistung nicht aus der Berechnung von Stromstärke mal Spannung (und ggf. dem Faktor cos φ) vermittelt. In erster Linie geht es um die physikalische Bedeutung des Anschlusswertes elektrischer Geräte und um die Vermittlung der Formeln "Leistung gleich Energieumsatz pro Zeiteinheit" und "Energieumsatz gleich Leistung mal Zeit".

Zur Veranschaulichung, was eigentlich eine Kilowattstunde bedeutet, kann man folgende Beispiele im Unterricht ansprechen:

Mit 1 kWh kann man

- eine Stunde lang bügeln
- zwei Stunden lang mit der Bohrmaschine arbeiten
- eine 100-W-Glühlampe zehn Stunden leuchten lassen

Um auch die Umweltprobleme anschaulich werden zu lassen, empfiehlt es sich, ca. 300 g Steinkohle mit in den Unterricht zu bringen, denn so viel muss man verbrennen, um eine Kilowattstunde elektrischer Energie zu erzeugen.

Messung von Energieumsatz und Leistung

Beim Arbeiten mit 230-V-Geräten muss auf die Sicherheitsvorschriften hingewiesen werden (z. B. nicht mit Schraubendrehern an Steckdosen spielen).

Der Energieumsatz elektrischer Geräte wird in dieser Unterrichtseinheit mit Haushaltszählern gemessen. Diese sind mit einer Steckdose und Anschlussleitung mit Stecker versehen. Zunächst wird der Energieumsatz nur als Umdrehungszahl pro Zeit ermittelt. Umrechnungen erfolgen in einem weiteren Schritt. Auf den Zählern steht: 600 U/kWh. Das bedeutet, nach 600 Umdrehungen der Zählerscheibe beträgt der Energieumsatz 1 kWh.
Die Umrechnungen sind in der folgenden Tabelle dargestellt:

Anschlusswert des Gerätes (W)	Umdrehungen der Scheibe (U)	Zeit (min)
100	1	1
1000	10	1
100	2	2
1000	20	2

Tab. 5.2 Umrechnungen

Es empfiehlt sich, den Schülerinnen und Schülern für jedes Gerät zwei Minuten Messzeit vorzugeben und nur Geräte ab einer Leistung von 100 W mit diesen Zählern zu messen. (Bei geringeren Leistungen ist die Umdrehungszahl nur nach längerer Zeit abzulesen.)

Für elektrische Geräte mit Leistungen unter 100 Watt wird ein elektronisch arbeitender Energie- und Leistungsmesser eingesetzt. In dieser Unterrichtseinheit wird das Gerät EMK 265 verwendet. Das EMK 265 misst wahlweise die momentane Leistung im Bereich 1,5 W bis zu 2,65 kW oder die umgesetzte elektrische Energie in kWh; parallel zur Energie wird die Zeitdauer seit dem Einschalten des angeschlossenen Elektrogeräts angegeben. Das Ablesen an diesem Gerät muss vor den Versuchen besprochen werden. Auch hier wird zum besseren Vergleich die Messzeit von zwei Minuten vorgegeben.

Das EMK 265 kann auch zur Überprüfung der Leistungsangaben auf dem Typenschild des Elektrogeräts verwendet werden.

Arbeitsblätter für Lehrerinnen und Lehrer

1. Stunde
Als Einstieg in das Thema könnte die Frage gestellt werden: "Wie verläuft ein Tag ohne elektrischen Strom?"

Als Einstieg hat sich auch bewährt, einfach einen Haushaltszähler vorzuzeigen und die Schülerinnen und Schüler über ihre Vorkenntnisse berichten zu lassen.

Eine andere Einstiegsmöglichkeit stellt die Frage nach den Kosten des Energieumsatzes verschiedener Haushaltsgeräte dar. Z. B. " Wie teuer ist es, ein Frühstück zuzubereiten?" Die Schülerinnen und Schüler nennen Geräte und schätzen deren Betriebsdauer und Kosten. Die Berechnung des Energieumsatzes und der Betriebskosten kann erst genauer ermittelt werden, nachdem die Schülerinnen und Schüler gelernt haben, den Energieumsatz aus Leistung und Einschaltdauer zu berechnen bzw. mit dem Energiemessgerät zu messen. Die folgende Tabelle kann zunächst zur Eintragung von Schätzwerten verwendet werden. Erst nach der dritten Stunde ist es möglich, genaue Werte einzusetzen.

Gerät	Leistung (W)	Einschaltdauer (min)	Energieumsatz (kWh)	Kosten bei 0,20 DM/kWh (DM)
Kaffeemaschine	1000	10		
Toaster	750	10		
Eierkocher	350	5		
Wasserkocher	2000	3		

Tab. 5.3 Beispiel zu den Kosten der Haushaltsgeräten

Hauptaufgabe dieser Unterrichtsstunde ist das Messen des Energieumsatzes verschiedener Haushaltsgeräte. Dazu bringt die Lehrkraft möglichst viele unterschiedliche Elektrogeräte mit in den Unterricht. In Gruppenarbeit lernen die Schülerinnen und Schüler das Messen mit dem

Zähler und mit dem Energiemessgerät kennen. Hinweise zum Messen mit diesen Geräten wurden bereits in der allgemeinen Einführung für Lehrer unter dem Punkt "Messung von Energieumsatz und Leistung" gegeben.

Es stehen nur drei Energiemessgeräte EMK 265 zur Verfügung, so dass die Messgeräte abwechselnd in den Gruppen weitergereicht werden müssen.

Jede Gruppe trägt die Ergebnisse in das **Schülerarbeitsblatt 1, Tabelle 1** ein.

Hierbei ist zu beachten, dass mit dem Zähler nur die Zahl der Umdrehungen in zwei Minuten gemessen wird. Die Umrechnung in Wattstunden (Wh) oder in Kilowattstunden (kWh) erfolgt mit vielen Beispielen in der folgenden Unterrichtsstunde.

2. Stunde

Schwerpunkt dieser Unterrichtsstunde ist die Umrechnung von der Zahl der Umdrehungen der Zählerscheibe auf den Energieumsatz sowie Umrechnungen von kWh in Wh und in Ws und umgekehrt. Dabei kann daran erinnert werden, dass 1 Ws (Wattsekunde) gleich 1 J (Joule) ist.

Wenn auf einem Gerät 1 kW (oder 1000 W) steht und dieses Gerät eine Stunde (h) betrieben wird, so ist das ein Energieumsatz von einer Kilowattstunde (kWh). Es ist also wichtig, wie lange ein Gerät in Betrieb ist; daraus ergibt sich der Wert, für den wir eine Rechnung vom Energieversorgungsunternehmen erhalten. Bezahlt wird also für die Leistung multipliziert mit der Zeit.

Die Schülerinnen und Schüler lesen auf dem Zähler ab: 600 U/kWh. Hier anknüpfend wird erarbeitet, dass bei 600 Umdrehungen der Scheibe der Energieumsatz eine Kilowattstunde beträgt. Daraus folgt:

$$1\,U\ bedeutet\ \frac{1}{600}\,kWh \quad \rightarrow \quad \frac{1}{600}\,kWh = 0{,}0017\,kWh$$

$$2\,U\ bedeutet\ \frac{1}{300}\,kWh \quad \rightarrow \quad \frac{1}{300}\,kWh = 0{,}0033\,kWh$$

$$3\,U\ bedeutet\ \frac{1}{200}\,kWh \quad \rightarrow \quad \frac{1}{200}\,kWh = 0{,}005\,kWh$$

Entsprechend wird weiter gerechnet.

Es bietet sich auch an, zur Umwandlung der Einheiten mit einer Umwandlungskette zu rechnen:

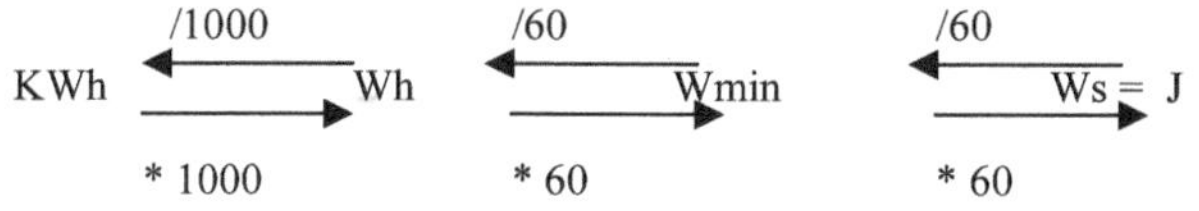

Erfahrungsgemäß haben die Schülerinnen und Schüler Schwierigkeiten bei diesen Umrechnungen. Je nach Leistungsvermögen der Klasse müssen entsprechend viele Aufgaben gerechnet werden. Auf jeden Fall werden alle gemessenen Umdrehungszahlen in Energieumsatz umgerechnet und in der Tabelle 1 ergänzt.

3. Stunde

Schwerpunkt dieser Unterrichtsstunde ist es, eine Sensibilisierung für die Bedeutung des Energieumsatzes und der Wichtigkeit von elektrischen Geräten zu vermitteln.

Im Klassengespräch wird zunächst erarbeitet, in welchen Räumen zu Hause elektrische Geräte verwendet werden.

Als Beispiele können genannt werden:

- Küche
- Hausarbeitsraum
- Werkstatt
- Wohnzimmer
- Bad
- Jugendzimmer
- Kinderzimmer
- Garten
- Waschküche

In Einzelarbeit listen die Schülerinnen und Schüler dann die vorhandenen Elektrogeräte auf.

Danach diskutieren die Schülerinnen und Schüler in Gruppenarbeit die Wichtigkeit der Elektrogeräte und füllen dazu die Tabelle 2 aus.

Es geht darum, dass die Schülerinnen und Schüler sich Gedanken über die Wichtigkeit der Geräte für das tägliche Leben machen. Es kann an die Frage angeknüpft werden: "Wie verläuft mein Tag, wenn der elektrische Strom ausfällt?"

Anschließend findet eine Diskussion mit der gesamten Klasse statt.

Wenn noch Zeit zur Verfügung steht, wird gemeinsam im Klassengespräch erarbeitet, wie viel Kilowattstunden eine Durchschnittsfamilie pro Tag benötigt, und die Kosten dafür werden ermittelt (etwa 0,20 DM je kWh einsetzen). Es kann auch auf die eingangs gestellte Aufgabe zurückgegriffen werden, wie teuer die Zubereitung eines Frühstücks ist.

4. Stunde

Die Lehrkraft schließt eine 20-Watt-Energiesparlampe und eine 75-Watt-Glühlampe an. Einige Schülerinnen und Schüler berühren die eingeschalteten Lampen oder halten die Hand in die Nähe der Lampen (Vorsicht, die Glühlampe kann zu heiß zum Anfassen sein). Dabei stellen sie deutlich fest, dass die Glühlampe sehr viel mehr Wärme abgibt als die Energiesparlampe. Dies ist nutzlose Wärmeenergie.

Die Schülerinnen und Schüler bearbeiten das **Schülerarbeitsblatt 3, Tabelle 3**.

Die Elektrogeräte werden nach Energieformen eingeordnet. Die Schülerinnen und Schüler sollen erkennen, in welche Energieform die elektrische Energie im Elektrogerät umgewandelt wird. Dabei wird die gewünschte, aber auch die unerwünschte Energieform berücksichtigt. Die Schülerinnen und Schüler sollen erkennen, dass Geräte zum Erwärmen und zum Kühlen den größten Energieumsatz haben und dass bei vielen Elektrogeräten unerwünschte Wärmeenergie entsteht.

Die beteiligten Energieformen werden von den Schülerinnen und Schülern eingefügt:

Bei Geräten, die zum Erwärmen Wärmen und Kühlen dienen, wird elektrische Energie in Wärmeenergie umgewandelt, bei Geräten zur Bewegung in mechanische Energie (Bewegungsenergie) und bei Geräten zur Beleuchtung in Lichtenergie. Bei Rundfunk- und Fernsehgeräten u. ä. werden Schall bzw. auch Bilder erzeugt. Schall kann als mechanische Energie und Fernsehbilder als Lichtenergie angesehen werden.

Zweck	Erwärmung	Kühlung	Bewegung	Beleuchtung	Schall/ Musik
Beteiligte Energieform	Wärme-energie	Wärme-energie	Mechanische Energie	Lichtenergie	Mechanische Energie

Tab. 5.4 Energieformen

Falls noch Zeit in dieser Unterrichtsstunde verbleibt, kann das Thema der nächsten Stunde bereits aufgegriffen werden: Der sorgsame Umgang mit dem kostbaren Gut Energie.

5. Stunde (eventuell wird eine weitere Unterrichtsstunde benötigt)
Schwerpunkt dieser Unterrichtsstunde ist das Energiesparen. Dabei sollen zwei Aspekte berücksichtigt werden, nämlich der persönliche und der ökologische Aspekt:

- Sorgsamer Umgang mit der elektrische Energie, um unsere persönlichen Kosten niedrig zu halten.
- Sorgsamer Umgang mit der elektrische Energie, um die begrenzten Ressourcen zu schonen und der Umweltschädigung entgegenzuwirken.

In diesem Zusammenhang wird darauf hingewiesen, dass das Verbrennen von 300 g Kohle einem Energieumsatz von 1 kWh entspricht. Es kann dann weiter berechnet werden, wie viel kg Kohle eine Familie an einem Tag, in einem Monat oder in einem Jahr verbrennen müsste, um den gewünschten Energieumsatz an elektrischer Energie zu erhalten (Überschlagsrechnung).

Es ist wünschenswert, dass die Schülerinnen und Schüler ihre Kenntnisse über ökologische Aspekte in einem Klassengespräch einbringen.

Das **Schülerarbeitsblatt 4 mit Aufgabe 4** wird bearbeitet. Die Schülerinnen und Schüler sollen die Anschaffungskosten und die Arbeitskosten von normalen Glühlampen und von Energiesparlampen vergleichen.

Die vielen fotometrischen Größen und ihre Einheiten sind recht verwirrend und werden im Physikunterricht normalerweise nicht behandelt. (Hinweis Lehrplan)

Als Lichtstrom Φ bezeichnet man das Produkt aus der Lichtstärke und dem durchstrahlten Raumwinkel. [Φ] = Lumen (lm) = cd * sr

Die Lichtstärke I ist die Basisgröße des Internationalen Einheitensystems (SI) und wird in Candela (cd) gemessen. Die Lichtstärke ist richtungsabhängig und wird in Lichtverteilungskurven dargestellt. Die Lichtverteilungskurve von Glühlampen ist unregelmäßig.

Hinweise zur Bearbeitung der Aufgabe 4:
Eine 20-Watt-Energiesparlampe hat etwa die gleiche Beleuchtungsstärke wie eine 75 -Watt-Glühlampe.

Die Beleuchtungsstärke wird mit dem Luxmeter in der Einheit Lux (lx) gemessen. Als Beleuchtungsstärke E bezeichnet man den Quotienten aus auftreffendem Lichtstrom und Größe der Empfängerfläche. 1 lx = 1 lm/m^2

In dieser Unterrichtseinheit wird die Beleuchtungsstärke von normalen Glühlampen und Energiesparlampen mit dem Luxmeter gemessen. Es soll mit einigen Messungen erarbeitet werden, dass die Beleuchtungsstärke von der Entfernung abhängig ist. Die Schülerinnen und Schüler sollen erkennen, dass eine Energiesparlampe von 20 Watt etwa gleich hell leuchtet wie eine normale Glühlampe von 75 Watt.

Um die Größenordnungen von Beleuchtungsstärken einschätzen zu können, werden im Folgenden einige mittlere Werte genannt:

	Beleuchtungsstärken (lx)
Wohnräume	40 bis 80
Allgemeinbeleuchtung in Schulen	40 bis 300
Arbeitsplatzbeleuchtung	100 bis 5000
Straßen und Plätze	3 bis 30
Sonnenlicht im Sommer	100000
Nachts bei Vollmond	0,2
Bedeckter Himmel im Winter	1000 bis 2000

Tab. 5.5 Beispiele von Beleuchtungsstärken

Um Glühlampen und Energiesparlampen vergleichen zu können, müssen unterschiedliche Anschaffungskosten und Lebensdauer der Lampen berücksichtigt werden.

Lampe	Lebensdauer (h)	Anschaffungskosten (DM)
Glühlampe	1000	1,50
Energiesparlampe	8000	20,00

Tab. 5.6 Lebensdauer und Anschaffungskosten von Lampen

Um die Kosten beider Lampen vergleichen zu können, wird eine Betriebsdauer von 8000 h zu Grunde gelegt. In dieser Zeit müssen 8 Glühlampen gekauft werden. Für das Beispiel wird ein Arbeitspreis von 0,20 DM zu Grunde gelegt. Die Arbeitspreise schwanken zur Zeit recht stark und sind auch von der gewählten Grundgebühr abhängig.

	Glühlampe	Energiesparlampe
Leistung der Lampe	75 W	20 W
Betriebsdauer	8000 h	8000 h
Anzahl der Lampen	8	1
Anschaffungskosten	8 * 1,50 DM = 12,- DM	1 * 20,- DM = 20,- DM
Energieumsatz in 8000 h	8000 h*75 W = 600000 Wh 600000 Wh = 600 kWh	8000 h * 20 W = 160000 Wh 160000 Wh = 160 kWh
Betriebskosten bei 0,20 DM / kWh	600 kWh * 0,20 DM = 120,- DM	160 kWh * 0,20 DM = 32,- DM
Gesamtkosten = Anschaffungskosten + Betriebskosten	12,- DM + 120,- DM = 132,- DM	20,- DM + 32,- DM = 52,- DM

Tab. 5.7 Kostenvergleich von Glühlampen und Energiesparlampen

Bei einem Arbeitspreis von 0,20 DM je kWh und einer Betriebszeit von 8000 Stunden betragen die Betriebskosten für die Glühlampen 120,00 DM, für die Energiesparlampe 32,00 DM.

Im Klassengespräch wird über Energiespartipps diskutiert.

Dabei sollen die Tipps nicht vom Lehrer vorgegeben werden, sondern von den Schülerinnen und Schülern zusammengestellt werden.

Die folgenden Anregungen sind nur als Hinweise für den Lehrer gedacht.

- Energiespartipps für **Elektroherde:**
  - Topf und Kochplatte müssen im Durchmesser zueinander passen.
  - Der Topf muss auf der Platte plan liegen und darf nicht wackeln.
  - Der Deckel des Topfes soll geschlossen sein.
  - Rechtzeitig auf niedrigere Stufe umschalten.
  - Zum Garen von Gemüse und Kartoffeln reicht sehr wenig Wasser.
  - Nachwärme der Herdplatten und des Backofens nutzen.
  - Der Schnellkochtopf spart Zeit und Energie.
  - Bei Speisen, die länger als 30 Minuten im Backofen bleiben, kann man auf das Vorheizen verzichten.
- Energiespartipps für **Kühlschränke** und **Gefriergeräte**
  - Den Kühlschrank nicht neben den Herd stellen
  - Türen nicht unnötig lange geöffnet halten
  - Kühlschränke und Gefriergeräte öfter abtauen
  - Nur abgekühlte Speisen hineinstellen
  - Gefriergeräte im Keller aufstellen
- Energiespartipps für **Geschirrspüler, Waschmaschinen** und **Wäschetrockner**
  - Geräte voll packen
  - Für die meiste Kochwäsche reicht eine Waschtemperatur von 60 °C
  - Wäsche nicht im Wäschetrockner, sondern auf der Leine trocknen
- Energiespartipps für **Beleuchtung**
  - Glühlampen brauchen etwa viermal mehr Energie als Leuchtstofflampen
  - Energiesparlampen verwenden (Eine 75-W-Glühlampe leuchtet genauso hell wie eine 20-W-Energiesparlampe)
  - Nur so viele Lampen einschalten, wie tatsächlich benötigt werden
- Geräte mit **Stand-by-Schaltungen**
  - Geräte abschalten (bei 20 W für Stand-by-Geräte kann man ca. 50,- DM im Jahr sparen)

6 Fragestellung, Hypothesen und Untersuchungsdesign

Die Studie hat das Hauptziel, den Zusammenhang von Lernen und Handeln an einem festgelegten Inhalt zu untersuchen. Wir unterstellen damit, dass das Lernen und Handeln bereichsspezifisch erfolgt. Wie im Kapitel 1 dargestellt, haben wir die folgenden didaktischen Ziele aufgestellt:

DZ1 Gewinnung von Erkenntnissen über den Zusammenhang und über die Unterschiede von Handlungen in Realsituationen (physikalische Experimente) und am Computer (Computersimulation physikalischer Experimente)

DZ2 Gewinnung von Erkenntnissen über den Zusammenhang zwischen Wissen und Handeln in Realsituationen und am Computer

Wir fassen unsere Untersuchungsabsichten in fünf Hypothesen zusammen:

1. Das Handeln in der Realsituation und in der Computersimulation ist in wesentlichen Teilen auf den Unterricht zurückzuführen.
   (Kommentar: Wir können dies prüfen durch den Vergleich der STS-Gruppe mit der Kontrollgruppe.)
2. Auch die Ergebnisse im Concept Mapping beruhen auf den Unterrichtswirkungen (STS-Gruppe und Kontrollgruppe in der Phase 1), jedoch nicht nur darauf (STS-Gruppe und Kontrollgruppe in der Phase 3).
3. Das Handeln in der Realsituation und in der Computersimulation sind ihrerseits Lernsituationen. (Vergleich der Concept Maps vor und nach der Handlung. Wir erwarten, dass das Handeln in der Realsituation zu einem größeren Lernfortschritt führt, als das in der Computersimulation.)
4. Physikalisches Wissen (wie in den Concept Maps der Phase 1 erhoben) begünstigt das Handeln sowohl in der Realsituation (Experimente) als auch das in der Computersimulation, jedoch in unterschiedlicher Intensität. (Wir erwarten eine stärkere Begünstigung bei der Realsituation.)
5. Kontaminationshypothese: Die Lernsituationen gemäß Hypothese 3 beeinflussen sich gegenseitig so stark, dass sie nicht am gleichen Probanden benutzt werden können.

   (Kommentar: In einem ersten Teil der Hauptstudie zur Komponente B wurde diese wechselseitige Kontamination geprüft werden. Im zentralen Teil der Hauptstudie muss dann mit getrennten Teilpopulationen für das Handeln in der Realsituation bzw. das Handeln bei der Computersimulation gearbeitet werden. Die spätere Auswertung sollte dann mit parallelisierten Probandengruppen der beiden Teilpopulationen durchgeführt werden.)

6.1 Kontaminationshypothese

Die Ausgangsüberzeugung besagt, dass wir den Vergleich von Handeln in Realsituationen (physikalische Experimente) und Simulationshandeln (Eingriffe in Computersimulationen gleichen Inhalts) nicht am gleichen Probanden vornehmen dürfen, weil die beiden Diagnoseinstrumente zugleich jede für sich intensive Lernsituationen für den Probanden darstellen. Das Lernen im physikalischen Experiment würde dasjenige in der Computersimulation stark vorwegnehmen und umgekehrt. Diese starke wechselseitige Beeinflussung bei einem eventuellen Einsatz beider Diagnoseinstrumente am gleichen Probanden kann man als Kontamination, Interferenz o. ä. bezeichnen. Die von uns ursprünglich gewählte Bezeichnung "Interferenz" haben wir wegen der damit in der Physik verbundenen sehr speziellen Bedeutung einer wechselseitigen Beeinflussung aufgegeben. Wir sprechen deshalb jetzt von wechselseitiger Kontamination der Diagnoseinstrumente und bezeichnen demgemäss die Hypothese 5 als "Kontaminationshypothese".

Auf den ersten Blick mag diese Hypothese so sehr einleuchten, dass sie einer Prüfung nicht zu bedürfen scheint. Druxes, Schaber, Schiffmann, Sperber (1987) argumentieren jedoch genau entgegengesetzt, als es unsere Kontaminationshypothese besagt. In ihrem Programm "Wasserkochen" setzen sie (ungeprüft) voraus, dass ein Schüler in der Computersimulation gar nicht erfolgreich sein kann, wenn er nicht zuvor das physikalische Experiment in der Realsituation (von den Autoren "Live-Experiment" genannt) kennen gelernt hat. Der Binnenlogik ihres Projekts zufolge schalten sie in der Unterrichtseinheit der Computersimulation zwei sogenannte "Live-Experimente" zum Wasserkochen vor. Wenn man die Position von Druxes, Schaber, Schiffmann und Sperber übernimmt, würde das für unser Projekt bedeuten, dass man das Handeln in der Computersimulation ohne vorgeschaltetes physikalisches Experiment nicht erfolgreich prüfen kann.

Wir sind nicht der Ansicht, dass die genannten Autoren Recht haben, halten es aber für nötig, mit einer separaten Population die Reihenfolge - erst Handeln in Realsituationen (physikalische Experimente) und dann Simulationshandeln bzw. erst Simulationshandeln und dann Handeln in Realsituationen - zu überprüfen. Die Probanden sollen hierbei nach dem gleichen Parallelisierungskriterium wie für die anderen Hypothesen zusammengefasst werden. Das Design für die Prüfung dieser Hypothese sieht demnach wie folgt aus:

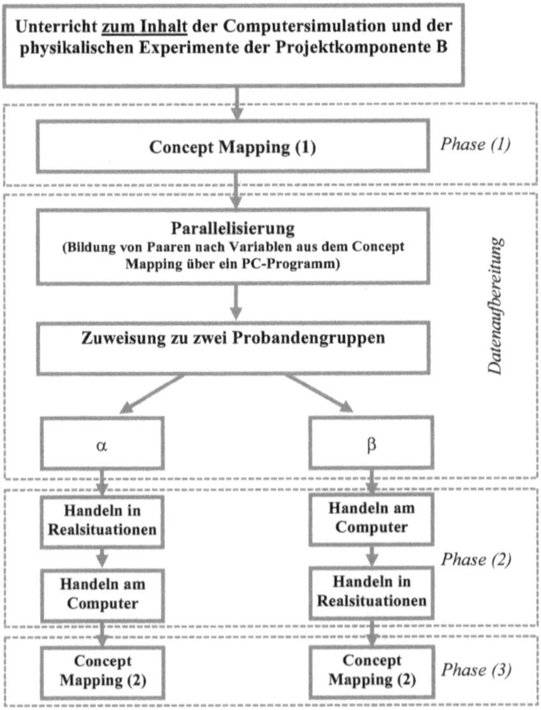

Abb. 6.1 Design zur Prüfung der Kontaminationshypothese

Die Pilotstudie wurde im neunten Jahrgang einer Realschule durchgeführt. Ziel der Pilotstudie war die Prüfung der Kontaminationshypothese und zwar wollten wir wissen, ob die Reihenfolge von Computersimulation und realen Experimenten einen Einfluss auf das im Concept Mapping erfasste Wissen hat und ob sich die beiden Methoden gegenseitig beeinflussen.
Mit der Datenerfassungsmethode Concept Mapping erfassten wir das deklarative Wissen vor und nach dem Handeln. Nach dem ersten Concept Mapping wurde eine Parallelisierung durchgeführt, um zwei Probandengruppen mit annähernd gleichen Voraussetzungen zu erhalten. In diesen parallelisierten Gruppen führten wir die Untersuchungen zu den beiden unterschiedlichen Reihenfolgen beim Handeln und das abschließende Concept Mapping getrennt durch.

6.2 Haupthypothesen

Zur Prüfung der anderen auf die Projektkomponente B bezogenen Thesen (Nr. 1 bis 4) soll sowohl für die STS-Gruppe als auch für die Kontrollgruppe nach einem strukturell gleichem Design vorgegangen werden.

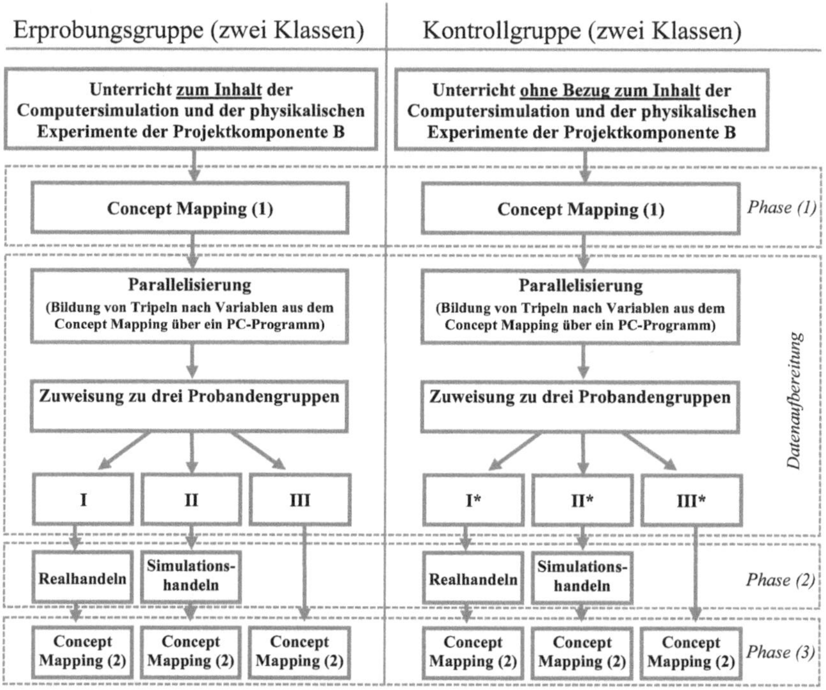

Abb. 6.2 *Design der Hauptuntersuchung für die Erprobungsgruppe nach dem STS-Unterricht und für die Kontrollgruppe nach Unterricht ohne Bezug zum Inhalt der Studie*

Auch hier wurde nach dem ersten Concept Mapping wurde eine Parallelisierung durchgeführt, um zwei Probandengruppen mit annähernd gleichen Voraussetzungen zu erhalten. In diesen parallelisierten Gruppen führten wir dann die Untersuchungen zu den beiden unterschiedlichen Arten des Handelns und das abschließende Concept Mapping getrennt durch.

7 Forschungsmethoden der empirischen Studie

7.1 Computer Concept Mapping (CCMap)

Concept Mapping ist heutzutage eine verbreitete Datenerhebungsmethode, die von Forschern verschiedener Fachgebiete angewendet wird. Wir haben die Erfahrungen von verschiedenen Strukturlegetechniken benutzt, um für unsere Untersuchung eine geeignete Methode zu entwickeln (z. B. Novak (1990), Weber (1994), Bonato (1990)). In unseren bisherigen Studien haben wir Concept Mapping als Methode zur Erfassung des Wissens von Schülerinnen und Schülern vor und nach einer Unterrichtsphase eingesetzt. Wir haben den Probanden 51 Begriffe und 10 Relationen vorgegeben. Sowohl die Begriffe als auch die Relationen waren auf selbstklebende Etiketten gedruckt. Zum Legen der Netze stand ein Tonpapier in der DIN-A2-Größe zur Verfügung. Zur Konstruktion der Netze hatten die Schülerinnen und Schüler eine knappe Schulstunde Zeit. Die Auswertung der Netze geschah computergestützt mit von uns eigens dafür entwickelten Programmen (siehe Abb. 7.1). Für die Auswertung wurden über 50 Variablen definiert. Wir konnten damit Aussagen über den Lernfortschritt einzelner Schülerinnen und Schüler und gesamter Klassen machen.

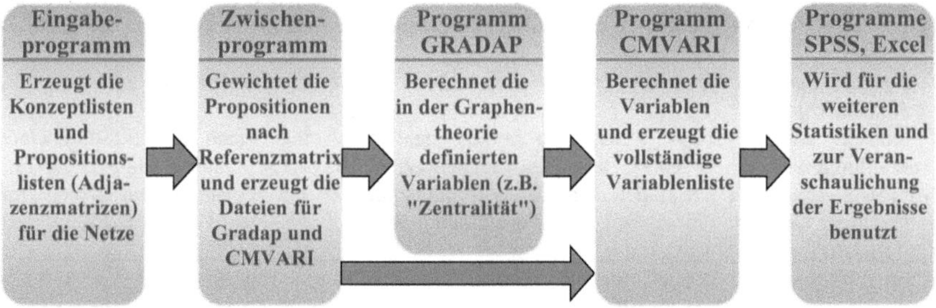

Abb. 7.1 Das computergestützte Auswertungsverfahren zum Concept Mapping besteht aus drei selbstentwickelten Programmen, in die auch kommerzielle Programme eingebettet werden

Mit unserem Verfahren konnten wir den Zeitaufwand für die Auswertung der Netze erheblich verringern. Jedoch sind bei diesem Concept Mapping einige deutliche Schwachstellen geblieben. Erstens ist ein solches Verfahren für den Einsatz in der Breite relativ teuer, da die selbstklebenden Etiketten und das Tonpapier verbraucht werden. Zweitens kann man die Fehler, die durch die Eingabe der Informationen aus den Netzen vorkommen, zwar durch das Eingabeprogramm stark reduzieren, jedoch nicht völlig ausschließen. Und drittens ist die Auswertung der Netze immer noch sehr zeitaufwendig. Der erste Punkt ist durch Einsatz einfacherer Mittel zu umgehen, jedoch vermindert sich dadurch die Qualität des Verfahrens. Die beiden anderen Punkte bleiben weiterhin erhalten. Insbesondere der durch die Auswertung entstehende große Zeitaufwand ist im Schulalltag nicht zu bewältigen. Dies ist auch der Hauptgrund dafür, dass die Methode Concept Mapping in der Schule für die Leistungsbewertung noch selten eingesetzt wird.

Um die oben beschriebenen Schwächen des Concept Mapping weiter zu vermindern, haben wir in unserer jetzigen Studie ein neues Computerprogramm CCMap entwickelt (siehe Abb. 7.2). Das Programm ermöglicht es, dass die Probanden das Concept Mapping direkt am Bildschirm durchführen.

7.1.1 Inhaltliche Entwicklung des Concept Mapping

Die inhaltliche Entwicklung des Concept Mapping geschah nach folgenden Stufen:

1. Begriffe sammeln zum Thema "Elektrizität zu Hause"
Die Begriffe wurden aus STS-Unterrichtseinheiten und Physikschulbücher zusammengestellt.

2. Begriffe verknüpfen; Relationen frei einsetzen
Die gesammelten Begriffe wurden zu einem Begriffsnetz verbunden. Es wurde versucht, möglichst viele Begriffe miteinander zu verknüpfen. Zusätzlich zu unserer Forschungsgruppe wurden für das Legen der Netze auch Physikstudenten eingesetzt.

3. Einteilung der Begriffe in Bereiche (z. B. Haushaltsgeräte, physikalische Begriffe, Tätigkeiten usw.)
Die Einteilung wurde vorgenommen, um hinterher die Netze bereichsspezifisch auswerten zu können (z. B. Erstellung von Bereichsnetzen, vergleich Reiska, 1999).

4. Relationen reduzieren, vereinfachen; Auswahl
Für die Überschaubarkeit der Netze und für die Auswertung ist es hilfreich, die Anzahl der unterschiedlichen Relationen zu minimieren. Dazu haben wir aus den verwendeten Relationen eine Auswahl getroffen und einige Relationen mit sinnesgemäß ähnlichen zusammengefasst.

5. Auswahl der Begriffe aus den Bereichen (z.B. nur drei aus dem Bereich der Haushaltsgeräte)
In unserer vorigen Studie stellte sich heraus, dass die Schülerinnen und Schüler viele Aufzählungen innerhalb eines Bereiches machen (z. B. Bügeleisen ist ein Haushaltsgerät, Mikrowellengerät ist ein Haushaltsgerät, Waschmaschine ist ein Haushaltsgerät usw.). Um solche nicht fachliche Aufzählungen zu vermeiden, haben wir die Anzahl der Begriffe aus den alltäglichen Bereichen stark reduziert.

6. Netz mit ausgewählten Begriffen und Relationen legen
Die Anzahl der Begriffe wurde auf 48 und die Anzahl der Relationen auf 10 begrenzt. Mit dieser Auswahl wurde noch ein mal ein Begriffsnetz gelegt, um sicherzustellen, dass alle 48 Begriffe mit der reduzierten Auswahl von Relationen verknüpfbar sind. Auf diese Verknüpfbarkeit aller Begriffe wurde besonderer Wert gelegt.

7. Referenzmatrix
Für die Auswertung der Netze wurde eine vorläufige Referenzmatrix erzeugt. Da die Auswertung computergestützt folgt, ist es möglich, die Matrix im Laufe der Auswertung zu erweitern und zu korrigieren

8. Auswertung (darunter auch neue Ideen zur Auswertung sammeln)
Für die Auswertung wurde eine Auswahl von Variablen getroffen (siehe ausführlicher Abschnitt 7.1.5). In dieser Studie wurden alle im Netz vorkommenden Verknüpfungen in einer Skala von 0 bis 5 bewertet.

Nach der Durchführung dieser acht Schritte haben wir folgende 48 Begriffe und 11 Relationen für unsere Untersuchung ausgewählt:

Begriffe			
Abstand	Fernseher	Leistung	Stromstärke
Ampere	Glühlampe	Licht	Tauchsieder
Beleuchtungsstärke	Haushalt	Lux	U
Bohrmaschine	Haushaltsgerät	Luxmeter	Volt
Bügeleisen	I	mechanische Energie	Wärmeenergie
elektrische Energie	Kälte	Mikrowellengerät	Wäschetrockner
elektrischer Strom	Kilowatt	Motor	Wasser
Energie	Kilowattstunde	Ohm	Wasserkocher
Energieform	Kochplatte	R	Watt
Energiemessgerät	Kühlschrank	Schnellkochtopf	Widerstand
Energiesparlampe	KW	Spannung	Zähler
Energieumsatz	kWh	Staubsauger	Zeit

Relationen			
braucht viel	hat	ist Einheit für	misst
braucht wenig	ist abhängig von	kühlt	=
erwärmt	ist ein	liefert	

Die Schülerinnen und Schüler sollen keine weiteren Begriffe bzw. Relationen hinzunehmen.

7.1.2 Programmiertechnische Entwicklung des Programms CCMap

Die Anwendung des Computers zur Durchführung des Concept Mapping hat viele unbestrittene Vorteile, wie z. B. kostengünstige Durchführung und Zeitersparnis. Allerdings kann der Computer für diese Zwecke erst seit den letzten Jahren angewendet werden. Das größte Problem bei der Entwicklung eines Programms zum Concept Mapping ist die begrenzte Fläche des Bildschirms. Für das Concept-Mapping-Programm ist eine hohe Bildschirmauflösung erforderlich, damit viele graphische Informationen auf dem Bildschirm dargestellt werden können. Durch die Benutzung der Windows-Oberfläche und durch die Weiterentwicklung der Hardware wurden die Bildschirmauflösungen erheblich verbessert. Allerdings muss man auch heute noch davon ausgehen, dass in den meisten Schulen immer noch 15-Zoll-Monitore mit 2-MB-Grafikkarten zur Verfügung stehen. Dieses ermöglicht normalerweise eine maximale Auflösung von 800 x 600 Pixel. Bei der Entwicklung des Programms CCMap sind wir aus den obengenannten technischen Bedingungen ausgegangen, um auch in den Schulen den Einsatz des Programms zu ermöglichen.

Bei der Entwicklung des Programms CCMap sind wir von folgenden drei Hauptkriterien ausgegangen:

1. *Sichtbarkeit aller Elemente*
2. *Plattformunabhängigkeit*
3. *Benutzerfreundlichkeit und intuitive Programmbedienung*

Erläuterung zu 1. (Sichtbarkeit aller Elemente)
Zu den Eigenschaften der typischen Windows-Anwendungen gehört die variable Größe der Fenster sowie die Bildlaufleisten (Scrollbars). So ist es möglich, in einem Fenster auch Graphiken, Text, Zeichnungen etc. darzustellen, die einen größeren Umfang haben als das Fenster selbst (siehe Abb. 7.1).

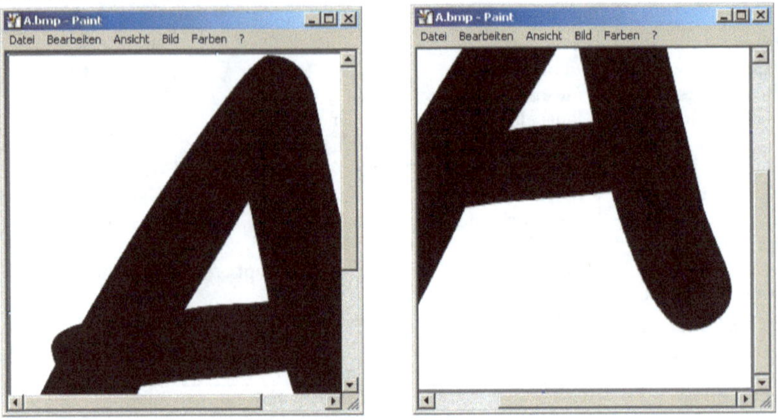

Abb. 7.1 Variabilität der Fenstergröße und die Bildlaufleisten

Bei der Entwicklung des Programms CCMap ist eines unserer Hauptkriterien, dass alle Informationen auf dem Bildschirm gleichzeitig zu sehen sind. Um dieses Kriterium zu erfüllen, haben wir auf die Größenvariabilität des Programmfensters und auf die Bildlaufleisten verzichtet.

In dem Programm CCMap sind während des Legens sowohl die noch nicht gelegten Begriffe als auch das schon gelegte Netz vollständig zu sehen. Dafür wurde die Bildschirmoberfläche in zwei Teile geteilt: Die Arbeitsfläche, auf die das Begriffsnetz gelegt werden kann, und die Begriffsleiste (Abb. 7.2).

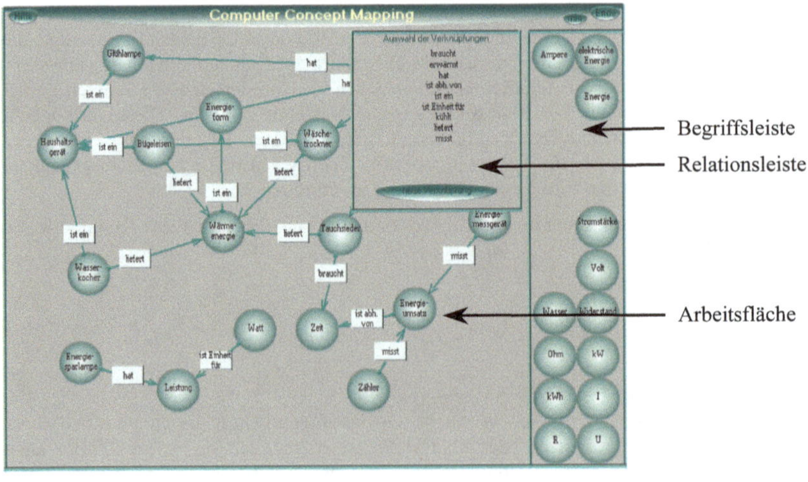

Abb. 7.2 *Bildschirmkomponenten* des Programms CCMap

Um die Arbeitsfläche maximal zu vergrößern, wurde die Begriffsleiste so programmiert, dass sie sich automatisch verkleinert, wenn die Anzahl der noch nicht verwendeten Begriffe dieses zulässt. Die Relationen sind auf der Relationsleiste, die nur dann sichtbar wird, wenn der Benutzer mit der Maus auf die Begriffsleiste geht. Sofort wenn ein Begriff ausgewählt wird bzw. mit der Maus auf die Arbeitsfläche gegangen wird, ist die gesamte Arbeitsfläche wieder sichtbar. Damit wird ebenfalls die Arbeitsfläche möglichst groß gehalten. Ebenso ist das auf der Arbeitsfläche schon konstruiertes Netz während des gesamten Legens vollständig sichtbar, das bedeutet, dass wir auf die Anwendung von Bildlaufleisten verzichtet haben.

Die Voruntersuchungen mit dem "traditionellen" Concept Mapping haben gezeigt, dass es für die Schülerinnen und Schüler wichtig ist, die Relationen immer vor Augen zu haben. Es erleichtert ihnen, die Propositionen zusammenzustellen.

Erläuterung zu 2. (Plattformunabhängigkeit)
Bei der Entwicklung des CCMap haben wir dafür gesorgt, dass das Programm unter verschiedenen Hardware-Plattformen gleiche Benutzeroberfläche hat. Das bedeutet, dass die Elemente auf der Oberfläche (Begriffe, Relationen, schon gelegtes Begriffsnetz) z. B. bei den Bildschirmeinstellungen 800 x 600 Pixel und 96 dpi identisch sind mit den Elementen bei den Einstellungen 1024 x 768 Pixel und 120 dpi. Um dieses zu realisieren, stellt das Programm vorerst die jeweiligen Systemeigenschaften fest und arbeitet dann mit den festgestellten Eigenschaften weiter. Im Allgemeinen werden in Windows-Programmen derartige Probleme mit Hilfe von Fenstergröße und Bildlaufleisten gelöst, in unserem Fall würde dieses aber gegen das Kriterium 1 verstoßen.

Erläuterung zu 3. (Benutzerfreundlichkeit und intuitive Programmbedienung)
Auf die Erfüllung dieser Kriterien wurde besonderen Wert gelegt. Einerseits ist es wichtig, weil die Probanden in unserer Datenerhebung nur jeweils 45 Minuten (inklusive Einführung in das Verfahren) zur Verfügung hatten. Andererseits konnten wir nicht davon ausgehen, dass alle Schülerinnen und Schüler gleich gute Computerkenntnisse besitzen. Für unsere Zwecke (Wissensermittlung mit Concept Mapping) wäre es störend gewesen, wenn unterschiedliche Computerkenntnisse das Ergebnis (gelegtes Netz) beeinflussen würden.

Zur Erfüllung dieser Kriterien wurden folgende Maßnahmen ergriffen:

a) Entwicklung von unterschiedlichen Benutzeroberflächen für die Probanden und für die Forscher bzw. für die Schülerinnen und Schüler und Lehrer. Dadurch wird die Benutzeroberfläche für Schülerinnen und Schüler möglichst einfach und übersichtlich gehalten, da die Menüpunkte, die nur für Forscher und Lehrer wichtig sind (Festlegung der Netzeinstellungen, gesamte Auswertung der Netze), weggelassen werden können.

b) Verzicht auf komplexe Strukturmenüs. Durch den Verzicht bleibt die Oberfläche übersichtlich und die Schülerinnen und Schüler brauchen nur kurze Zeit, um mit dem Programm vertraut zu werden. Es sind nur die für Schülerinnen und Schüler wichtigen Menus dargestellt ("Hilfe" und "Ende", darunter "Speichern" und "Drucken"). Alle andere Optionen wie z. B. Verknüpfung von Begriffen oder Änderung der Relationen werden direkt auf der Arbeitsfläche durchgeführt.

c) Benutzung von interaktiven Schaltflächen. In dem Programm CCMap werden Schaltflächen benutzt, bei denen sich die Schriftfarbe ändert, wenn man mit der Maus auf sie geht und wenn sie in diesem Moment aktiv sind, d. h. benutzt werden können.

Die Entwicklung des Programms CCMap geschah in enger Zusammenarbeit mit Schülerinnen und Schülern und Studierenden, um das Programm möglichst benutzerfreundlich zu gestalten.

7.1.3 Beschreibung des Programms "CCMap"

In diesem Abschnitt wird das Programms CCMap anhand mehrerer Bildschirmabdrucke beschrieben.

1. Programm starten
Zum Starten des Programms muss man die Datei CCMap.exe doppelklicken. Danach erfragt der Computer die Systemeigenschaften und wenn die Grafikeinstellungen akzeptabel sind, wird folgende Meldung zu den optimalen Grafikeinstellungen gezeigt: "Das Programm ist optimiert für die Auflösung 1024 x 768, große Schriftarten (120 dpi) und 32-Bit-Farben (True Color)". Wenn die Grafikeinstellungen zum Durchführen des Programms nicht genügen, wird die Meldung gezeigt: "Das Programm CCMap läuft mit folgenden Grafikeinstellungen: Auflösungen 800 x 600, 1024 x 768, 1280 x 1024, 1600 x 1200 und mit kleinen (96 dpi) oder großen (120 dpi) Schriftgrößen. Die Grafikeinstellungen kann man ändern unter "Systemsteuerung" -> "Anzeige" -> "Einstellungen".

Nach dem Starten des Programms erscheint die Benutzeroberfläche mit drei Hauptmenüpunkten: "Netzeinstellungen", "Netz legen" und "Netze auswerten" und drei Tasten: "Hilfe"-Taste, "Ende"-Taste und "min"-Taste zur Minimieren des Programmfensters (Abb.7.3).

Abb. 7.3 Ausschnitt aus der Benutzeroberfläche des CCMap mit drei Hauptmenüpunkten "Netzeinstellungen", "Netz legen" und "Netze auswerten" und drei Tasten: "Hilfe"-Taste, "Ende"-Taste und "min"-Taste

2. Hilfe zum Programm
Wenn die "Hilfe"-Taste angeklickt wird, erscheint das Hilfe-Fenster, in dem die Hilfethemen angezeigt werden. Die Hilfefunktionen sind im CCMap so programmiert, dass jeweils nur die Themen angezeigt werden, die in der aktuellen Programmstelle erforderlich sind. Dieses erleichtert den Benutzern die benötigten Informationen schneller zu finden.

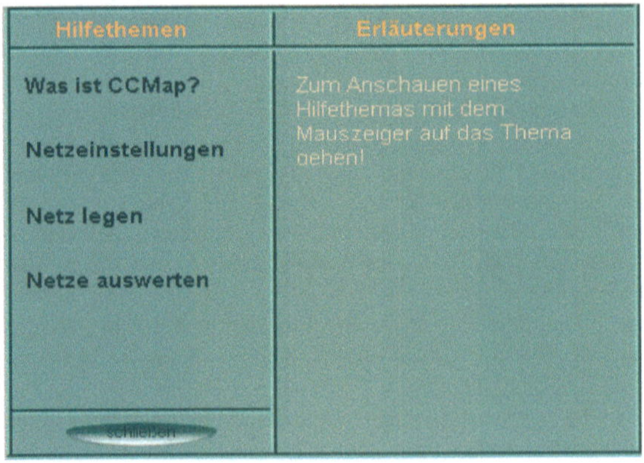

Abb. 7.4 Hilfe-Fenster (ein Ausschnitt aus der Benutzeroberfläche des CCMap)

3. "min"-Taste
Mit der "min"-Taste ist es möglich, das Programmfenster zu minimieren, sodass es nur in der Windows Task-Leiste angezeigt wird.

4. Programm beenden
Durch die Betätigung der "Ende"-Taste erscheint ein Menü-Fenster, in dem das Speichern oder Drucken eines Netzes bzw. der Netzeinstellungen und das Beenden des Programms durchgeführt werden können.

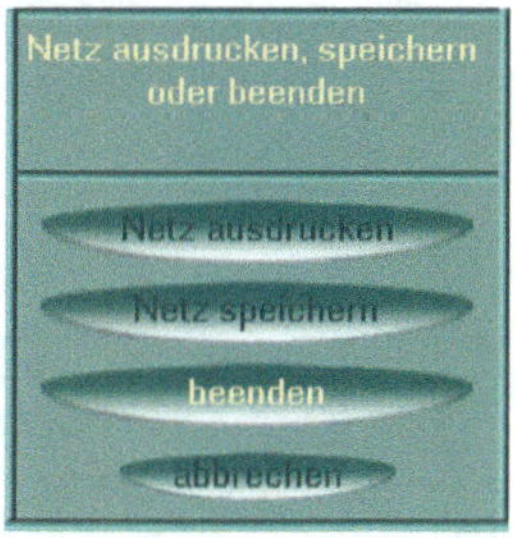

Abb. 7.5 *Ende*-Fenster (ein Ausschnitt aus der Benutzeroberfläche des CCMap)

5. Netzeinstellungen festlegen
Unter diesem Menü-Punkt kann man für Schülerinnen und Schüler die Anfangsbedingungen zum Concept Mapping festlegen. Im Einzelnen werden die Möglichkeiten anhand von Ausschnitten aus der Benutzeroberfläche erläutert.

Durch die Betätigung der Taste "Netzeinstellungen" erscheint folgendes Menü-Fenster (Abb. 7.6).

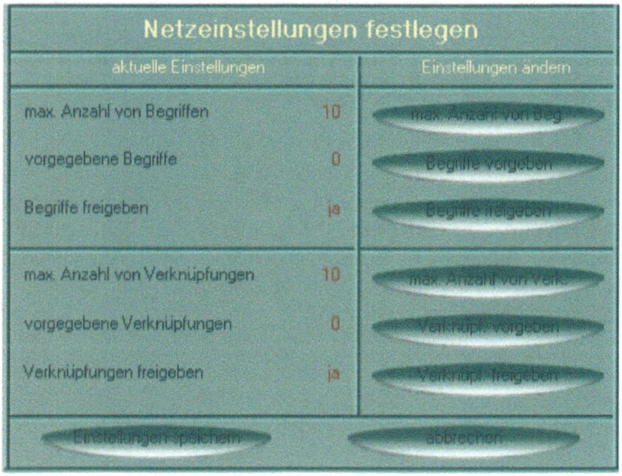

Abb. 7.6 Dialogfeld zum Festlegen der Netzeinstellungen (ein Ausschnitt aus der Benutzeroberfläche des CCMap)

Wie aus der Abb. 7.6 zu ersehen, kann man für Schülerinnen und Schüler festlegen, wie viele Begriffe bzw. Relationen sie verwenden dürfen, man kann einige oder auch alle Begriffe bzw. Relationen vorgeben und man kann bestimmen, ob sie auch zusätzliche Begriffe bzw. Relationen hinzunehmen dürfen.

Die Vorgabe der Begriffe geschieht im Folgenden Fenster (Abb. 7.7).

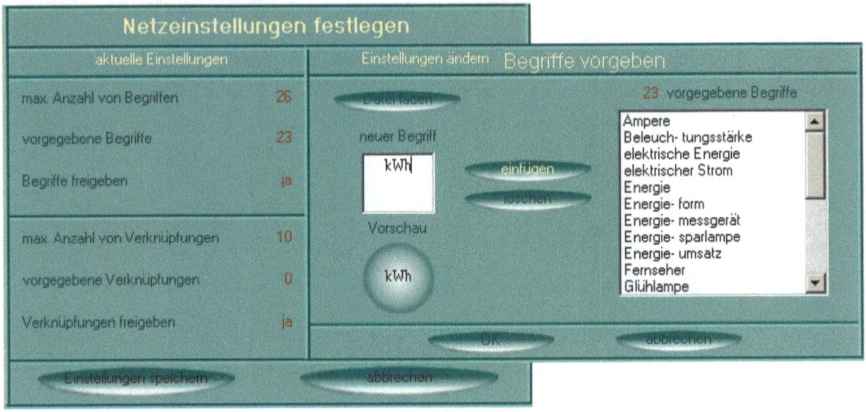

Abb. 7.7 Dialogfeld zur Vorgabe der Begriffe (ein Ausschnitt aus der Benutzeroberfläche des CCMap)

Im Programm ist es möglich, entweder neue Begriffe einzeln dazuzuschreiben und in die Begriffsliste einzufügen oder schon vorhandene Begriffslisten aus einer Datei zu laden. Es ist möglich zu einem Thema eine Begriffsliste zu erzeugen und sie zum evtl. späteren Einsatz zu speichern.

Die Netzeinstellungen werden in einer Datei mit Dateierweiterung "*.ccp" gespeichert. Zum Legen eines Netzes müssen die Schülerinnen und Schüler diese Datei einlesen. Dies kann auch über ein Computernetzwerk aus einem Server heraus geschehen.

6. Netz legen

Mit dem Programm CCMap ist es möglich, entweder neue Begriffsnetze zu legen oder schon vorhandene Netze weiterzuentwickeln bzw. zu korrigieren. Wenn man mit der Maus auf die Taste "Netz legen" klickt, erscheint ein Dialogfeld (Abb. 7.8), in dem es möglich ist, entweder Daten zum Legen eines neues Begriffsnetzes einzulesen (CCM Datensatz) oder ein schon vorhandenes Netz zur Weiterbearbeitung einzulesen (CCMap).

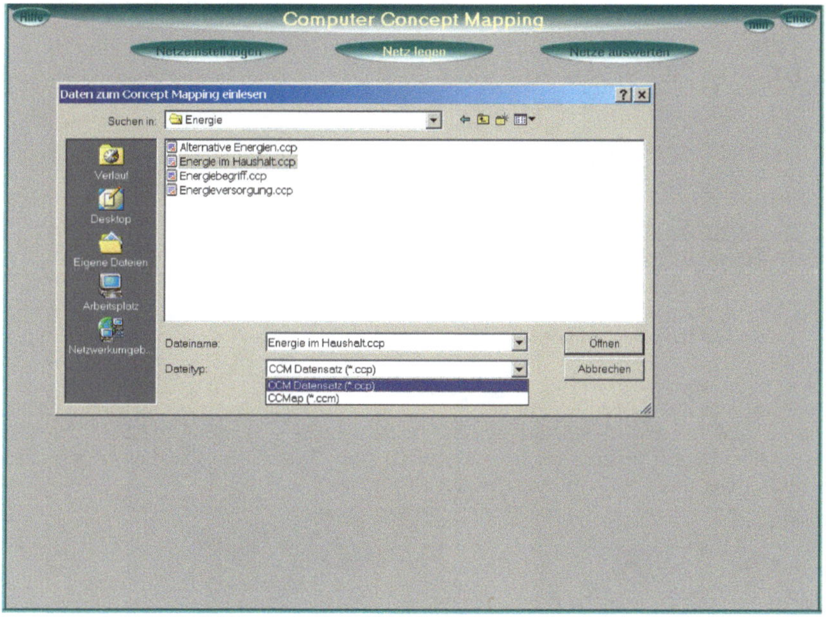

Abb. 7.8 Dialogfeld zum Einlesen der Daten für die Netzkonstruktion (ein Ausschnitt aus der Benutzeroberfläche des CCMap)

Nach dem Einlesen der Daten ist es möglich, ein Begriffsnetz zu konstruieren. Bei den entsprechenden Netzeinstellungen kann man folgende Funktionen durchführen (siehe auch Abb. 7.12):

6.1. Begriffsfeld bewegen

Zum Bewegen eines Begriffsfeldes auf der Arbeitsfläche muss das entsprechende Begriffsfeld angeklickt und mit der Maus gezogen werden. Es ist möglich jedes Begriffsfeld einzeln zu bewegen, das sich auf der Arbeitsfläche oder auf der *Relationen* Begriffsleiste befindet. Wenn ein Begriffsfeld auf andere Begriffsfelder bzw. Relationen oder über den Seitenrand der Arbeitsfläche gelegt wird, nimmt er automatisch die nächste freie Position ein. Wenn ein Begriff, der mit den anderen Begriffen durch Relationen ein Netz bildet, bewegt wird, werden die zu diesem Begriff gehörenden Relationen mitbewegt.

6.2. Begriffe verknüpfen

Zum Verknüpfen zweier Begriffe mit einer Relation muss zunächst der erste Begriff und danach der zweite Begriff doppelt angeklickt werden. Wenn ein Begriff durch Doppelklick zum Verknüpfen aktiviert ist, wird er mit einem roten bzw. dunklen Kreis gekennzeichnet (siehe Abb. 7.12). Wenn beide zu verknüpfenden Begriffe aktiviert sind, erscheint ein Dialogfeld, in dem die passende Relation ausgewählt werden kann. Nach der Auswahl der Relation werden beide Begriffe miteinander automatisch durch einen Pfeil - gekennzeichnet mit der ausgewählten Relation - verknüpft.

6.3. löschen, ändern oder Richtung ändern

Häufig müssen die schon gelegten Relationen korrigiert werden. Dazu muss die zu ändernde Relation angeklickt werden. Danach erscheint ein Dialogfeld, in dem die Relation entweder gelöscht, geändert oder die Richtung der Relation geändert werden kann (siehe Abb. 7.9).

Abb. 7.9 Dialogfeld: Verknüpfung löschen, ändern oder Richtung ändern (ein Ausschnitt aus der *Benutzeroberfläche* des CCMap)

6.4. Begriffe benennen (neue Begriffe hinzufügen)
Zum Benennen neuer Begriffe muss auf ein noch nicht benanntes Begriffsfeld (beschriftet mit "Klicke zum Benennen") geklickt werden. Danach erscheint ein Dialogfeld, in dem der ausgewählte Begriff benannt werden kann (siehe Abb. 7.10). Diese Funktion ist nur dann möglich, wenn sie durch den Lehrer bzw. Forscher freigegeben ist.

Abb. 7.10 Dialogfeld zum Benennen eines neuen Begriffes (ein Ausschnitt *aus* der Benutzeroberfläche des CCMap)

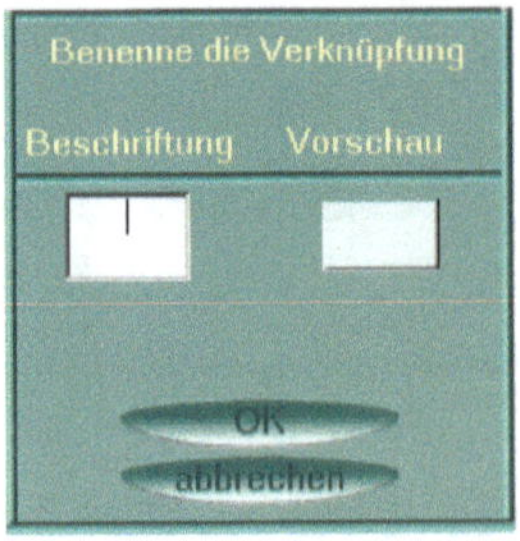

Abb. 7.11 Dialogfeld zum Benennen *einer* neuen Relation (ein Ausschnitt aus der Benutzeroberfläche des CCMap)

6.5. Relationen benennen (neue Relationen hinzunehmen)
Zum Benennen einer neuer Relation muss man auf der Relationsleiste (erscheint, wenn mit der Maus auf die Begriffsleiste gegangen wird) auf die Taste "neue Verknüpfung" drücken. Danach erscheint ein Dialogfeld, in dem die neue Relation eingegeben werden kann (siehe Abb. 7.11). Diese Funktion ist nur dann möglich, wenn sie durch den Lehrer bzw. Forscher freigegeben ist.

6.6. Netz umordnen
Bei der Konstruktion eines Begriffsnetzes kann es vorkommen, dass ein Begriff, der zuerst am Rande des Netzes lag, zentral werden soll. Es ist möglich, diesen schon verknüpften Begriff ins Zentrum des Netzes zu legen. Alle zu dem Begriff gehörenden Relationen werden automatisch mitgezogen. So ist das gelegte Netz dynamisch und kann jederzeit geändert werden.

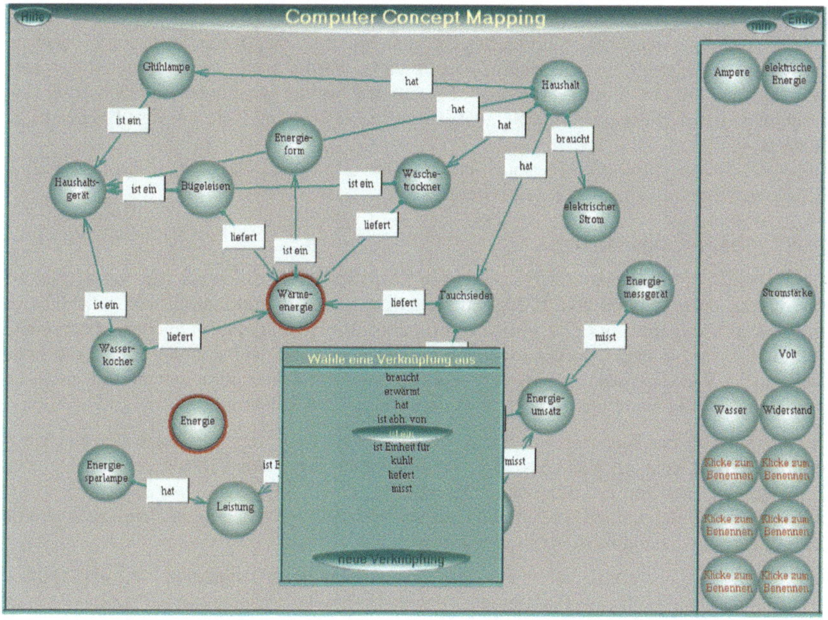

Abb. 7.12 Benutzeroberfläche bei der Konstruktion von Begriffsnetzen mit dem CCMap

7. Netze auswerten
Mit dieser Funktion ist es möglich, gleichzeitig eine Gruppe von bis zu 40 Netzen auszuwerten. Das Programm CCMap ermöglicht eine Auswertung bezüglich der Größe, Inhalt und Struktur der Netze. Zusätzlich wird eine zusammengesetzte Variable Map Charakteristik (MapChar) berechnet und zur Visualisierung in Diagrammform dargestellt. Diese Variable eignet sich sehr gut zur Benotung von Schülerleistungen. Ausführlich ist das Auswertungsverfahren mit CCMap im Abschnitt 7.1.5 beschrieben.

7.1.4 Einsatz in der Studie

Wir haben das Programm CCMap zur Erhebung des Wissens bei der Prüfung der Kontaminationshypothese und der vier Haupthypothesen eingesetzt. Bei der Kontaminationshypothese wurde das Concept Mapping zu zwei Zeitpunkten durchgeführt: Phase 1 nach dem Unterricht und vor den Handlungen und Phase 3 nach den Handlungen (siehe auch Abschnitt 6.1). Vor der erstmaligen Durchführung des Concept Mapping wurde das Verfahren anhand eines einfachen Beispiels aus der Tierwelt kurz erläutert. Danach wurden die Funktionen, die zur Konstruktion eines Begriffsnetzes mit dem Programm CCMap notwendig sind, an einem Computer gezeigt. Die gesamte Einführung dauerte ca. 10 Minuten. Bei wiederholten Durchführungen des Concept Mapping wurde auf die Einführung verzichtet. Die Schülerinnen und Schüler hatten in beiden Phasen ca. 35 Minuten Zeit, ihre Begriffsnetze zu konstruieren. Es standen während des Legens mindestens drei Versuchsleiter zur Verfügung, um evtl. Fragen zum Programm zu beantworten. Fachliche Fragen wurden nicht beantwortet. Nach der Konstruktion der Begriffsnetze wurden die Daten aller Probanden gespeichert und zusammengestellt. Bei der Prüfung der Kontaminationshypothese wurde das Concept Mapping mit einer Klasse in zwei Sitzungen pro Phase durchgeführt. Die Prüfung der vier Haupthypothesen führten wir in vier Klassen durch (siehe auch Abschnitt 6.2). Das Concept

Mapping wurde je Klasse und Phase in zwei Sitzungen durchgeführt. Auch hier wurde vor der jeweiligen erstmaligen Durchführung des Concept Mapping eine kurze Einführung gegeben. Das Concept Mapping in der Hauptdatenaufnahme verlief nach dem erprobten Concept Mapping wie in der Voruntersuchung. Es standen wieder genügend Versuchsleiter zur Verfügung. Die Schülerinnen und Schüler hatten ca. 35 Minuten Zeit, um ihre Begriffsnetze zu legen.
Aus den Befragungen von Schülerinnen und Schülern ergab sich, dass sie mit dem Programm CCMap gut zurecht kamen (siehe Abschnitt 9.3).

7.1.5 Auswertungsverfahren

Die größten Vorteile bietet das Programm CCMap bei der Auswertung der Netze. Für die Auswertung einer Gruppe von 25 Netzen braucht man durchschnittlich 50 Minuten, dies ist ca. 100 Mal weniger als mit dem vorigen Verfahren. Wir haben die gewonnenen Erkenntnisse aus unseren vorherigen Concept-Mapping-Verfahren genutzt und konnten damit die hohe Zahl von 51 Variablen des vorherigen Verfahrens jetzt auf acht zusammenfassen. Mit diesen Variablen sind alle wichtigen Aspekte der Auswertung berücksichtigt.

Die Auswertung der Netze im Programm CCMap basiert auf dem Vergleich der Netze mit einem Referenznetz, d. h., dass die Propositionen aus den Schülernetzen mit den Propositionen aus einer Referenzmatrix bzw. -liste verglichen werden. Wenn die entsprechende Referenzmatrix noch nicht vorhanden bzw. unvollständig ist, kann sie während der Auswertung erzeugt bzw. vervollständigt werden.

Zum Auswerten der Netze soll die Taste "Netze Auswerten" angeklickt werden. Danach erscheint ein Dialogfeld zum Einlesen der Dateien für die Auswertung (Abb. 7.13).

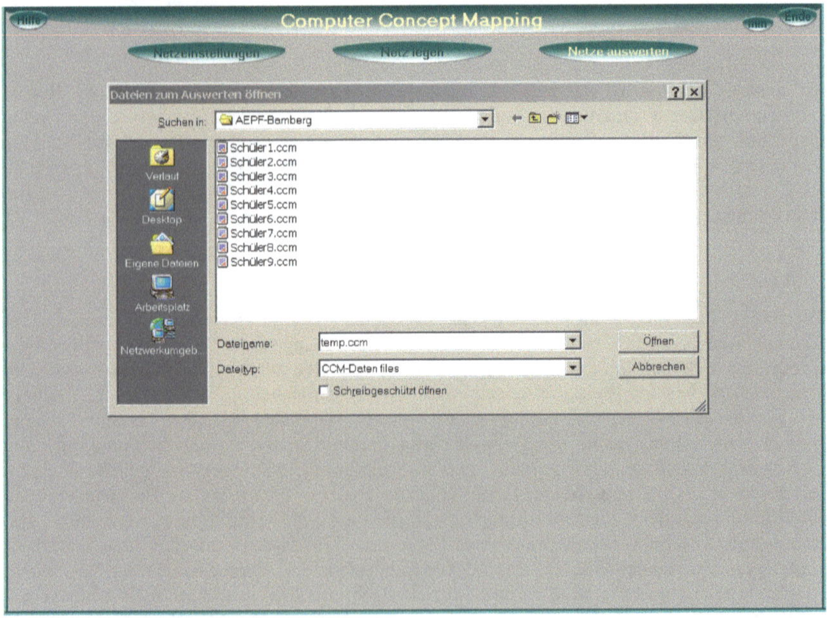

Abb. 7.13 Dialogfeld zum Einlesen der Dateien für die Auswertung (ein Ausschnitt aus der Benutzeroberfläche des CCMap)

Mit dem Programm CCMap ist es möglich, eine Gruppe mit maximal 40 Begriffsnetzen auszuwerten. Wenn mehr als ein Begriffsnetz ausgewertet werden soll, erscheint ein Dialogfeld, in dem die Gruppe benannt werden soll (Abb. 7.14). Dieser Gruppenname wird am Ende der Auswertung für die Datei benutzt, in der alle Werte der Variablen in Tabellenform dargestellt sind.

Abb. 7.14 *Dialogfeld* zum Benennen der Gruppe (ein Ausschnitt aus der Benutzeroberfläche des CCMap)

Wenn der Gruppenname eingegeben ist, erscheint die Benutzeroberfläche für die Auswertung der Netze. Auf dieser Oberfläche stehen vier Menü-Tasten zur Verfügung (siehe Abb. 7.15).

1. Dateien einlesen
Wenn in einer Auswertungssitzung mehrere Gruppen ausgewertet werden sollen, kann man mit dieser Taste neue Dateien zur Auswertung einlesen. Dies erspart das erneute Starten des Programms CCMap.

2. Variablen berechnen
Für die Auswertung der Netze werden aus drei Bereichen acht verschiedene Variablen berechnet (siehe auch Tab. 7.1). Erläuterungen zu den Variablen:

AlPro - Anzahl aller Propositionen. Bei dieser Variable werden alle im Netz vorkommenden Propositionen zusammengezählt. Sie zeigt den Umfang eines Netzes.

RiPro - Anzahl der richtigen Propositionen. Bei dieser Variable werden nur die Propositionen zusammengezählt, die in der Referenzmatrix nicht mit "0" (fachlich unkorrekt) bewertet sind. Diese Variable zeigt, wie viele fachlich korrekte Propositionen der Proband gelegt hat.

FQ - Fehlerquotient. Diese Variable wird berechnet, indem die Anzahl aller falschen Propositionen (in der Referenzmatrix mit "0" bewertet) durch die Anzahl aller richtigen Propositionen (Bewertung "1"-"3") dividiert wird. Die Variable zeigt, wie viele fachlich falsche Propositionen im Vergleich zu korrekten Propositionen gelegt wurden.

Fach - Fachliche Bewertung. Alle Propositionen in der Referenzmatrix haben eine Bewertung von "0" bis "3". Eine Bewertung "0" bedeutet, dass diese Proposition fachlich unkorrekt ist. Die Bewertungen "1", "2", "3" sind fachlich korrekt, jedoch sind die Aussagen von unterschiedlicher Qualität. Die Bewertung "3" zeigt die höchste fachliche Qualität einer Proposition an. In unserer Studie wurde diese Bewertung durch Expertenrating durchgeführt. Im Schulalltag kann aber jeder Lehrer die Bewertung nach eigenem Ermessen vornehmen.

VNet - Vernetzung. Die Variable VNet wird berechnet, indem die Anzahl der Verknüpfungen im aktuellen Netz durch die Anzahl der Begriffe in diesem Netz dividiert wird. Je mehr Verknüpfungen pro Begriff vorhanden sind, desto größer ist der Wert der Variablen VNet. Diese Variable gehört zu den Strukturmerkmalen. Sie ist ein Maß für die Dichte eines Netzes und zeigt, wie gut ein Begriffsnetz vernetzt ist.

Zent - Zentralität. In einem Begriffsnetz sind verschiedene Begriffe unterschiedlich verknüpft. Einige haben nur eine Verknüpfung, andere haben mehrere Verknüpfungen. Die Variable Zentralität zeigt die maximale Anzahl der Verknüpfungen für jeden Begriff in einem Netz. Damit zeigt sie, ob in dem Begriffsnetz ein zentraler Begriff vorhanden ist. Das Programm ermittelt selbstständig den Begriff mit maximalem Wert.

Insel - Anzahl der Inseln. Bei dieser Variable werden alle alleinstehenden Netzkomponenten zusammengezählt. Eine Netzkomponente wird als alleinstehend bezeichnet, wenn sie nicht mit den anderen Komponenten durch eine oder mehrere Relationen verknüpft ist. Solche alleinstehenden Komponenten nennt man Insel. Je mehr Inseln ein Netz hat, desto weniger zusammenhängend ist es. Die Variable Insel ist eine Strukturvariable und zeigt, wie gut der Proband die unterschiedlichen Begriffe bzw. Bereiche in einen Zusammenhang bringen kann.

MapChar - Map Charakteristik. Diese Variable ist eine aus drei anderen Variablen zusammengesetzte Variable. Diese drei Variablen stammen aus den drei verschiedenen Bereichen: Größe, Richtigkeit und Struktur. Sie fließen in die Variable MapChar mit unterschiedlicher Intensität ein. Die Variable MapChar setzt sich folgendermaßen zusammen:

MapChar = 4*RiPro/50 + Fach*5/3 + VNet

Wir haben eine Normierung so vorgenommen, dass die Werte von MapChar im Bereich von 0 bis 10 liegen. Dies entspricht der folgenden prozentualen Einteilung:

100%*MapChar = 40%*RiPro+50%*Fach+10%*VNet

Prinzipiell ist es möglich, dass jeder Programmanwender nach seinen Bedürfnissen die Variable MapChar selbst zusammensetzt. Für unsere Zwecke haben wir die Variable MapChar so zusammengesetzt, dass die fachliche Richtigkeit die größte Rolle spielt. Die Strukturmerkmale dagegen tragen zum Gesamtwert nur mit 10 % bei.

In Tab. 7.1 ist die Zuordnung der Variablen zu den drei Bereichen der Auswertungskriterien dargestellt. Eine Variable (Anzahl der richtigen Propositionen) gehört zu zwei verschiedenen Bereichen, eine Variable (Map Charakteristik) ist aus den Variablen aus allen drei Bereichen zusammengesetzt.

<table>
<tr><th>Größe</th><th>Richtigkeit</th><th>Struktur</th></tr>
<tr><td>Anzahl aller Propositionen</td><td>Fehlerquotient</td><td>Vernetzung</td></tr>
<tr><td></td><td>Fachliche Bewertung</td><td>Zentralität</td></tr>
<tr><td colspan="2">Anzahl der richtigen Propositionen</td><td>Anzahl der Inseln</td></tr>
<tr><td colspan="3">Map Charakteristik</td></tr>
</table>

Tab. 7.1 Zuordnung der acht Variablen des Concept Mapping zu drei Bereichen.

Nach Betätigung der Taste "Variablen berechnen" erscheint ein Dialogfenster zum Einlesen einer Referenzmatrix-Datei (Abb. 7.15). Diese Datei ist erforderlich, um die in den Netzen vorkommenden Propositionen bewerten zu können. Aus jedem auszuwertenden Netz werden alle Propositionen nacheinander mit den Propositionen aus der Referenzmatrix-Datei verglichen. Wenn die entsprechenden Propositionen dort vorhanden sind, wird die dazugehörige Bewertung für die weitere Analyse benutzt.

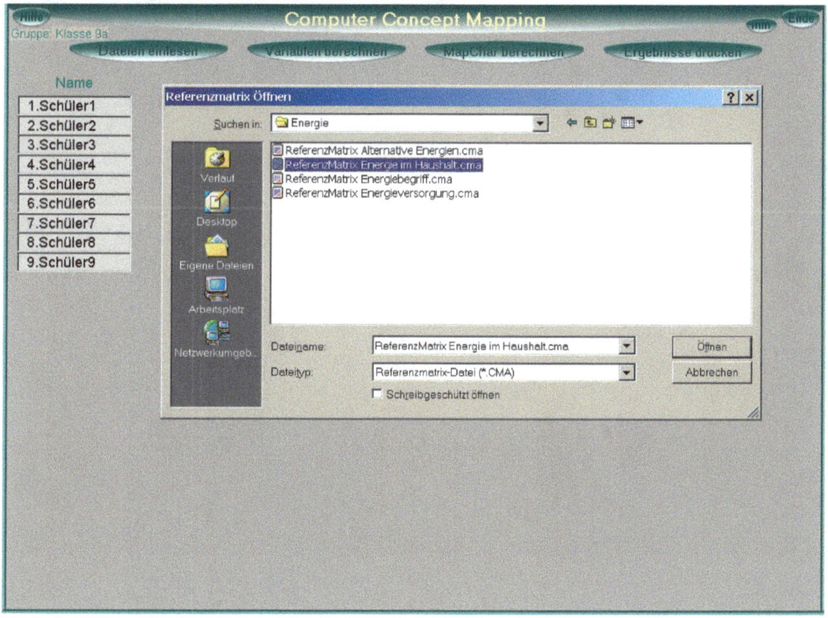

Abb. 7.15 Benutzeroberfläche für die Auswertung (ein Ausschnitt aus der Benutzeroberfläche des CCMap)

Wenn eine Proposition in der Referenzmatrix nicht vorhanden ist, wird ein Dialogfeld geöffnet, in dem der Forscher bzw. Lehrer diese Proposition selbst bewerten kann (siehe Abb. 7.16).

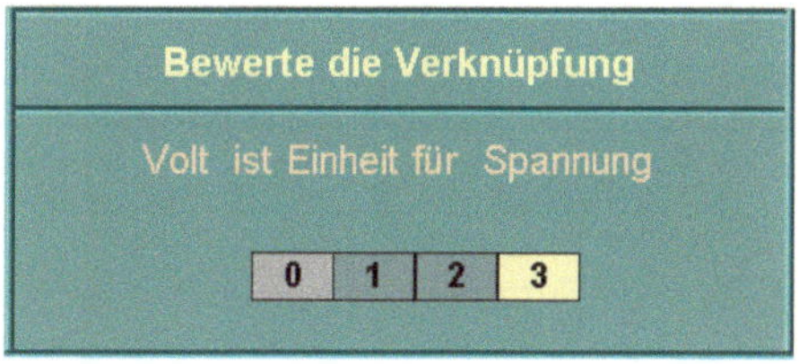

Abb. 7.16 Dialogfeld zur Bewertung einer Proposition (ein Ausschnitt aus der Benutzeroberfläche des CCMap)

Der Vorteil bei dieser Bewertung liegt darin, dass eine Proposition nur einmal bewertet werden muss. Beim nächsten Mal wird sie automatisch in der entsprechenden Referenzmatrix gefunden und benutzt. So ist es möglich, für jedes Thema eine Referenzmatrix zu entwickeln und diese dann immer wieder einzusetzen. Wenn alle Propositionen bewertet sind, werden anhand dieser Bewertung die Variablen berechnet (siehe Abb. 7.17).

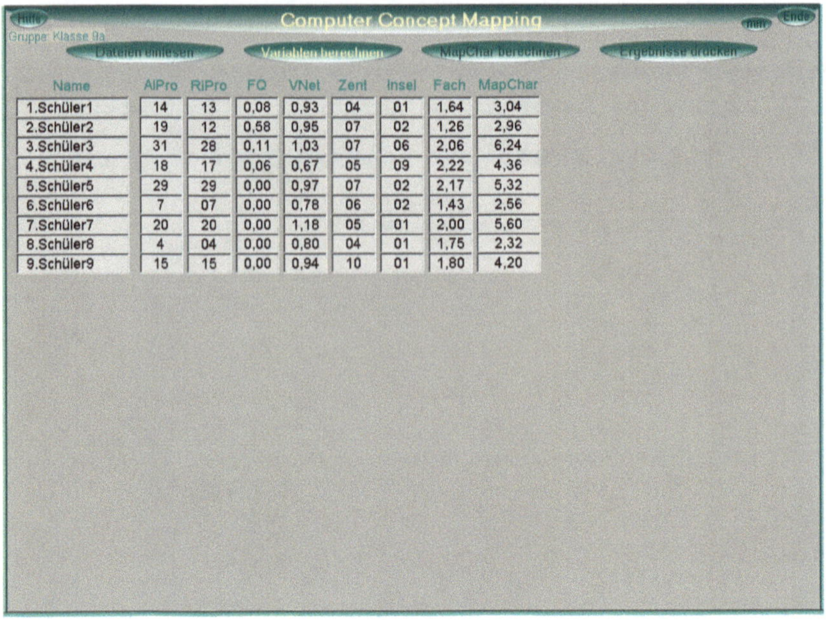

Name	AlPro	RiPro	FQ	VNet	Zent	Insel	Fach	MapChar
1.Schüler1	14	13	0,08	0,93	04	01	1,64	3,04
2.Schüler2	19	12	0,58	0,95	07	02	1,26	2,96
3.Schüler3	31	28	0,11	1,03	07	06	2,06	6,24
4.Schüler4	18	17	0,06	0,67	05	09	2,22	4,36
5.Schüler5	29	29	0,00	0,97	07	02	2,17	5,32
6.Schüler6	7	07	0,00	0,78	06	02	1,43	2,56
7.Schüler7	20	20	0,00	1,18	05	01	2,00	5,60
8.Schüler8	4	04	0,00	0,80	04	01	1,75	2,32
9.Schüler9	15	15	0,00	0,94	10	01	1,80	4,20

Abb. 7.17 Berechnete Variablen einer Schülergruppe in Tabellenform dargestellt (ein Ausschnitt aus der Benutzeroberfläche des CCMap)

3. MapChar berechnen

Mit dieser Taste ist es möglich, die zusammengesetzte Variable MapChar (siehe oben) zu berechnen. Da diese Variable aus mehren wichtigen Variablen zusammengesetzt ist, bietet sie eine gute Grundlage für die Benotung der Schülerleistungen und dient außerdem der Veranschaulichung der Ergebnisse (siehe Abb. 7.18).

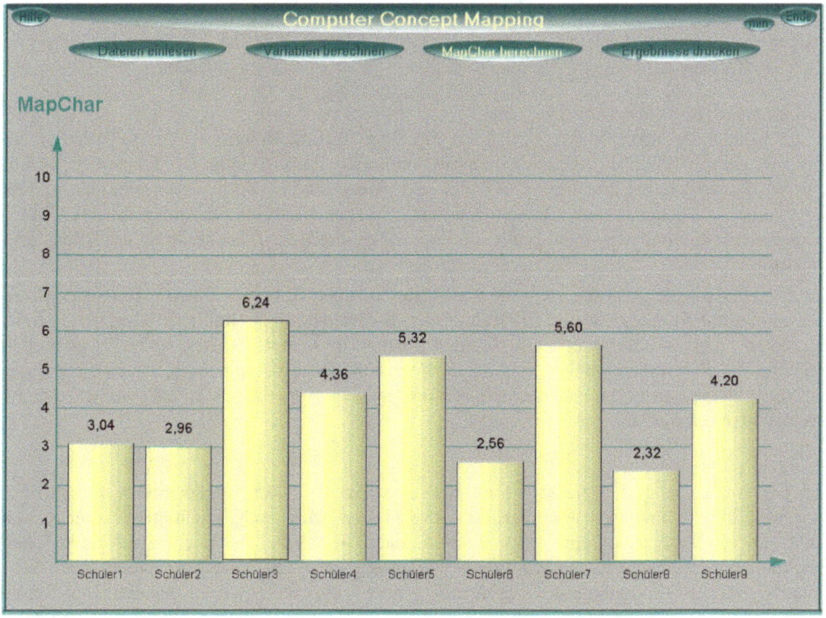

Abb. 7.18 Zusammengesetzte Variable MapChar (ein Ausschnitt aus der Benutzeroberfläche des CCMap)

4. Ergebnisse drucken
Mit dieser Taste ist es möglich, die berechneten Variablen in Tabellenform auszudrucken. Dazu werden die aktuellen Druckereinstellungen benutzt.

7.1.6 Einordnung des Programms CCMap in die vorigen Verfahren des Concept Mapping im Forschungsprojekt "Physiklernen und Handeln"

In den vorigen Komponenten des Forschungsprojektes "Physiklernen und Handeln“ wurde neben anderen Methoden auch die Methode Concept Mapping eingesetzt (siehe dazu Dahncke 1997b und Reiska 1999). An dieser Stelle vergleichen wir das Programm CCMap mit der in der Komponente C eingesetzten Methode Concept Mapping. Zum besseren Vergleich wird hier das gleiche Raster wie im Abschnitt 3.2 angewendet.

Fachgebiet und Forschungsziel
In der vorigen Studie (Komponente C) wurden die Maps zum Thema „Energieversorgung im Verbund von Kraftwerken“ gelegt, in der aktuellen Studie (Komponente B) zum Thema "Umsatz von elektrischer Energie im Haushalt". Die beiden Themen sind miteinander verwandt, weil bei beiden Themen der Begriff „Energie“ eine zentrale Rolle spielt.

Ebenso wie in der Komponente C haben wir auch in der aktuellen Komponente die Methode Concept Mapping zur Feststellung des physikalischen Wissens eingesetzt.

Anders als in der vorigen Studie, in der Concept Mapping einmal vor dem Unterricht und einmal nach dem Unterricht eingesetzt wurde, wurde in der aktuellen Studie die Datenerhebung mit dem Concept Mapping nur nach der Unterrichtseinheit eingesetzt. Während wir in der Komponente C mit der Methode Concept Mapping eine Unterrichtswirkung auf das Wissen der Probanden nachweisen wollten, wurde in der aktuellen Studie das Concept Mapping zur Feststellung des Wissenszuwachs bei den Handlungen eingesetzt. Die Methode Concept Mapping wurde also in beiden Studien zweimal eingesetzt.

Durchführung und Gestaltung der Maps

In der Studie der Komponente C wurden die Begriffe und Relationen auf selbsthaftenden Etiketten gedruckt. Diese Etiketten haben die Schülerinnen und Schüler auf Tonpapier geklebt und so Begriffsnetze konstruiert. In der aktuellen Studie wurde grundsätzlich anders vorgegangen: Wir haben zum Concept Mapping ein spezielles Computerprogramm (CCMap) entwickelt. Mit dem Programm konnte die Probanden ihre Begriffsnetze direkt am Bildschirm konstruieren.

Die Anzahl der vorgegebenen Begriffe und Relationen war in beiden Studien ähnlich hoch: in vorigen Studie 51 Begriffe und 10 Relationen, in der aktuellen Studie 48 Begriffe und 10 Relationen. Die Schülerinnen und Schüler durften in beiden Studien keine zusätzlichen Begriffe und Relationen wählen. Ebenso durften in beiden Studien jeweils zwei Begriffe nur mit einer Relation verknüpft werden. Durch solche Vorgaben konnten wir eine hohe Vergleichbarkeit der Netze gewährleisten.

Auswertung

Für die Auswertung der Netze wurde in der vorigen Studie ein spezielles fünfstufiges Verfahren aus Computerprogrammen entwickelt (siehe dazu auch Abschnitt 7.1 und Reiska 1999). Dieses Verfahren diente unter anderem auch zur möglichst schnellen und fehlerfreien Eingabe von Netzdaten in den Computer. Allerdings war das Verfahren immer noch sehr zeitaufwendig und Eingabefehler waren nicht immer auszuschließen. In der aktuellen Studie wurden die mit CCMap konstruierten Begriffsnetze automatisch im Computer gespeichert. Damit konnten die Daten aus den Netzen für die weitere Auswertung direkt benutzt werden.

In beiden Studien erfolgte die Auswertung quantitativ. Die physikalische Richtigkeit der Propositionen wurde mit Hilfe einer Referenzmatrix geprüft. Während es in der vorigen Studie notwendig war, eine komplette Referenzmatrix zu erstellen (beinhaltet $n*(n-1)$ Zellen, n ist die Anzahl der Begriffe), konnten wir durch ein integriertes Auswertungsprogramm im CCMap mit einer Referenzmatrix arbeiten, die nur die tatsächlich gelegten Propositionen beinhaltet. Dieses bedeutet eine erhebliche Zeitersparnis.

Zur Auswertung der Netze in der Komponente C haben wir insgesamt 51 Variablen definiert. Diese hohe Anzahl an Variablen war erforderlich, um fachliche Aspekte der Begriffsnetze besser erfassen zu können. In der aktuellen Studie haben wir uns auf die Ergebnisse aus der vorigen Studie gestützt und die Auswertung soweit entwickelt, dass wir mit nur insgesamt acht Variablen alle Bereiche der Charakteristika eines Maps (Größe, Inhalt und Struktur) gut abdecken können.

7.1.7 Anwendung des Programms CCMap für weitere Inhaltsbereiche

Das Programm CCMap wurde ursprünglich nur für einen Inhaltsbereich "Umsatz von elektrischer Energie im Haushalt" entwickelt. Die Erprobungen und Präsentationen haben jedoch ein breites Interesse an diesem Programm hervorgerufen. Deshalb haben wir uns entschieden, das Programm so weiterzuentwickeln, dass es nun auch möglich ist, das Programm in beliebigen Inhaltsbereichen einzusetzen. Dafür wurde ein zusätzliches Programmteil geschrieben, das es den Anwendern ermöglicht, Netzeinstellungen selbst festzulegen. Dies bedeutet, dass ein Programmbenutzer die Begriffe und Relationen selbst bestimmen kann, mit denen die Begriffsnetze konstruiert werden sollen. Das Programm CCMap hat noch viele zusätzliche Funktionen zur Festlegung der Netzeinstellungen, die ausführlich im Abschnitt 7.1.3 erläutert wurden.

7.2 Experimente

7.2.1 Entwicklung

Bei der Entwicklung der Experimente zum Thema "Energie im Haushalt" wurde von folgenden allgemeinen Bedingungen ausgegangen: Die Experimente sollen

- von Schülerinnen und Schülern einer 9. Klasse durchführbar sein.
- zeitlich in einer Unterrichtstunde durchführbar sein.
- einen Bezug zum Alltagsleben der Schülerinnen und Schüler haben.
- unabhängig von vorherigem Unterricht durchführbar sein.
- zur Diagnose geeignet sein.
- den Sicherheitsvorschriften entsprechen.

Aus fachlicher Sicht wurden folgende Aspekte berücksichtigt:

- da der meiste Energieumsatz im Haushalt im Bereich Wärmeenergie stattfindet, sollte mindestens ein Experiment aus diesem Bereich sein
- in den Experimenten müssen die Schülerinnen und Schüler (auch) Entscheidungen treffen, die man eindeutig als fachlich korrekt oder unkorrekt einordnen kann.

In der geplanten Zeit (ca. 45 Minuten) ist es den Schülerinnen und Schülern möglich, zwei einfache Experimente durchzuführen. Aus vielen von uns erprobten Experimenten wurden letztendlich zwei ausgewählt: "Beleuchtung" und "Erwärmung von Wasser". Für die Auswahl der "Beleuchtung" sprach in erster Linie die Aktualität des Themas "Energiesparen" und die gute Durchführbarkeit. "Erwärmung von Wasser" ist einer der wenigen Versuche zum Thema "Wärmeenergie", der in dem vorgegebenen Zeitraum und in einer neunten Klasse durchführbar ist.

Entwicklung des Versuchs "Beleuchtung"
In diesem Versuch müssen die Schülerinnen und Schüler vier Lampen bezüglich der Beleuchtungsstärke und der Leistung miteinander vergleichen. Dazu werden ihnen zwei Energiesparlampen und zwei Glühlampen (alle in Holzkisten versteckt) zur Verfügung gestellt. Die erste Aufgabe für die Entwicklung des Versuchs war, eine Auswahl von Lampen zu treffen, die für unsere Forschungszwecke geeignet sind: je zwei Lampen sollten gleiche Beleuchtungsstärke, jedoch unterschiedliche Leistung haben. Für die Erstauswahl sind wir von den Angaben der Lampenhersteller ausgegangen, wonach bei gleicher Leistung eine Energiesparlampe die fünffache Beleuchtungsstärke einer Glühlampe aufbringt. Bei den ersten Messungen wurden die Lampen nicht in Kisten versteckt. Um den Einfluss eines Rauchglases zu untersuchen, das später die Lampen für die Probanden unerkennbar machen sollte, wurden die Messungen einmal mit und einmal ohne Rauchglas durchgeführt. In der Tabelle 7.2 sind unsere Messergebnisse[10] zur Erstauswahl der Lampen aufgelistet.

Lampe	Entfernung (cm)	Beleuchtungsstärke mit Glas (Lux)	Beleuchtungsstärke ohne Glas (Lux)
100 W Glühlampe	20	3690	4330
	30	2070	2450
	40	1180	1440
75-W-Glühlampe	20	2500	3000
	30	1200	1410
	40	680	830
60 W Glühlampe	20	2040	2380
	30	950	1130
	40	560	690

[10] Bei den Energiesparlampen sind die Messungen nach ca. einer Minute nach dem Einschalten durchgeführt, da diese Lampen erst dann ihre maximale Leistung erreichen.

Lampe	Entfernung (cm)	Beleuchtungsstärke mit Glas (Lux)	Beleuchtungsstärke ohne Glas (Lux)
40 W Glühlampe	20	1170	1300
	30	540	620
	40	310	360
20 W Energiespar-lampe	20	2430	2970
	30	1140	1420
	40	680	830
15 W Energiespar-lampe	20	1820	2210
	30	950	1150
	40	580	710
11 W Energiespar-lampe	20	1130	1330
	30	480	580
	40	280	350

Tab. 7.2 Messergebnisse zur Lampenauswahl

Vor der zweiten Runde der Lampenauswahl haben wir die Aufgabe für die Probanden präziser formuliert. Dazu haben wir in dieser Phase zusätzlich die Entfernung von den Lampen ermittelt, bei der die Beleuchtungsstärke 1000 Lux beträgt. In der Tabelle 7.3 sind die Messergebnisse der beiden ausgewählten Lampenpaare dargestellt. Die Lampen sind in den Holzkisten versteckt. In der Tabelle ist unter dem Abstand die Entfernung zwischen Mattglasscheibe und Luxmetersensor zu verstehen.

Glühlampen				Energiesparlampen			
Nenn-leistung (W)	**gemesse-ne Leis-tung (W)**	**Abstand (cm)**	**Beleuch-tungsstärke (Lux)**	**Nenn-leistung (W)**	**gemesse-ne Leis-tung (W)**	**Abstand (cm)**	**Beleuch-tungsstärke (Lux)**
25	**25,2**	**9**	**1000**	**6**	**5,1**	**7**	**1000**
		5	1800			5	1370
		10	790			10	615
		15	450			15	330
		20	290			20	210
		25	210			25	155
		30	160			30	115
60	**59,2**	**18,5**	**1000**	**15**	**13,4**	**16**	**1000**
		10	2500			10	1950
		15	1380			15	1080
		20	890			20	700
		25	660			25	500
		30	490			30	360

Tab. 7.3 Messergebnisse mit den vier ausgewählten Lampen

Um die Verständlichkeit der Fragestellung und Durchführbarkeit des Versuchs zu überprüfen, haben wir mit diesen Lampen den Versuch "Beleuchtung" nach unseren Anweisungen von Studierenden durchführen lassen. Weitere Erprobungen mit Schülerinnen und Schülern stellten sicher, dass die Entwicklung des Versuchs "Beleuchtung" für den Einsatz in der Hauptuntersuchung abgeschlossen ist.

Entwicklung des Versuchs "Erwärmung von Wasser"

Wir haben mehrere Geräte für das Experiment "Erwärmung von Wasser" erprobt, um eine geeignete Auswahl zu finden. Wir entscheiden uns für eine große Herdplatte und zwei unterschiedlich große Kochtöpfe, einen Wasserkocher, einen Tauchsieder und ein Mikrowellengerät. Wir haben eine Herdplatte und zwei unterschiedlich große Kochtöpfe ausgewählt, weil in dem Fall die Leistung immer gleich ist, die Flächendifferenz Platte/Topf jedoch unterschiedlich. In der Tab. 7.4 sind die Messergebnisse mit den ausgewählten Geräten dargestellt. Die Messungen wurden mit 200 ml Wasser bei der Anfangstemperatur von 20 °C durchgeführt.

Gerät	Nenn-leistung (W)	gemessene Leistung (W)	Zeit (s)	Energieumsatz (kWh)
Wasserkocher	1800	1812	75	0,038
großer Topf auf Kochplatte	2000	1980	78	0,043
kleiner Topf auf Kochplatte	2000	1980	92	0,051
Tauchsieder	300	283	280	0,022
Mikrowelle (600 W)	1200	1185	110	0,036

Tab. 7.4 Messergebnisse mit den fünf ausgewählten Geräten

Nach der Auswahl der Geräte haben wir Studierenden die Aufgabe gestellt, mit diesen Geräten 200 ml Wasser zum Sieden zu bringen. Für diese Aufgabe wurden zwei präzise Arbeitsanweisungen formuliert:

1. Du sollst 200 ml Wasser ***möglichst energiesparend*** zum Sieden bringen.
2. Du sollst jetzt 200 ml Wasser ***möglichst schnell*** zum Sieden bringen.

Um diese Aufgaben durchzuführen, sollten die Studierenden insgesamt zehn Mal das Wasser zum Sieden bringen. Die durchschnittliche Dauer des gesamten Versuchs betrug mehr als 30 Minuten. Im zweiten Durchgang sollten die Studierenden vor dem eigentlichen Versuch aufschreiben, mit welchen Geräten die Aufgabe am besten zu lösen wäre. Daraus konnten wir Vorkenntnisse der Studierenden feststellen. Der Versuch in dieser Form war jedoch für den Einsatz in unserer Studie aus folgenden Gründen noch nicht geeignet:

a) Der Versuch "Erwärmung von Wasser" muss innerhalb 20 Minuten durchführbar sein.

b) Es zeigte sich, dass sich die Wirkung des Diagnoseinstruments abschwächt, wenn die Schülerinnen und Schüler zu viele Informationen bekommen. Nach dem die Probanden bei der ersten Teilaufgabe das Wasser mit allen fünf Geräten schon einmal zum Sieden gebracht hatten, erhielten sie zu viele Informationen für das Lösen der zweiten Aufgabe.

Aus diesen Gründen entschieden wir, dass die Probanden den eigentlichen Versuch nur mit den beiden Geräten durchführen, die ihrer Meinung nach für den jeweiligen Zweck am besten geeignet ist.

7.2.2 Beschreibung der Experimente

Versuch "Beleuchtung"

In dem Versuch "Beleuchtung" haben die Probanden die Aufgabe, in vier Fällen Leistungen und Abstände, bei denen eine Beleuchtungsstärke von 1000 Lux erreicht wird, zu bestimmen. Dafür stehen ihnen vier in Holzkisten versteckte Lampen, ein Luxmeter, ein Energiemessgerät (zur Leistungsmessung) und ein Lineal zur Verfügung. Von den vier Lampen sind zwei Energiesparlampen und zwei normale Glühlampen. Die Lampen sind in Holzkisten versteckt, damit die Schülerinnen und Schüler sie nicht durch Anschauen unterscheiden könnten. Die Probanden sollen nacheinander die Leistungen und die Abstände von allen vier Lampen messen und die Messergebnisse auf das Arbeitsblatt notieren. Nach den Messungen müssen die Probanden anhand der Versuchsergebnisse auch entscheiden, welche Lampe sie zum Lesen und welche sie als Nachtlampe einsetzen würden. In der Abb. 7.2.1 ist die Versuchsanordnung dargestellt.

Abb. 7.2.1 Anordnung des Versuchs "Beleuchtung"

Versuch "Erwärmung von Wasser"

In dem zweiten Versuch "Erwärmung von Wasser" sollen die Schülerinnen und Schüler 200 ml Wasser mit unterschiedlichen Geräten zum Sieden bringen. Dafür stehen ihnen ein Wasserkocher, eine Herdplatte, ein großer und ein kleiner Topf, ein Mikrowellengerät, ein Tauchsieder, ein Messglas und ein Energiemessgerät zur Verfügung (siehe Abb. 7.2.2). Die Schülerinnen und Schüler sollen das Wasser einmal möglichst energiesparend und einmal möglichst schnell zum Sieden bringen.

Abb. 7.2.2 Versuch "Erwärmung von Wasser"

Als erstes sollen die Probanden die Geräte auf das Arbeitsblatt so in eine fünfstufige Reihenfolge einordnen, dass das für den jeweiligen Zweck am besten geeignete Gerät die Stufe 1, das am schlechtesten geeignete die Stufe 5 erhielt. Danach führen die Schülerinnen und Schüler aus oben genannten Gründen [a) und b) im Abschnitt 7.2.1] den Versuch nur mit den ersten beiden Geräten durch.

7.2.3 Einsatz in der Studie

Die Experimente wurden in unserer Studie sowohl zur Prüfung der Kontaminationshypothese als auch der vier Haupthypothesen eingesetzt. In der Voruntersuchung zur Prüfung der Kontaminationshypothese führte jeweils eine Hälfte der Population zunächst Experimente und danach die Computersimulationen durch, die andere Hälfte hatte die Handlungen in der umgekehrten Reihenfolge durchgeführt (Abb. 6.1). Mit der Kontaminationshypothese wurde die gegenseitige Beeinflussung der Experimente und Computersimulationen geprüft.

Bei der Prüfung der Haupthypothesen führte ein Drittel von insgesamt vier Klassen die Experimente durch, ein Drittel führte die Computersimulationen durch und ein Drittel hatte keine Handlungen (Abb. 6.2). Eine Hälfte von allen drei Gruppen hatte vorher STS-Unterricht mit Bezug zum Thema "Elektrizität im Haushalt" und die andere Hälfte hatte keinen themenbezogenen Unterricht.

Während der Experimente wurden die Probanden aufgefordert "laut zu denken". Die Versuchsleiter protokollierten die Äußerungen der Probanden. Die Schülerinnen und Schüler erhielten zu jedem Versuch ein Arbeitsblatt, auf das sie ihre Messergebnisse notierten:

Arbeitsblatt zum Versuch "Beleuchtung"

Name: **Klasse:** **Datum:**

Lampenversuch

In diesem Versuch sollst du vier Lampen miteinander vergleichen. Die Lampen sind jeweils in einer Kiste versteckt, sodass sie von außen alle gleich aussehen.

Deine Aufgabe:
Zum Lesen braucht man eine Beleuchtungsstärke von ca. 1000 Lux.

- In welcher Entfernung wird mit diesen Lampen jeweils die Beleuchtungsstärke von 1000 Lux erreicht? Trage die Messwerte in die Tabelle ein.
- Welche Lampe würdest du aus Sparsamkeitsgründen zum Lesen wählen?

Energiemessgerät: Mit dem Energiemessgerät kannst du die Leistung und den Energieumsatz messen. Warte mit dem Ablesen bis die Lampen ihre maximale Helligkeit erreicht haben.

Luxmeter: Das Luxmeter besteht aus Sensor, Hauptteil und Verbindungskabel.
Um die Beleuchtungsstärke an irgend einem Ort zu messen, musst du den Sensor dort hinstellen und das Luxmeter einschalten.

Versuchsprotokoll

Die Lampennummern stehen auf den Kästen

Lampe Nr.	Abstand Lampe - Luxmeter (Sensor) (cm)	Leistung (W)	Beleuchtungsstärke (lx)
1			
2			
3			
4			

Zum Lesen würde ich die Lampe Nr. ☐ benutzen, weil ...

Als Nachtlampe würde ich die Lampe Nr. ☐ verwenden, weil ...

Arbeitsblatt zum Versuch "Erwärmung von Wasser"

Erwärmung von Wasser

Vorsicht beim Umgang mit heißem Wasser und heißen Geräten!

Aufgabe 1:

Du sollst 200 ml Wasser ***möglichst energiesparend*** zum Sieden bringen. Dir stehen dafür fünf unterschiedliche Geräte zur Verfügung.

1. Bringe diese Geräte so in eine Reihenfolge, dass nach deiner Meinung die für diesen Zweck am geeignetsten vorne liegen (in die Tabelle eintragen).
2. Führe dann mit den ersten beiden Geräten aus deiner Reihenfolge den Versuch durch.

Gerät	Leistung in W	Geschätzte Reihenfolge der Geräte	Messwerte Energieumsatz in kWh
Großer Topf auf Kochplatte	2000		
Kleiner Topf auf Kochplatte	2000		
Wasserkocher	1800		
Tauchsieder	300		
Mikrowellengerät	1200		

Aufgabe 2:
Du sollst jetzt 200 ml Wasser ***möglichst schnell*** zum Sieden bringen.

1. Bringe die Geräte so in eine Reihenfolge, dass nach deiner Meinung die für diesen Zweck am geeignetsten vorne liegen (in die Tabelle eintragen)
2. Führe mit den ersten beiden Geräten aus deiner Reihenfolge den Versuch durch.

Gerät	Leistung in W	Geschätzte Reihenfolge der Geräte	Messwerte Zeit in s
Großer Topf auf Kochplatte	2000		
Kleiner Topf auf Kochplatte	2000		
Wasserkocher	1800		
Tauchsieder	300		
Mikrowellengerät	1200		

7.2.4 Auswertungsverfahren

Für die Auswertung der Schülerhandlungen in den Experimenten haben wir insgesamt 58 Variablen aus folgenden Bereichen definiert:

1. Dauer der Experimente
2. Genauigkeit der Messungen (Differenz zwischen dem richtigen Wert und dem vom Probanden eingesetzten Wert)
3. Richtigkeit der getroffenen Entscheidungen (energiesparend und richtige Beleuchtungsstärke, energiesparend und zeitsparend)
4. Richtigkeit der Begründungen der getroffenen Entscheidungen.

Die für die Experimente definierten Variablen stimmen mit den für die Computersimulation definierten Variablen überein. Diese Variablen sind in Abschnitt 7.3.4 dargestellt und erläutert. Die Berechnung dieser Variablen erfolgte aus den Informationen aus den Schülerarbeitsblättern und den Protokollen der Versuchsleiter. Diese Informationen wurden zunächst in den Computer eingegeben und dann noch einmal auf die Richtigkeit überprüft.

7.3 Computersimulationen

7.3.1 Entwicklung

In der von uns entwickelten Computersimulation zum Bereich "Energieversorgung" müssen die Probanden Probleme lösen, für die ein Physiker sein physikalisches Wissen heranziehen könnte, aber nicht unbedingt einsetzen müsste. Unsere Beobachtungen während der Simulation und die Protokolle des Lauten Denkens geben uns Auskunft darüber, ob die Probanden ihre Handlungen auf Physikkenntnisse stützen oder ob sie anders vorgehen. Wir vermuten, dass eine große Mehrheit von Probanden von sich aus im Lauten Denken nicht physikalisch argumentiert und dies auch dann nicht tut, wenn zugehöriger Physikunterricht stattgefunden hat. Zum Sachbereich Energieumsatz und Energieversorgung werden eine Reihe von Simulationsprogrammen kommerziell angeboten, im Allgemeinen allerdings ohne oder nur mit eingeschränkter Möglichkeit, das Verhalten der Probanden zu registrieren. Es war deshalb erforderlich, eigene Simulationsprogramme zu entwickeln, sodass eine vollständige Registrierung der wichtigsten Eingriffe der Probanden möglich war. Zusätzlich entwickelten wir geeignete Auswertungsprogramme zu den Simulationsprogrammen.

Die Erprobung der Experimente mit Schülerinnen und Schülern hat gezeigt (wie auch von uns erwartet), dass für die Beobachtung des Handelns in Realsituationen ein erheblicher Zeitbedarf erforderlich ist. Das betrifft sowohl Wartezeiten bei Erwärmungsvorgängen als auch Zeiten für elementare Tätigkeiten im Experiment (z. B. Herstellen von Verbindungen, Ein- und Ausschalten). In der Computersimulation können diese Zeiten grundsätzlich wesentlich kleiner sein. Aus Gründen der Vergleichbarkeit von Handeln in Realsituationen und Simulationshandeln muss ein solcher Unterschied jedoch vermieden werden. Unsere Computersimulation für diese Studie enthält deshalb an den entsprechenden Stellen Verzögerungsglieder.

Die von Edelmann (1996) genannten Merkmale (siehe Abschnitt 4.1) bilden in unserer Studie die Kriterien, um Eingriffe in die Computersimulationen und Experimentieren als Handeln zu bezeichnen. D. h., wir achten besonders auf Wahlmöglichkeiten und Antizipation bei den Eingriffen in die Computersimulation.

Wir sind uns dabei der Tatsache bewusst, dass die Durchführung von Experimenten zum Energieumsatz im Haushalt zwar der realen Situation näher stehen als Eingriffe in Computersimulationen, aber immer noch nicht den vollen "Ernstcharakter" einer Realhandlung besitzen. Wie bereits im Abschnitt 4.1 ausgeführt, kann dieses entsprechende Defizit nur schrittweise gemildert werden.

Die Experimente in der Simulation sind inhaltlich mit den Experimenten in Realsituationen gleich. Ebenso unterliegt die Computersimulation den gleichen Kriterien wie die Experimente. Das Hauptanliegen bei der Entwicklung der Computersimulation war die möglichst genaue Nachbildung der realen Experimente. Um dieses zu erreichen, wurde unter Windows eine quasi-dreidimensionale Arbeitsumgebung entwickelt. Die meisten Geräteabbildungen in der Simulation sind aus den Experimenten fotografiert. Die Computersimulation "Energie im Haushalt" ist mit der Programmiersprache Visual Basic 6.0 geschrieben.

7.3.2 Beschreibung des Programms "Energie im Haushalt"

In der von uns entwickelte Computersimulation "Energie im Haushalt" werden dieselben Inhaltsbereiche "Beleuchtung" und "Erwärmung von Wasser" wie beim Handeln in Realsituationen verwendet. Im Folgenden wird die Computersimulation anhand von Bildschirmoberflächen erläutert.

Zuerst gibt der Proband seinen Namen und seine Klasse ein. Diese Daten sind wichtig, um später die Eingriffe im Computer zuordnen zu können (Abb. 7.3.1).

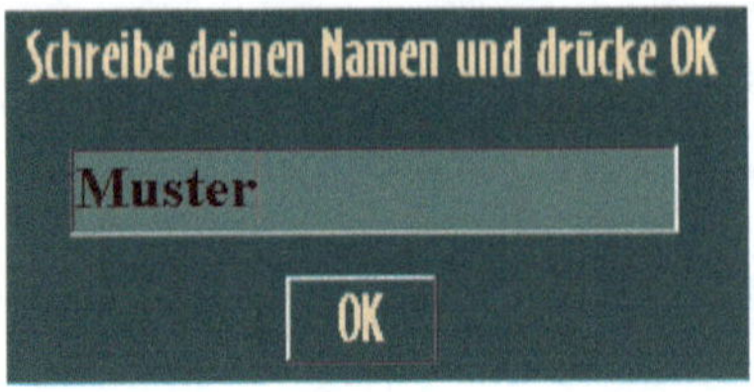

Abb. 7.3.1 Eingabe des Probandennamens

<u>*Beleuchtung*</u>

In diesem Versuch in der Computersimulation sollen die Schülerinnen und Schüler von vier Lampen die Leistungen und Abstände, bei denen eine Beleuchtungsstärke von 1000 Lux erreicht wird, bestimmen. Dafür stehen ihnen vier Lampen, ein Luxmeter, ein Energiemessgerät (zur Leistungsmessung) und ein Lineal zur Verfügung. Von den vier Lampen sind zwei Energiesparlampen und zwei normale Glühlampen. Damit die Probanden die Lampen durch einfaches Anschauen nicht unterscheiden können, sind sie in Holzkisten versteckt (black box). Nach den Messungen werden die Schülerinnen und Schüler befragt, welche Lampe sie zum Lesen und welche als Nachtlampe auswählen würden.

Nach der Eingabe des Namens wird die Aufgabe aus dem Versuch "Beleuchtung" (für die Probanden "Lampenversuch") erklärt (Abb. 7.3.2)

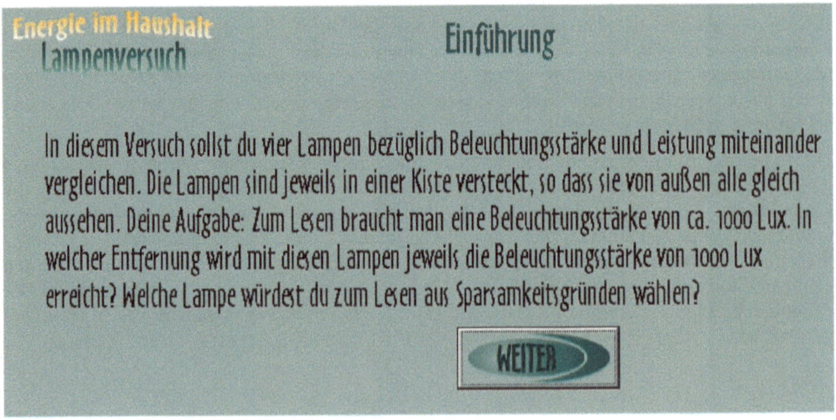

Abb. 7.3.2 Erklärung der Aufgabe aus dem Versuch "Beleuchtung"

In dem dann folgenden Informationsteil kann der Proband Informationen zu allen Geräten abrufen. Dazu muss er die jeweilige Taste auf der linken Seite des Bildschirms anklicken (Abb. 7.3.3).

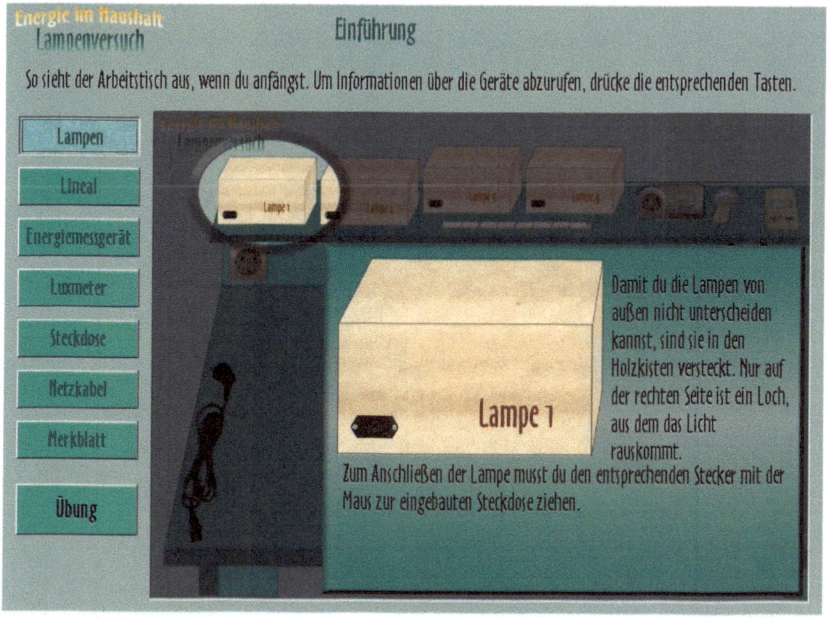

Abb. 7.3.3 Informationen zu den Geräten im Versuch "Beleuchtung"

In den Computersimulationen steht den Schülerinnen und Schülern ein Fenster in der Funktion eines Merkblatts zur Verfügung, auf das sie Messergebnisse u. ä. notieren können (Abb. 7.3.4).

Abb. 7.3.4 Merkblatt zum Notieren von Notizen

Der Arbeitstisch mit vier Lampen, Lineal, Energiemessgerät und Luxmeter ist in der Abb. 7.3.5 dargestellt. Die Schülerinnen und Schüler sollen nacheinander die Leistungen und die Abstände, bei denen eine Beleuchtungsstärke von 1000 Lux erreicht wird, von allen vier Lampen messen und die Messergebnisse auf das Merkblatt notieren.

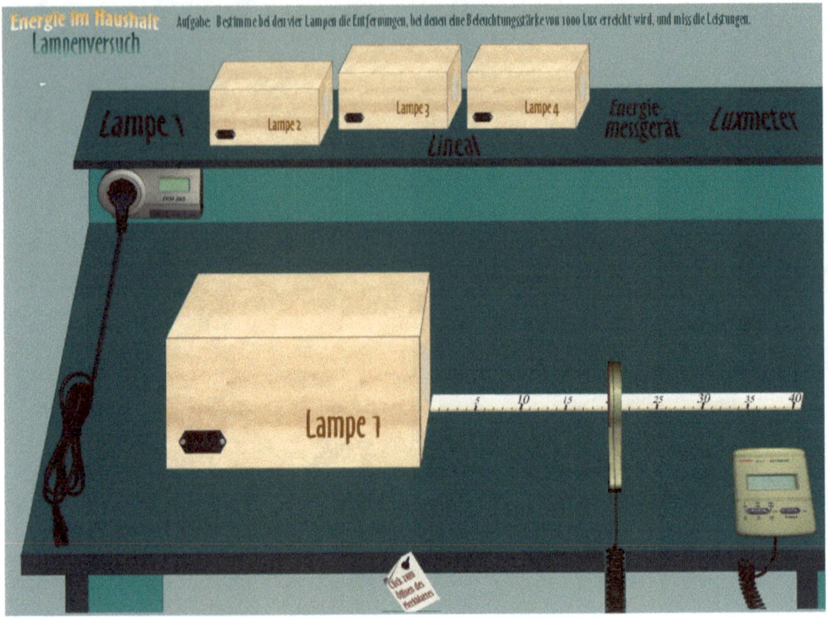

Abb. 7.3.5 Arbeitstisch im Versuch "Beleuchtung"

Zur Messung der Leistungen und Beleuchtungsstärken werden ein Energiemessgerät und ein Luxmeter eingesetzt. Da das Ablesen dieser Geräte in der normalen Größe schwierig ist, sind sie in einem Anzeigefenster untergebracht, das automatisch bei der Durchführung einer Messung erscheint und hinterher wieder automatisch abgeblendet wird (Abb. 7.3.6).

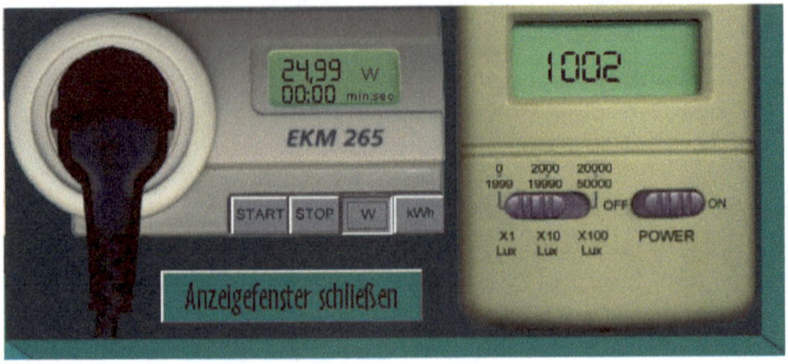

Abb. 7.3.6 Anzeigefenster zum Ablesen der Messwerte

Nach der Durchführung dieses Teils der Simulation erscheint ein Protokollblatt, das die Schülerinnen und Schüler mit Hilfe ihrer Notizen ausfüllen sollen (Abb. 7.3.7).

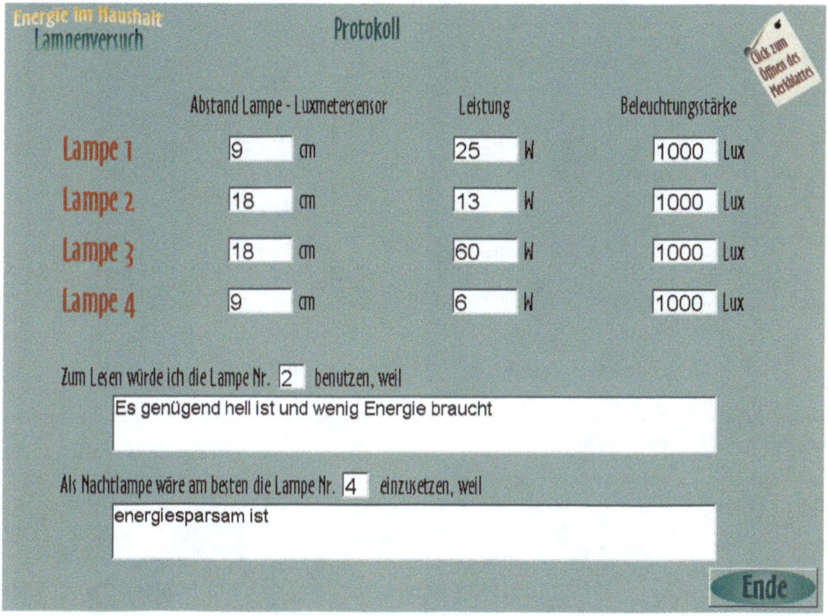

Abb. 7.3.7 Protokollblatt mit den Erläuterungen einer Schülerin

Erwärmung von Wasser

Der zweite Versuch in der Computersimulation heißt "Erwärmung von Wasser". In diesem Versuch sollen die Schülerinnen und Schüler 200 ml Wasser mit unterschiedlichen Geräten zum Sieden bringen. Den Schülerinnen und Schülern stehen ein Wasserkocher, eine Herdplatte, ein großer und ein kleiner Topf, ein Mikrowellengerät, ein Tauchsieder, ein Messglas und ein Energiemessgerät zur Verfügung. Sie sollen das Wasser nach zwei verschiedenen Kriterien zum Sieden bringen: einmal möglichst energiesparend und einmal möglichst schnell. Als erstes sollten sie die Geräte in eine fünfstufige Reihenfolge einordnen. Dabei erhielt das für den jeweiligen Zweck am besten geeignete Gerät die Stufe 1, das am schlechtesten geeignete die Stufe 5. Die Probanden führten den Versuch nur mit den ersten beiden Geräten durch. Einerseits geschah dies wegen der Zeitbegrenzung und andererseits deshalb, weil wir die Experimente und Computersimulationen nicht als Lernsituationen, sondern als Diagnoseinstrumente einsetzten.

Zunächst wurden den Schülerinnen und Schülern die Aufgaben in diesem Versuch erläutert (Abb. 7.3.8).

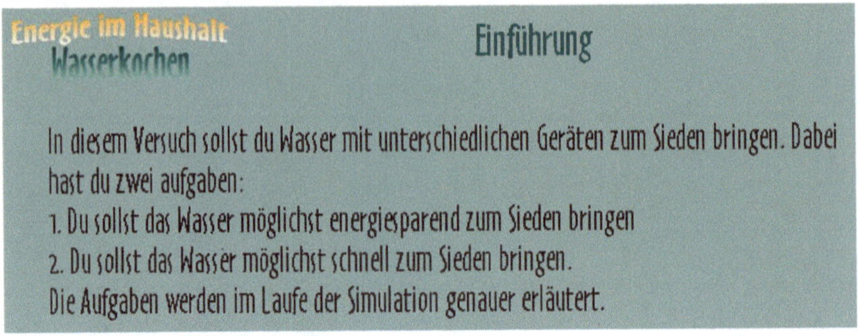

Abb. 7.3.8 Erläuterung der Aufgabe in dem "Erwärmung von Wasser"

Dann folgt ein Informationsteil, in dem die Schülerinnen und Schüler die Informationen zu den Geräten abfragen können (Abb. 7.3.9).

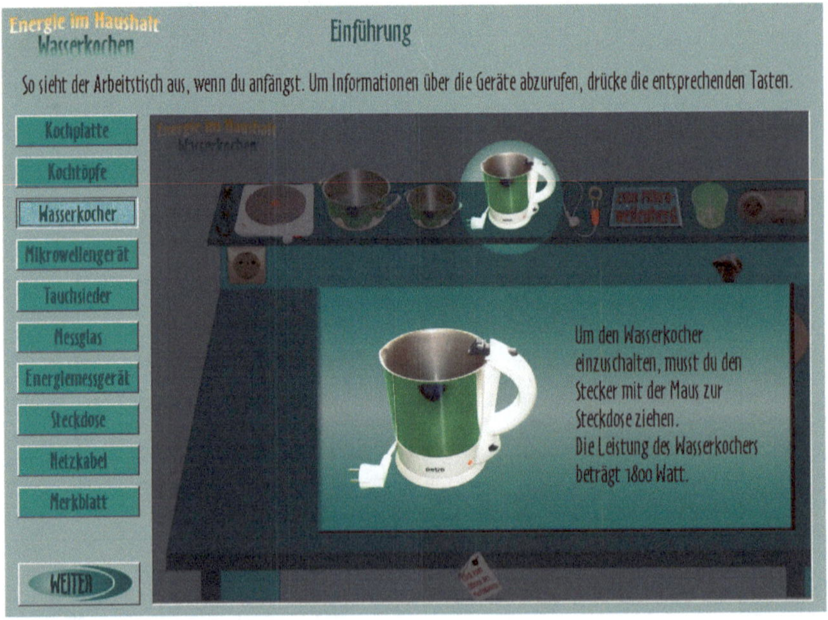

Abb. 7.3.9 Informationen zu den Geräten im Versuch "Erwärmung von Wasser"

Als nächstes haben die Probanden die Aufgabe, die Geräte so in eine fünfstufige Reihenfolge einzuordnen, dass das für diese Aufgabe am besten geeignete Gerät die Stufe 1 und das am schlechtesten geeignete die Stufe 5 bekommt. (Abb. 7.3.10).

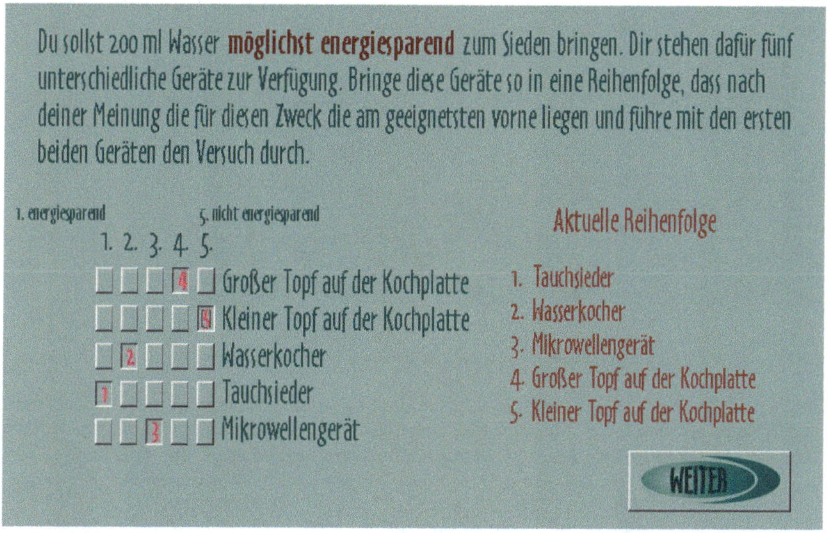

Abb. 7.3.10 Aufgabe bei dem Versuch "Erwärmung von Wasser"

Das Wasser kann man in der Simulation "Erwärmung von Wasser" aus dem "Wasserhahn des Waschbeckens" holen, die genaue Wassermenge lässt sich in einem speziellen Fenster des Computers dosieren (Abb. 7.3.11).

Abb. 7.3.11 Aufgabe bei dem Versuch "Erwärmung von Wasser"

Zur Durchführung der Messungen wird automatisch ein Fenster geöffnet, in dem sich ein Energiemessgerät und ein Thermometer befinden (Abb. 7.3.12).

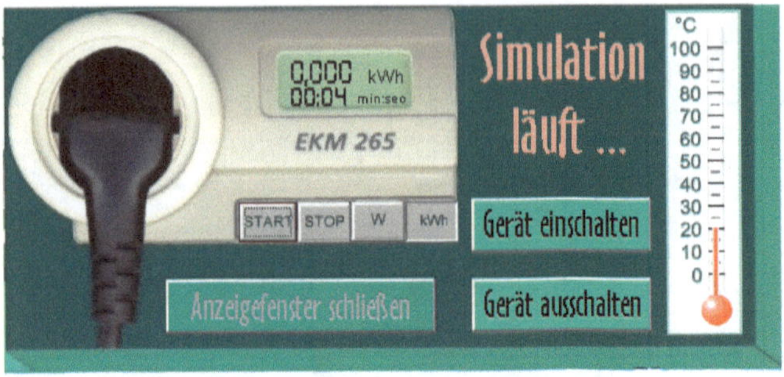

Abb. 7.3.12 Anzeigefenster zum Ablesen der Messwerte

Um das Mikrowellengerät einzusetzen, klicken die Schülerinnen und Schüler die Schaltfläche "zum Mikrowellengerät" an. Danach erscheint das Mikrowellengerät auf dem Arbeitstisch (Abb. 7.3.13). Das Mikrowellengerät hat zum Öffnen und Schließen der Tür eine Taste.

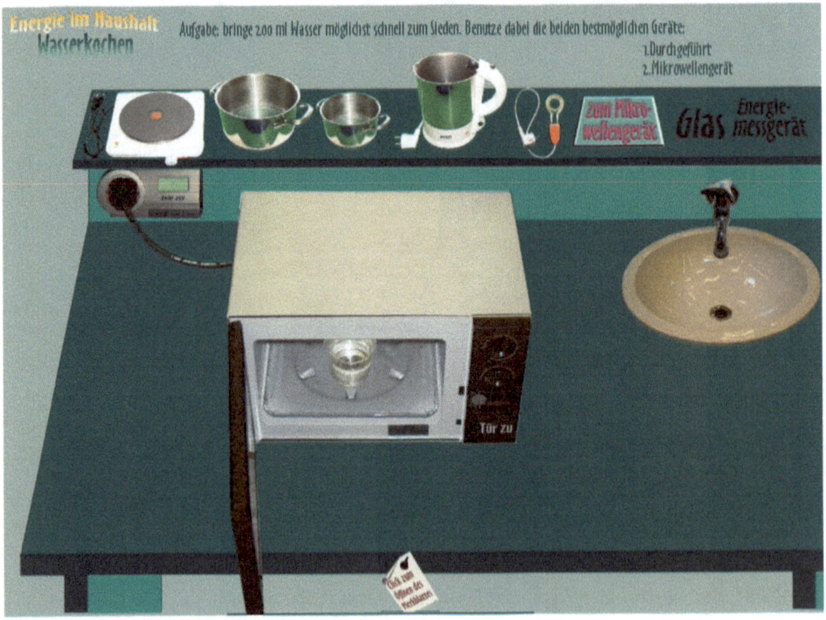

Abb. 7.3.13 Einsatz des Mikrowellengeräts im Versuch "Erwärmung von Wasser"

7.3.3 Einsatz in dieser Studie

Die Computersimulationen wurden in unserer Studie zur Prüfung der Kontaminationshypothese und der vier Haupthypothesen eingesetzt.

In der Voruntersuchung zur Prüfung der Kontaminationshypothese wurde eine Klasse in zwei Gruppen geteilt. Eine Hälfte führte zuerst Handlungen in realen Situationen (Experimente) und danach die Computersimulationen durch, die andere Hälfte führte zunächst die Computersimulationen und danach die Experimente durch (Abb. 6.1). Mit dieser Hypothese wurde die gegenseitige Beeinflussung der beiden Methoden (Experimente, Computersimulationen) geprüft.

In der Hauptdatenaufnahme führte ein Drittel von insgesamt vier Klassen die Computersimulationen durch (Abb. 6.2). Eine Hälfte davon hatte vorher STS-Unterricht mit Bezug zum Thema "Elektrizität im Haushalt", die andere Hälfte hatte keinen themenbezogenen Unterricht.

Die Computersimulationen wurden so entwickelt, dass keine langen Einarbeitungszeiten nötig waren. Deshalb reichte es aus, den Schülerinnen und Schülern vor der Computersimulation nur kurz die Aufgaben zu erläutern. Während der Arbeit mit den Computersimulationen stand jeweils ein Versuchleiter für zwei Probanden zur Verfügung. Der Versuchsleiter hatte die Aufgabe, den Schülerinnen und Schülern bei evtl. vorkommenden technischen Problemen zu helfen und sie zum lauten Denken aufzufordern. Alle Probandenäußerungen während der Computersimulation wurden auf Tonband aufgenommen.

Im Gegensatz zu den Experimenten in der Realsituation, erhielten die Schülerinnen und Schüler in der Computersimulation kein Arbeitsblatt aus Papier. Ihnen stand in der Simulation ein Merkblatt und am Ende der Simulation ein Protokoll auf dem Bildschirm zur Verfügung. Während der Computersimulation wurden alle Eingriffe gespeichert und am Ende der Computersimulation auf der Festplatte gespeichert.

7.3.4 Auswertungsverfahren

Für die Auswertung der Probandeneingriffe in die Computersimulationen haben wir die gleichen 58 Variablen wie bei den Experimenten aus folgenden Bereichen definiert:

1. Dauer der Computersimulationen
2. Genauigkeit der Messungen (Differenz zwischen dem richtigen Wert und dem vom Probanden eingesetzten Wert)
3. Richtigkeit der getroffenen Entscheidungen (energiesparend und richtige Beleuchtungsstärke, energiesparend und zeitsparend)
4. Richtigkeit der Begründungen der getroffenen Entscheidungen.

Variablen zur Computersimulation und zum Versuch "Beleuchtung":

ZeitL	Benötigte Zeit für die Durchführung der Computersimulation "Beleuchtung"
Abs1	Eingesetzter Abstand zwischen dem Sensor des Luxmeters und der Lampe Nr. 1
FAbs1	Fehler des bei der Lampe Nr. 1 eingesetzten Abstandes
Lei1	Gemessene Leistung der Lampe Nr. 1
FLei1	Fehler der gemessenen Leistung der Lampe Nr. 1
Bel1	Gemessene Beleuchtungsstärke der Lampe Nr. 1
FBel1	Fehler der gemessenen Beleuchtungsstärke der Lampe Nr. 1
Abs2	Eingesetzter Abstand zwischen dem Sensor des Luxmeters und der Lampe Nr. 2
FAbs2	Fehler des bei der Lampe Nr. 2 eingesetzten Abstandes
Lei2	Gemessene Leistung der Lampe Nr. 2
FLei2	Fehler der gemessenen Leistung der Lampe Nr. 2
Bel2	Gemessene Beleuchtungsstärke der Lampe Nr. 2
FBel2	Fehler der gemessenen Beleuchtungsstärke der Lampe Nr. 2
Abs3	Eingesetzter Abstand zwischen dem Sensor des Luxmeters und der Lampe Nr. 3
FAbs3	Fehler des bei der Lampe Nr. 3 eingesetzten Abstandes

Lei3	Gemessene Leistung der Lampe Nr. 3
FLei3	Fehler der gemessenen Leistung der Lampe Nr. 3
Bel3	Gemessene Beleuchtungsstärke der Lampe Nr. 3
FBel3	Fehler der gemessenen Beleuchtungsstärke der Lampe Nr. 3
Abs4	Eingesetzter Abstand zwischen dem Sensor des Luxmeters und der Lampe Nr. 4
FAbs4	Fehler des bei der Lampe Nr. 4 eingesetzten Abstandes
Lei4	Gemessene Leistung der Lampe Nr. 4
FLei4	Fehler der gemessenen Leistung der Lampe Nr. 4
Bel4	Gemessene Beleuchtungsstärke der Lampe Nr. 4
FBel4	Fehler der gemessenen Beleuchtungsstärke der Lampe Nr. 4
L1	Auswahl der Lampe in der Aufgabe Nr. 1
LW1	Benotung der Auswahl L1 (0 oder 1)
L1K	Benotung der Kommentare zur Auswahl Nr. 1 (1 bis 5)
L2	Auswahl der Lampe in der Aufgabe Nr. 2
LW2	Benotung der Auswahl L2 (0 oder 1)
L2K	Benotung der Kommentare zur Auswahl Nr. 2 (1 bis 5)

Variablen zur Computersimulation und zum Versuch "Erwärmung von Wasser"

ZeitK	Benötigte Zeit für die Durchführung der Computersimulation "Erwärmung von Wasser"
TopfG1	Ausgewählte Position der Rangordnung in der Aufgabe 1 für den großen Kochtopf
FPosG1	Fehler der ausgewählten Position der Rangordnung in der Aufgabe 1 für den großen Kochtopf
TopfK1	Ausgewählte Position der Rangordnung in der Aufgabe 1 für den kleinen Kochtopf
FPosK1	Fehler der ausgewählten Position der Rangordnung in der Aufgabe 1 für den kleinen Kochtopf
WaKo1	Ausgewählte Position der Rangordnung in der Aufgabe 1 für den Wasserkocher
FPosW1	Fehler der ausgewählten Position der Rangordnung in der Aufgabe 1 für den Wasserkocher
Tauch1	Ausgewählte Position der Rangordnung in der Aufgabe 1 für den Tauchsieder
FPosT1	Fehler der ausgewählten Position der Rangordnung in der Aufgabe 1 für den Tauchsieder
MiWe1	Ausgewählte Position der Rangordnung in der Aufgabe 1 für das Mikrowellengerät
FPosM1	Fehler der ausgewählten Position der Rangordnung in der Aufgabe 1 für das Mikrowellengerät
FPos1	Mittlerer Fehler der ausgewählten Positionen der Rangordnung in der Aufgabe 1 für alle Geräte
kWh1	Benötigter Energieumsatz zum Erhitzen des Wassers mit dem Gerät 1
kWh2	Benötigter Energieumsatz zum Erhitzen des Wassers mit dem Gerät 2
TopfG2	Ausgewählte Position der Rangordnung in der Aufgabe 2 für den großen Kochtopf
FPosG2	Fehler der ausgewählten Position der Rangordnung in der Aufgabe 2 für den großen Kochtopf
TopfK2	Ausgewählte Position der Rangordnung in der Aufgabe 2 für den kleinen Kochtopf
FPosK2	Fehler der ausgewählten Position der Rangordnung in der Aufgabe 2 für den kleinen Kochtopf
WaKo2	Ausgewählte Position der Rangordnung in der Aufgabe 2 für den Wasserkocher
FPosW2	Fehler der ausgewählten Position der Rangordnung in der Aufgabe 2 für den Wasserkocher
Tauch2	Ausgewählte Position der Rangordnung in der Aufgabe 2 für den Tauchsieder
FPosT2	Fehler der ausgewählten Position der Rangordnung in der Aufgabe 2 für den Tauchsieder
MiWe2	Ausgewählte Position der Rangordnung in der Aufgabe 2 für das Mikrowellengerät

FPosM2	Fehler der ausgewählten Position der Rangordnung in der Aufgabe 2 für das Mikrowellengerät
FPos2	Mittlerer Fehler der ausgewählten Positionen der Rangordnung in der Aufgabe 2 für alle Geräte
s1	Benötigte Zeit zum Erhitzen des Wassers mit dem Gerät 1
s2	Benötigte Zeit zum Erhitzen des Wassers mit dem Gerät 2

8 Durchführung der Datenaufnahme

In dieser Studie wurde das Wissen und Handeln in Experimenten (Handeln in Realsituationen) und in Computersimulationen (Handeln am Computer) erfasst. Bei der Entwicklung des Methodeninventars (Computerprogramme zum Concept Mapping und zu den physikalischen Experimenten) haben wir mehrere Voruntersuchungen zur Evaluation der Programme und deren Einsatzmöglichkeiten durchgeführt.

In der Hauptuntersuchung wurde vor der Datenaufnahme zu den Hypothesen 1 bis 4 eine Datenaufnahme zur Prüfung der gegenseitigen Beeinflussung der Methoden Experiment und Computersimulation durchgeführt (Hypothese 5).

Das Forschungsdesign zur Hauptuntersuchung ist in Kapitel 6 zu finden.

8.1 Datenaufnahme zur Hypothese 5 (Kontaminationshypothese)

Die Datenaufnahme zur Prüfung der Hypothese 5 (Kontaminationshypothese) führten wir mit einer Klasse von 23 Schülerinnen und Schülern im Zeitraum vom 18. Mai bis 8. Juni 2000 durch. Wir haben schließlich die Daten von 18 Schülerinnen und Schülern ausgewertet. Die Daten einiger Probanden waren aus Krankheitsgründen unvollständig.

Zunächst wurden die Probanden fünf Schulstunden nach der STS-Konzeption unterrichtet. Danach wurde Concept Mapping durchgeführt. Nach den Ergebnissen aus dem Concept Mapping wurden die Probanden in zwei Gruppen geteilt. Durch diese Parallelisierung erhielten wir zwei Gruppen mit gleichen Voraussetzungen. Eine Gruppe sollte zunächst Handlungen am Computer durchgeführen und danach Handlungen in Realsituationen (Sim/Exp) und die andere Gruppe umgekehrt (Exp/Sim). Danach wurde zum zweiten Mal Concept Mapping durchgeführt. Den zeitlichen Ablauf der Datenaufnahme zur Hypothese 5 stellt die folgende Tabelle 8.1 dar.

Datum	**Gruppe**		**Probanden gleichzeitig**
	Sim/Exp	**Exp/Sim**	
20.04. bis 17.05.	Unterricht		23
18.05.	Concept Mapping I	Concept Mapping I	10
24.05.	Simulation		10
25.05.		Experimente	3
25.05.		Experimente	3
25.05.		Experimente	3
01.06.	Experimente		3
01.06.	Experimente		3
01.06.	Experimente		3
07.06.		Simulation	10
08.06.	Concept Mapping II	Concept Mapping II	10

Tab. 8.1 Zeitlicher Ablauf der Datenaufnahme zur Hypothese 5

8.2 Datenaufnahme zu den Hypothesen 1 bis 4

Die Datenaufnahme zu den Hypothesen 1 bis 4 erfolgte in vier 9. Klassen einer Realschule mit insgesamt 87 Schülerinnen und Schülern. Der STS-Unterricht wurde in einem Zeitraum von drei Wochen vom 6. November bis 23. November 2000 durchgeführt.

Für die Durchführung des Concept Mapping teilten wir die Klassen jeweils in zwei Hälften, weil in der Schule nur zwölf Computer zur Verfügung standen.

Den zeitlichen Ablauf der Datenaufnahme zu den Hypothesen 1 bis 4 stellt die folgende Tab. 8.2 dar.

Datum	Aktivität	Stunde	Klasse	Gruppe	Probanden gleichzeitig
Mo 06.11.	Unterricht	2.	9a	Erprobungsgruppe	20
Di 07.11.	Unterricht	4.	9c	Erprobungsgruppe	22
Mi 08.11.	Unterricht	2.	9c	Erprobungsgruppe	22
Do 09.11.	Unterricht	1.	9a	Erprobungsgruppe	20
Di 14.11.	Unterricht	4.	9c	Erprobungsgruppe	22
Mi 15.11.	Unterricht	2.	9c	Erprobungsgruppe	22
Do 16.11.	Unterricht	1.	9a	Erprobungsgruppe	20
Do 16.11.	Concept Mapping I	3. 4.	9e	Kontrollgruppe	10 bis 12
Fr. 17.11.	Concept Mapping I	3. 4.	9d	Kontrollgruppe	10 bis 12
Mo 20.11.	Unterricht	2.	9a	Erprobungsgruppe	20
Di 21.11.	Experimente	1.2.3.4.	9e 9d	Kontrollgruppe Kontrollgruppe	3 bis 4
Mi 22.11.	Unterricht	2.	9c	Erprobungsgruppe	22
Do 23.11.	Unterricht	1.	9a	Erprobungsgruppe	20
Do 23.11.	Simulation	3.4.	9e	Kontrollgruppe	12
Di 28.11.	Concept Mapping I	1.2.3.4.	9a 9c	Erprobungsgruppe Erprobungsgruppe	10 bis 12
Do 30.11.	Concept Mapping II	3.4.	9e	Kontrollgruppe	10 bis 12
Fr 01.12.	Concept Mapping II	3.4.	9d	Kontrollgruppe	10 bis 12
Di 05.12.	Experimente	1.2.3.4.	9a 9c	Erprobungsgruppe Erprobungsgruppe	3 bis 4
Do 07.12.	Simulation	3.4.	9a 9c	Erprobungsgruppe Erprobungsgruppe	10 bis 12
Di 12.12.	Concept Mapping II	1.2.3.4.	9a 9c	Erprobungsgruppe Erprobungsgruppe	10 bis 12

Tab. 8.2 Zeitlicher Ablauf der Datenaufnahme zu den Hypothesen 1 bis 4

9 Ergebnisse

9.1 Allgemeines

Die Ergebnisse dieser dritten Komponente unseres Forschungsprojektes "Physiklernen und Handeln" vervollständigen das Bild über den Zusammenhang von Handeln und Wissen. Mit der ersten Komponente "Wärmeenergieumsatz in einem Einfamilienhaus" konnte gezeigt werden, dass erworbenes physikalisches Wissen für den Erwerb von Handlungskompetenz nicht unbedingt entscheidend ist. Die Ergebnisse der zweiten Komponente "Versorgung mit elektrischer Energie im Verbund von Kraftwerken" zeigen, dass Probanden mit größerem themenbezogenem Wissen erfolgreicher im Handeln sind. Eine Vergleichsstudie Estland/Deutschland, die nach dem gleichen Design wie in der Komponente C durchgeführt wurde, stützt die Ergebnisse. In diesen beiden Komponenten fand das Handeln nur am Computer statt. Mit der aktuellen Studie wollten wir feststellen, ob das Handeln am Computer gleichwertig mit dem Handeln in Realsituationen ist oder ob es Unterschiede gibt.

In der vorigen Komponente C konnten wir zeigen, dass ein STS-Unterrichtsansatz dem traditionellen Physikunterricht keineswegs unterlegen ist, sondern in einigen Bereichen sogar bessere Ergebnisse erzielt. Ein Vergleich dieser beiden Unterrichtsansätze war somit nicht mehr Gegenstand dieser Studie. Den Zusammenhang zwischen Wissen und Handeln untersuchten wir in einer nachunterrichtlichen Studie. Wegen der überzeugenden Ergebnisse aus der vorigen Studie haben wir in der aktuellen Studie den Unterricht nach dem STS-Ansatz durchgeführt.

In allen drei Komponenten haben wir die Datenerfassungsmethoden Computersimulation und Concept Mapping eingesetzt. Dabei wurden diese Methoden schrittweise weiterentwickelt. Beispielsweise war in der Komponente A eine quantitative Auswertung der Begriffsnetze nur mit einer geringen Probandenzahl möglich. In der zweiten Komponente C ermöglichte der Einsatz mehrerer neu geschriebener Computerprogramme die Auswertung einer größeren Anzahl von Begriffsnetzen, allerdings mit erheblichem Zeitaufwand. In der aktuellen Komponente B konnte dieser Zeitaufwand durch die Programmierung des Computerprogramms CCMap um den Faktor 100 verringert werden.

Dieses Kapitel ist nach zwei Zielbereichen der Studie aufgebaut: Der eine Zielbereich umfasst die methodischen Ziele bei der Entwicklung und Evaluation des Forschungsinstrumentariums. Der andere Zielbereich beinhaltet die in Form von Hypothesen dargestellten didaktischen Ziele der empirischen Studie (siehe Kapitel 1).

9.2 Forschungsmethodische Fortschritte

Im forschungsmethodischen Bereich haben wir die beiden folgenden Ziele aufgestellt:

MZ1 *Bereicherung des Methodeninventars der physikdidaktischen Forschung zur Erfassung von Wissen mittels Concept Mapping*

MZ2 *Bereicherung des Methodeninventars der physikdidaktischen Forschung zur Erfassung von Handlungen mittels Computersimulation (mit der Möglichkeit zum direkten Vergleich mit den Handlungen in Realsituation)*

Die theoretischen Grundlagen zur Erfüllung dieser Ziele sind in den Kapiteln 2, 3 und 4 dargestellt. Die Beschreibung der dazu durchgeführten Arbeiten befindet sich im Kapitel 7.

MZ1 Bereicherung des Methodeninventars der physikdidaktischen Forschung zur Erfassung von Wissen mittels Concept Mapping

Mit unserem Auswertungsverfahren für das Concept Mapping in voriger Komponente C konnten wir den Zeitaufwand für die Auswertung der Netze bereits erheblich verringern (Reiska, 1999). Jedoch sind bei diesem Concept Mapping einige deutliche Schwachstellen geblieben. Erstens ist ein solches Verfahren für den Einsatz in der Breite relativ teuer, da die selbstklebenden Etiketten und das Tonpapier verbraucht werden. Zweitens kann man die Fehler, die durch die Eingabe der Informationen aus den Netzen vorkommen, zwar durch das Eingabeprogramm stark reduzieren, jedoch nicht völlig ausschließen. Und drittens ist die Auswertung der Netze immer noch sehr zeitaufwendig. Wenn auch der erste Grund durch Einsatz einfacherer Mittel zu umgehen ist (jedoch verliert dadurch auch die Qualität des Verfahrens), bleiben die beiden anderen erhalten. Insbesondere der durch die Auswertung entstehende große Zeitaufwand ist zwar in der Forschung zu bewältigen, jedoch nicht im Schulalltag. Dies ist auch der Hauptgrund dafür, dass die Methode Concept Mapping in der Schule für die Leistungsbewertung noch selten eingesetzt wird.

Um die oben beschriebenen früheren Schwächen des Concept Mapping weiter zu vermindern, haben wir im Rahmen dieser Studie ein neues Computerprogramm CCMap geschrieben, in Pilotstudien erprobt und verbessert. Dieses Programm ermöglicht es, dass die Probanden das Concept Mapping direkt am Bildschirm durchführen.

Die größten Vorteile bietet das Programm CCMap bei der Auswertung der Netze. Für die Auswertung einer Gruppe von 25 Netzen braucht man durchschnittlich 50 Minuten, dies ist ca. 100-mal weniger als mit dem vorigen Verfahren.

Das Programm CCMap haben wir zur Erhebung des propositional dargestellten Wissens der Probanden eingesetzt. Unsere Voruntersuchungen haben gezeigt, dass das Programm CCMap für die Schülerinnen und Schüler intuitiv zu bedienen ist, keine Verständnisschwierigkeiten bereitet und dass die Schülerinnen und Schüler dieses gerne durchführen (siehe Abb. 9.2.1 und 9.2.2). Obwohl es kein Computerspiel, sondern ein Computerprogramm zur Leistungsbeurteilung ist, haben die Lernenden überraschend gerne mit dem Programm CCMap gearbeitet.

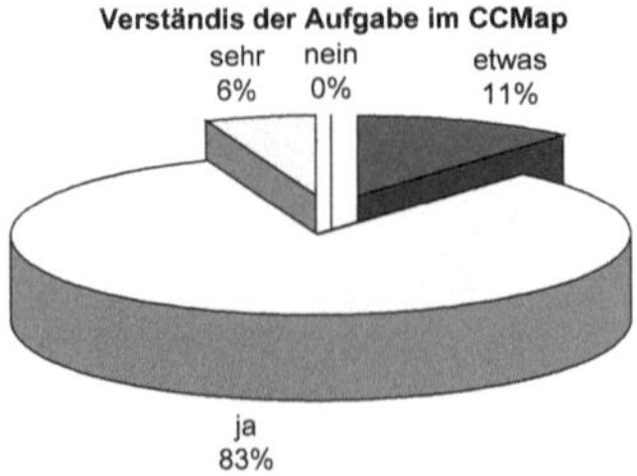

Abb. 9.2.1 Wie haben Schülerinnen und Schüler die Verständlichkeit der Aufgabe im CCMap beurteilt. Antwort auf die Aussage: "Ich habe die Aufgabe im Concept Mapping gut verstanden".

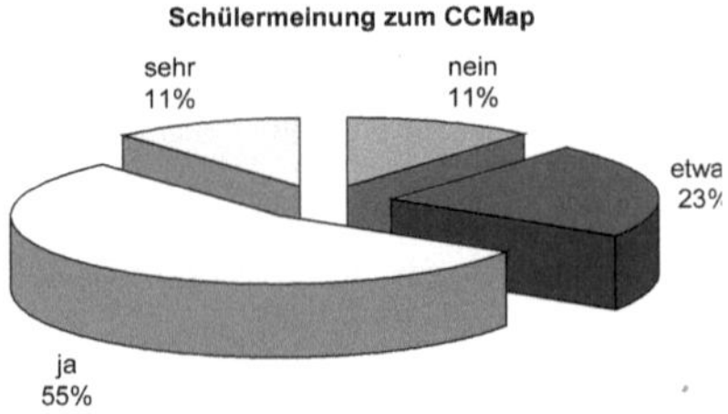

Abb. 9.2.2 Wie gerne haben die Schüler das CCMap durchgeführt. Antwort auf die Aussage: "Concept Mapping habe ich gern durchgeführt".

Wir haben im Rahmen dieser Studie ein effizientes Werkzeug zum Erfassen von Wissen geschaffen, das sich gegenüber der traditionellen Methode Concept Mapping insbesondere durch folgende Vorteile hervorhebt:

- 100-fache Zeitersparnis (bei der Vorbereitung, Durchführung, Auswertung der Maps)
- flexible und fehlerfreie Auswertung
- keine Kosten für Verbrauchsmaterial.

Diese Vorteile machen sich insbesondere bei großen Probandenzahlen (z. B. in der didaktischen Forschung) und bei mangelnden Zeit- und Finanzressourcen (z. B. in der Schule) bemerkbar.

MZ2 Bereicherung des Methodeninventars der physikdidaktischen Forschung zur Erfassung von Handlungen mittels Computersimulation (mit der Möglichkeit zum direkten Vergleich mit den Handlungen in Realsituation)

Es wurde eine weitere Simulation "Energie im Haushalt" programmiert, bei der der Aufforderungscharakter, physikalisches Wissen in die Begründungen einfließen zu lassen, also auch unter Bezug auf Physik zu handeln, stärker ausgeprägt ist, als in der Simulation "Energieversorgung" der Komponente C. Dass die Probanden in der bisherigen Untersuchung überwiegend außerphysikalisch argumentiert haben, kann vor dem Hintergrund der Forschungen zu Alltagsvorstellungen nur wenig überraschen. Es sollte also geklärt werden, ob sich dies ändert, wenn der Aufforderungscharakter, physikalisches Wissen einzusetzen, innerhalb der Simulation erhöht wird.

Die Computersimulation "Energie im Haushalt" hat für den Einsatz in der *Forschung* folgende Vorteile:

- Es gibt nur wenige Computersimulationen auf dem Markt, die zur Erfassung von Handlungen zu solchen Inhaltsbereichen entwickelt sind, die gleichzeitig auch die Erfassung von Handlungen in Realsituationen zulassen.
- Mit der Computersimulation "Energie im Haushalt" ist es möglich, eine Datenerhebung mit einer Vielzahl von Probanden gleichzeitig durchzuführen.
- Das Programm ist konzipiert als Diagnoseinstrument für die Erfassung von Handlungen und beinhaltet gleichzeitig eine Auswertung der Handlungsmerkmale. Dadurch wird die spätere Zusammenstellung der Ergebnisse erheblich erleichtert.

Die im Rahmen dieser Arbeit entstandene Computersimulation "Energie im Haushalt" kann außer in der Forschung auch im Schulunterricht eingesetzt werden.

Die Computersimulation "Energie im Haushalt" bietet für den Einsatz im *Schulalltag* folgende Vorteile:

- Unsere Untersuchungen haben gezeigt, dass die Computersimulation "Energie im Haushalt" bei der Wissensvermittlung im Vergleich mit den Experimenten in Realsituationen nicht unterlegen ist.
- Heutzutage sind die Schulen mit leistungsfähigen Computern besser ausgestattet als mit den Experimentiergeräten. Und von daher kann man im Gegensatz zu den Experimenten in der Realsituation mit der Computersimulation eine gesamte Klasse gleichzeitig arbeiten lassen.
- Der Einsatz der Computersimulation "Energie im Haushalt" ist kostengünstiger als das Anschaffen der entsprechenden Experimentiergeräte.

- Die Experimente am Computer erlauben eine einfachere und zeitsparendere Leistungsbewertung als die Experimente in realen Situationen.
- Bei einem von uns ausgewählten Inhaltsbereich ("Erhitzen von Wasser") ist wegen des Umgangs mit heißem Wasser eine Durchführung des Versuchs ohne Aufsicht der Lehrkraft nicht möglich. Die Computersimulation dagegen können die Schülerinnen und Schüler ohne Gefahr selbstständig durchführen.

Zusammenfassung der forschungsmethodischen Fortschritte

Wir haben das Forschungsinstrumentarium der Physikdidaktik bereichert, indem wir

1. für die Erfassung von Wissen eine völlig neue Konzeption des Concept Mapping am Computer verwirklicht haben.
2. für die Erfassung von Handlungen eine weitere, zeitgemäße Computersimulation geschrieben haben.

Darüber hinaus ermöglicht das entstandene Computerprogramm CCMap eine Durchführung des Concept Mapping auch in der Schule. Häufig wird der didaktischen Forschung vorgeworfen, dass ihre Ergebnisse nur bedingt – wenn überhaupt – im Schulalltag einzusetzen sind. Im Rahmen dieser Studie haben wir jedoch im methodischen Bereich Ergebnisse erzielt, die unmittelbar in der Schule angewendet werden können.

9.3 Prüfung der Hypothesen

Der Umfang dieser Studie ist sehr groß. Um für die Leserin bzw. für den Leser eine bessere Übersichtlichkeit zu gewährleisten, werden in diesem Kapitel nur die wichtigsten Ergebnisse dargestellt. Die vollständigen Ergebnisse mit den dazugehörigen SPSS[11]-Outputs sind im Anhang 13.3 zu finden.

In Abschnitt 9.3 werden die Ergebnisse zu den fünf aufgestellten Hypothesen detailliert dargestellt. Der Abschnitt 9.3.1 gibt einen Überblick über die Ergebnisse. In Abschnitt 9.3.2 werden noch einmal die aufgestellten Hypothesen in Kurzform dargestellt. In Abschnitt 9.3.3 werden die angewendeten Testmethoden erläutert. Die Erklärungen zu den vergleichenden Datensätzen befinden sich im Abschnitt 9.3.4. Der Abschnitt 9.3.5 beinhaltet die Variablenlisten aus CCMap (Computer Concept Mapping) und aus den Computersimulationen und die dazugehörigen Erklärungen der Abkürzungen. In den Abschnitten 9.3.6 bis 9.3.10 sind die detaillierten Ergebnisse nach Hypothesen geordnet dargestellt. In Abschnitt 9.3.11 werden die wichtigsten Ergebnisse noch einmal zusammengefasst.

9.3.1 Ergebnisse im Überblick

Unterrichtswirkung auf das Wissen und Handeln
Die von uns erhobenen schülerbezogenen Daten in Concept Maps, Experiment- und Simulationsprotokollen lassen sich auf den Unterricht zurückführen. Sowohl das erhobene Wissen als auch das Handeln in der Realsituation und in der Simulation sind in weiten Teilen auf den Unterricht zurückzuführen (Hypothesen 1 und 2).

Wirkung von Handlungen auf das Wissen
Beim Vergleich unterschiedlicher Handlungsarten (Experiment und Computersimulation) würde man – der gängigen physikdidaktischen Überzeugung zufolge – eine größere Wirkung des Experiments auf das Wissen erwarten. Bei unseren Probanden zeigte sich jedoch im Gegensatz zu dieser Erwartung, dass Handeln in der Computersimulation dem Handeln im Experiment keineswegs unterlegen ist (Hypothese 3).

Wechselwirkung zwischen Wissen und Handeln
Bei der Wechselwirkung zwischen Lernen und Handeln zeigt sich zunächst, dass großes oder geringes Wissen nicht mit erfolgreichem oder weniger erfolgreichem Handeln korreliert. Kurz gesagt: Das deklarative Wissen führt nicht zur Handlungskompetenz (Hypothese 4). Andererseits zeigen Probanden, die erfolgreich handeln, einen größeren Wissenszuwachs als diejenigen, die nicht erfolgreich handeln (Hypothese 3).

9.3.2 Hypothesen in Kurzform

1. Das Handeln in der Realsituation und in der Computersimulation ist in wesentlichen Teilen auf den Unterricht zurückzuführen. (*Unterrichtswirkung auf das Handeln*)
2. Auch die Ergebnisse im Concept Mapping beruhen auf den Unterrichtswirkungen (STS-Gruppe und Kontrollgruppe in der Phase 1), jedoch nicht nur darauf. (*Unterrichtswirkung auf das Wissen*)
3. Handlungen in der Realsituation und in der Computersimulation sind ihrerseits Lernsituationen. (*Handeln als Lernsituation*)

[11] SPSS - **S**tatistical **P**ackage for the **S**ocial **S**ciences

4. Physikalisches Wissen (wie in den Concept Maps der Phase 1 erhoben) begünstigt das Handeln sowohl in der Realsituation (Experimente) als auch das in der Computersimulation, jedoch in unterschiedlicher Intensität. (*Wissen begünstigt Handeln*)
5. Kontaminationshypothese: Die Lernsituationen gemäß Hypothese 3 beeinflussen sich gegenseitig so stark, dass sie nicht am gleichen Probanden benutzt werden können. (*Gegenseitige Beeinflussung von Handlungen*)

9.3.3 Testmethoden

In dieser Studie haben wir fünf Hypothesen aufgestellt. Für die Prüfung der verschiedenen Hypothesen werden unterschiedliche Datensätze verglichen. Aus diesem Grunde müssen wir zur Prüfung der Hypothesen auch unterschiedliche Verfahren bzw. Tests einsetzen.

Zur Prüfung der Hypothesen haben wir eine Datenerhebungsmethode (Concept Mapping) zu zwei unterschiedlichen Zeitpunkten durchgeführt (siehe Abschnitt 8). Da die Stichproben zu den unterschiedlichen Zeitpunkten gleich waren, handelte es sich um abhängige Stichproben (siehe dazu z. B. Saurwein, Hönnekopp, 1992, S. 181 oder Bortz, 1985, S. 170). Zusätzlich haben wir noch insgesamt vier Stichproben zu Handlungen (in Realsituationen und am Computer) an einem gemeinsamen Zeitpunkt durchgeführt. Alle unsere fünf Hypothesen sind Unterschiedshypothesen, die man im Allgemeinen mit Häufigkeitsvergleichen bzw. Mittelwertsvergleichen prüft (vgl. z. B. Bortz, 1985, S. 142). Die fünf Hypothesen prüfen wir mit verschiedenen statistischen Verfahren. Die folgende Tabelle (Tab. 9.1) veranschaulicht die Benutzung der unterschiedlichen Testmethoden zur Prüfung der Hypothesen.

Hypothese	Datenerfassungsmethode	Prozedur aus SPSS
1. Unterrichtswirkung auf das Handeln	Experiment Computersimulation	MEANS[12] T-Test[13] LSD[14]
2. Unterrichtswirkung auf das Wissen	Computer Concept Mapping	MEANS T-Test LSD ANOVA[15]
3. Handeln als Lernsituation	Computer Concept Mapping	MEANS T-Test LSD ANOVA
4. Wissen begünstigt Handeln	Computer Concept Mapping Experiment Computersimulation	MEANS LSD CORRELATIONS
5. Gegenseitige Beeinflussung von Handlungen	Experiment Computersimulation	MEANS LSD

Tab. 9.1 Testmethoden zur Prüfung der Hypothesen

[12] MEANS - Mittelwerte
[13] T-Test wird zur Feststellung signifikanter Unterschiede zwischen zwei Gruppen benutzt
[14] LSD - **L**east **S**ignificant **D**ifference (Test auf die geringsten signifikanten Unterschiede)
[15] MANOVA - **M**ultivariate **AN**alysis **O**f **VA**riance

9.3.4 Datensätze

Für die Prüfung unterschiedlicher Hypothesen benutzen wir verschiedene Datensätze. Die folgende Tab. 9.2 erläutert, wie die Datensätze ausgewählt sind (siehe dazu auch das Design in Abb. 6.2). Die Abkürzungen bzw. Erläuterungen zu den in der Tabelle benutzten Begriffen sind im Folgenden aufgelistet:

Erprobungsgruppe Unterricht zum Inhalt der Experimente und Computersimulation

Kontrollgruppe Unterricht ohne Bezug zum Inhalt der Experimente und Computersimulation

CCMap Computer Concept Mapping

Exp Handeln in Realsituationen (physikalische Experimente)

Sim Handeln am Computer (Computersimulationen der physikalischen Experimente)

Kein Die Probanden haben keine Handlungen durchgeführt.

	Erprobungsgruppe E			**Kontrollgruppe K**		
	Exp	Sim	Kein	Exp	Sim	Kein
Phase 1 (CCMap)	EExp1	ESim1	EKein1	KExp1	KSim1	KKein1
Phase 2 (Handeln)	EExp2	ESim2	(EKein2)	KExp2	KSim2	(KKein2)
Phase 3 (CCMap)	EExp3	ESim3	EKein3	KExp3	KSim3	KKein3

Tab. 9.2 Datensätze zur Prüfung der Hypothesen

Die Datensätze in der Tab. 9.2 sind wie folgt zu verstehen:

EExp1 - Datensatz der Stichprobe aus dem Computer Concept Mapping in der Phase 1: Probanden, die zum Inhalt der Experimente und Computersimulation unterrichtet wurden und in der Phase 2 Handeln in Realsituationen durchgeführt haben

ESim1 - Datensatz der Stichprobe aus dem Computer Concept Mapping in der Phase 1: Probanden, die zum Inhalt der Experimente und Computersimulation unterrichtet wurden und in der Phase 2 Handeln am Computer durchgeführt haben,

EKein1 - Datensatz der Stichprobe aus dem Computer Concept Mapping in der Phase 1: Probanden, die zum Inhalt der Experimente und Computersimulation unterrichtet wurden und in der Phase 2 keine Handlungen durchgeführt haben

KExp1 - Datensatz der Stichprobe aus dem Computer Concept Mapping in der Phase 1: Probanden, die ohne Bezug zum Inhalt der Experimente und Computersimulation unterrichtet wurden und in der Phase 2 Handeln in Realsituationen durchgeführt haben

KSim1 - Datensatz der Stichprobe aus dem Computer Concept Mapping in der Phase 1: Probanden, die ohne Bezug zum Inhalt der Experimente und Computersimulation unterrichtet wurden und in der Phase 2 Handeln am Computer durchgeführt haben

KKein1 - Datensatz der Stichprobe aus dem Computer Concept Mapping in der Phase 1: Probanden, die ohne Bezug zum Inhalt der Experimente und Computersimulation unterrichtet wurden und in der Phase 2 keine Handlungen durchgeführt haben

EExp2 - Datensatz der Stichprobe aus dem Handeln in Realsituationen in der Phase 2: Probanden, die zum Inhalt der Experimente und Computersimulation unterrichtet wurden

ESim2 - Datensatz der Stichprobe aus dem Handeln am Computer in der Phase 2: Probanden, die zum Inhalt der Experimente und Computersimulation unterrichtet wurden

EKein2 - Dieser Datensatz fehlt, weil diese Stichprobe in der Phase 2 keine Handlungen durchgeführt hat

KExp2 - Datensatz der Stichprobe aus dem Handeln in Realsituationen in der Phase 2: Probanden, die ohne Bezug zum Inhalt der Experimente und Computersimulation unterrichtet wurden

KSim2 - Datensatz der Stichprobe aus dem Handeln am Computer in der Phase 2 Probanden, die ohne Bezug zum Inhalt der Experimente und Computersimulation unterrichtet wurden

KKein2 - Dieser Datensatz fehlt, weil diese Stichprobe in der Phase 2 keine Handlungen durchgeführt hat

EExp3 - Datensatz der Stichprobe aus dem Computer Concept Mapping in der Phase 3: Probanden, die zum Inhalt der Experimente und Computersimulation unterrichtet wurden und in der Phase 2 Handeln in Realsituationen durchgeführt haben

ESim3 - Datensatz der Stichprobe aus dem Computer Concept Mapping in der Phase 3: Probanden, die zum Inhalt der Experimente und Computersimulation unterrichtet wurden und in der Phase 2 Handeln am Computer durchgeführt haben,

EKein3 - Datensatz der Stichprobe aus dem Computer Concept Mapping in der Phase 3: Probanden, die zum Inhalt der Experimente und Computersimulation unterrichtet wurden und in der Phase 2 keine Handlungen durchgeführt haben

KExp3 - Datensatz der Stichprobe aus dem Computer Concept Mapping in der Phase 3: Probanden, die ohne Bezug zum Inhalt der Experimente und Computersimulation unterrichtet wurden und in der Phase 2 Handeln in Realsituationen durchgeführt haben

KSim3 - Datensatz der Stichprobe aus dem Computer Concept Mapping in der Phase 3: Probanden, die ohne Bezug zum Inhalt der Experimente und Computersimulation unterrichtet wurden und in der Phase 2 Handeln am Computer durchgeführt haben

KKein3 - Datensatz der Stichprobe aus dem Computer Concept Mapping in der Phase 3: Probanden, die ohne Bezug zum Inhalt der Experimente und Computersimulation unterrichtet wurden und in der Phase 2 keine Handlungen durchgeführt haben

Vor der Prüfung der jeweiligen Hypothesen werden zur besseren Veranschaulichung der Stichproben analoge Tabellen wie die Tab. 9.2 dargestellt. Die Zellen zu den zu prüfenden Stichproben sind jeweils dunkel schattiert.

9.3.5 Variablenübersicht in Kurzform

Die Ausführliche Erläuterungen zu den Variablen sind im Abschnitt 7.1.4 dargestellt.

Variablenübersicht zum CCMap (Computer Concept Mapping)

AlPro	Anzahl aller Propositionen. Bei dieser Variable werden alle im Netz vorkommende Propositionen zusammengezählt. Sie zeigt den Umfang eines Netzes
RiPro	Anzahl der richtigen Propositionen
FQ	Fehlerquotient. Quotient aus falschen und richtigen Propositionen
Fach	Fachliche Bewertung. Alle Propositionen in der Referenzmatrix haben eine Bewertung von "0" bis "3"
VNet	Vernetzung. Mittelwert aus der Anzahl von Verknüpfungen pro Begriff.
Zent	Zentralität des Netzes. Anzahl der Verknüpfungen desjenigen Begriffes, der die meisten Verknüpfungen hat
Insel	Anzahl der Inseln
MapChar	Map Charakteristik. Diese Variable ist eine aus drei anderen Variablen zusammengesetzte Variable. Diese drei Variablen stammen aus den drei verschiedenen Bereichen: Größe, Richtigkeit und Struktur (siehe Abschnitt 7.1.4).

Variablenübersicht zur Computersimulation und zum Versuch "Beleuchtung"

ZeitL	Benötigte Zeit für die Durchführung der Computersimulation "Beleuchtung"
Abs1	Eingesetzter Abstand zwischen dem Sensor des Luxmeters und der Lampe Nr. 1
FAbs1	Fehler des bei der Lampe Nr. 1 eingesetzten Abstandes
Lei1	Gemessene Leistung der Lampe Nr. 1
FLei1	Fehler der gemessenen Leistung der Lampe Nr. 1
Bel1	Gemessene Beleuchtungsstärke der Lampe Nr. 1
FBel1	Fehler der gemessenen Beleuchtungsstärke der Lampe Nr. 1
Abs2	Eingesetzter Abstand zwischen dem Sensor des Luxmeters und der Lampe Nr. 2
FAbs2	Fehler des bei der Lampe Nr. 2 eingesetzten Abstandes
Lei2	Gemessene Leistung der Lampe Nr. 2
FLei2	Fehler der gemessenen Leistung der Lampe Nr. 2
Bel2	Gemessene Beleuchtungsstärke der Lampe Nr. 2
FBel2	Fehler der gemessenen Beleuchtungsstärke der Lampe Nr. 2
Abs3	Eingesetzter Abstand zwischen dem Sensor des Luxmeters und der Lampe Nr. 3
FAbs3	Fehler des bei der Lampe Nr. 3 eingesetzten Abstandes
Lei3	Gemessene Leistung der Lampe Nr. 3
FLei3	Fehler der gemessenen Leistung der Lampe Nr. 3
Bel3	Gemessene Beleuchtungsstärke der Lampe Nr. 3
FBel3	Fehler der gemessenen Beleuchtungsstärke der Lampe Nr. 3
Abs4	Eingesetzter Abstand zwischen dem Sensor des Luxmeters und der Lampe Nr. 4
FAbs4	Fehler des bei der Lampe Nr. 4 eingesetzten Abstandes
Lei4	Gemessene Leistung der Lampe Nr. 4
FLei4	Fehler der gemessenen Leistung der Lampe Nr. 4
Bel4	Gemessene Beleuchtungsstärke der Lampe Nr. 4
FBel4	Fehler der gemessenen Beleuchtungsstärke der Lampe Nr. 4
L1	Auswahl der Lampe in der Aufgabe Nr. 1
LW1	Benotung der Auswahl L1 (0 oder 1)
L1K	Benotung der Kommentare zur Auswahl Nr. 1 (1 bis 5)
L2	Auswahl der Lampe in der Aufgabe Nr. 2
LW2	Benotung der Auswahl L2 (0 oder 1)
L2K	Benotung der Kommentare zur Auswahl Nr. 2 (1 bis 5)

Variablenübersicht zur Computersimulation und zum Versuch "Erwärmung von Wasser"

ZeitK	Benötigte Zeit für die Durchführung der Computersimulation "Erwärmung von Wasser"
TopfG1	Ausgewählte Position der Rangordnung in der Aufgabe 1 für den großen Kochtopf
FPosG1	Fehler der ausgewählten Position der Rangordnung in der Aufgabe 1 für den großen Kochtopf
TopfK1	Ausgewählte Position der Rangordnung in der Aufgabe 1 für den kleinen Kochtopf
FPosK1	Fehler der ausgewählten Position der Rangordnung in der Aufgabe 1 für den kleinen Kochtopf
WaKo1	Ausgewählte Position der Rangordnung in der Aufgabe 1 für den Wasserkocher
FPosW1	Fehler der ausgewählten Position der Rangordnung in der Aufgabe 1 für den Wasserkocher
Tauch1	Ausgewählte Position der Rangordnung in der Aufgabe 1 für den Tauchsieder
FPosT1	Fehler der ausgewählten Position der Rangordnung in der Aufgabe 1 für den Tauchsieder
MiWe1	Ausgewählte Position der Rangordnung in der Aufgabe 1 für das Mikrowellengerät
FPosM1	Fehler der ausgewählten Position der Rangordnung in der Aufgabe 1 für das Mikrowellengerät
FPos1	Mittlerer Fehler der ausgewählten Positionen der Rangordnungen in der Aufgabe 1 für alle Geräte
kWh1	Benötigter Energieumsatz zum Erhitzen des Wassers mit dem Gerät 1
kWh2	Benötigter Energieumsatz zum Erhitzen des Wassers mit dem Gerät 2
TopfG2	Ausgewählte Position der Rangordnung in der Aufgabe 2 für den großen Kochtopf
FPosG2	Fehler der ausgewählten Position der Rangordnung in der Aufgabe 2 für den großen Kochtopf
TopfK2	Ausgewählte Position der Rangordnung in der Aufgabe 2 für den kleinen Kochtopf
FPosK2	Fehler der ausgewählten Position der Rangordnung in der Aufgabe 2 für den kleinen Kochtopf
WaKo2	Ausgewählte Position der Rangordnung in der Aufgabe 2 für den Wasserkocher
FPosW2	Fehler der ausgewählten Position der Rangordnung in der Aufgabe 2 für den Wasserkocher
Tauch2	Ausgewählte Position der Rangordnung in der Aufgabe 2 für den Tauchsieder
FPosT2	Fehler der ausgewählten Position der Rangordnung in der Aufgabe 2 für den Tauchsieder
MiWe2	Ausgewählte Position der Rangordnung in der Aufgabe 2 für das Mikrowellengerät
FPosM2	Fehler der ausgewählten Position der Rangordnung in der Aufgabe 2 für das Mikrowellengerät
FPos2	Mittlerer Fehler der ausgewählten Positionen der Rangordnungen in der Aufgabe 2 für alle Geräte
s1	Benötigte Zeit zum Erhitzen des Wassers mit dem Gerät 1
s2	Benötigte Zeit zum Erhitzen des Wassers mit dem Gerät 2

9.3.6 Ergebnisse zur Hypothese 1

Die Hypothese 1 lautet: Das Handeln in der Realsituation und in der Computersimulation ist in wesentlichen Teilen auf den Unterricht zurückzuführen. (*Unterrichtswirkung auf das Handeln*) Wir vergleichen für die Prüfung dieser Hypothese folgende Datensätze:

H1A: EExp2 mit KExp2 (Probandenanzahl jeweils N=14),

H1B: ESim2 mit KSim2 (Probandenanzahl jeweils N=14).

	Erprobungsgruppe			**Kontrollgruppe**		
	Exp	Sim	Kein	Exp	Sim	Kein
Phase 1 (CCMap)	EExp1	ESim1	EKein1	KExp1	KSim1	KKein1
Phase 2 (Handeln)	EExp2	ESim2	EKein2	KExp2	KSim2	KKein2
Phase 3 (CCMap)	EExp3	ESim3	EKein3	KExp3	KSim3	KKein3

Tab. 9.3.1 Datensätze zur Prüfung der Hypothese 1

Zur Prüfung der Hypothese 1 berechnen wir zunächst mit SPSS die Mittelwerte der Teilpopulationen. Damit können wir prüfen, ob die von uns erwartete Richtung (die Teilpopulationen aus der Erprobungsgruppe erzielen bessere Ergebnisse als die Teilpopulationen aus der Kontrollgruppe) bestätigt wird. Wenn dieses der Fall ist, prüfen wir die Unterschiede auf Signifikanz. Weil wir hier jeweils zwei Gruppen an einem Zeitpunkt miteinander zu vergleichen haben, benutzen wir den T-Test. Zusätzlich führen wir noch eine einfaktorielle Varianzanalyse mittels dem LSD-Test durch. In diesem Abschnitt sind die Ergebnisse anhand einiger wichtigen Variablen dargestellt. Die Ergebnisse aller Variablen sind im Anhang 13.3 zu finden.

Ergebnisse mit dem Datensatz H1A

Mit diesem Datensatz können wir überprüfen, ob das <u>Handeln in Realsituationen</u> auf den Unterricht zurückzuführen ist.

Ergebnisse zum Versuch "Beleuchtung"

Zunächst werden die Mittelwerte (MEANS) der Variablen LW1 und LW2 berechnet (die Variablenliste ist in Abschnitt 9.2 zu finden). Diese Variablen beschreiben, welche Lampen die Schülerinnen und Schüler anhand ihrer Ergebnisse beim Experimentieren ausgewählt haben.

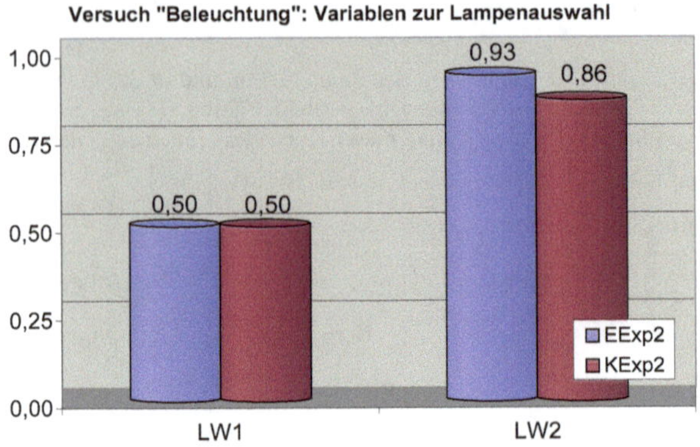

Abb. 9.3.1 Variablen zur Lampenauswahl im Versuch "Beleuchtung": LW1 und LW2 zur Prüfung der Hypothese 1 (Handeln in Realsituationen)

Als nächstes werden die Mittelwerte der Variablen LW1K und LW2K berechnet. Diese Variablen zeigen, wie korrekt (aus physikalischen Sicht) Schülerinnen und Schüler ihre Lampenauswahl begründet haben.

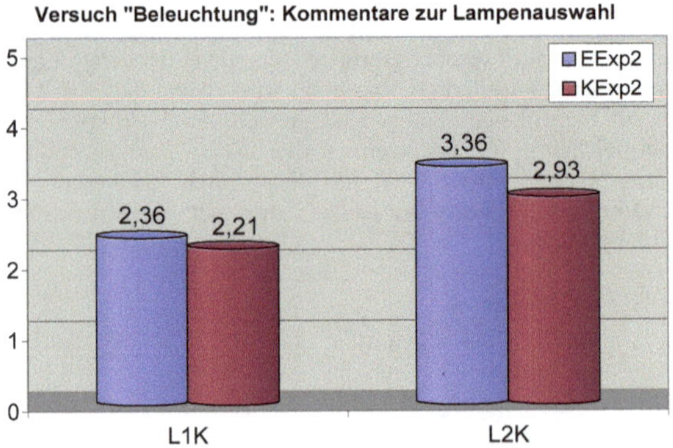

Abb. 9.3.2 Variablen zur Kommentaren der Lampenauswahl im Versuch "Beleuchtung": L1K und L2K zur Prüfung der Hypothese 1 (Handeln in Realsituationen)

Aus den Abb. 9.3.1 und 9.3.2 ist zu sehen, dass bei drei von vier Variablen die Probandengruppe, die zum Thema der Experimente unterrichtet wurde, bessere Ergebnisse erzielt hat als die Probandengruppe, die ohne Bezug zum Thema unterrichtet wurde. Um diese Ergebnisse auf Signifikanz zu prüfen, führen wir einen T-Test durch. Die Ergebnisse dieses Tests sind in der folgenden Tabelle dargestellt.

Test bei unabhängigen Stichproben

		Levene-Test der Varianzgleichheit		T-Test für die Mittelwertgleichheit						
		F	Signifikanz	T	df	Sig. (2-seitig)	Mittlere Differenz	Standardfehler der Differenz	95% Konfidenzinte Untere	95% Konfidenzinte Obere
LW1	Varianzen sind gleich	,	,	0	26	1	0	0,2	-0,4	0,4
	Varianzen sind nicht gleich			0	26	1	0	0,2	-0,4	0,4
LW2	Varianzen sind gleich	1,47	0,236	0,59	26	0,558	7,14E-02	0,12	-0,18	0,32
	Varianzen sind nicht gleich			0,59	23,89	0,559	7,14E-02	0,12	-0,18	0,32
L1K	Varianzen sind gleich	0,37	0,547	0,37	26	0,717	0,14	0,39	-0,66	0,94
	Varianzen sind nicht gleich			0,37	25,72	0,717	0,14	0,39	-0,66	0,94
L2K	Varianzen sind gleich	1,23	0,278	1,13	26	0,268	0,43	0,38	-0,35	1,21
	Varianzen sind nicht gleich			1,13	25,32	0,269	0,43	0,38	-0,35	1,21

Tab. 9.3.2 Die mit SPSS berechneten Ergebnisse zum Versuch "Beleuchtung" aus dem T-Test zur Prüfung der Hypothese 1 (Handeln in Realsituationen)

Aus der Tab. 9.3.2 ist zu erkennen, dass die Unterschiede zwischen den Gruppen bezüglich der Variablen LW1, LW2, LW1K und LW2K nicht signifikant sind.

Ergebnisse zum Versuch "Erwärmung von Wasser"
Aus diesem Versuch werden hier die Werte der Variablen FPos1, FPos2, kWh1, kWh2, S1 und S2 dargestellt (die Variablenliste ist in Abschnitt 9.2 zu finden). Die Werte der anderen Variablen sind im Anhang 13.3 zu finden. Zunächst werden die Mittelwerte (MEANS) der Variablen FPos1 und FPos2 berechnet. Diese Variablen geben Auskunft über die physikalische Richtigkeit bei der Auswahl der Geräte zur Erwärmung von Wasser. Je kleiner der Wert der Variablen FPos1 bzw. FPos2 ist, desto richtiger wurden die Geräte ausgewählt.

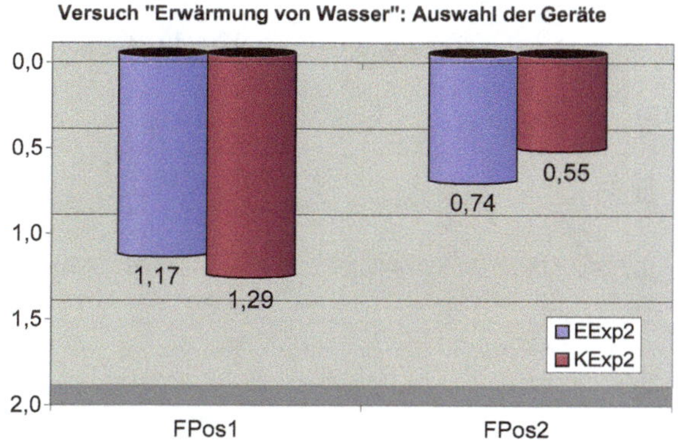

Abb. 9.3.3 Variablen zur Auswahl der Geräte im Versuch "Erwärmung von Wasser": FPos1 und FPos2 zur Prüfung der Hypothese 1 (Handeln in Realsituationen)

Als nächstes werden die Mittelwerte der Variablen kWh1 und kWh2 berechnet. Diese Variablen zeigen den Energieumsatz in kWh, die Schülerinnen und Schüler zur Erwärmung des Wassers benötigt hatten. Je kleiner der Wert der Variablen kWh1 bzw. kWh2 ist, desto besser wurde die Aufgabe gelöst (das Wasser sollte mit möglichst kleinem Energieumsatz zum Sieden gebracht werden).

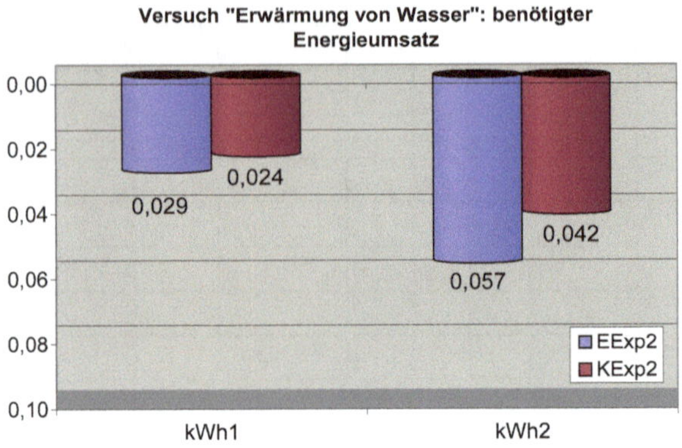

Abb. 9.3.4 Variablen zum benötigten Energieumsatz im Versuch "Erwärmung von Wasser": kWh1 und kWh2 zur Prüfung der Hypothese 1 (Handeln in Realsituationen)

Die letzten beiden zu diesem Versuch hier dargestellten Variablen zeigen, wie viel Zeit die Schülerinnen und Schüler zur Erwärmung von Wasser benötigt hatten. Je kleiner der Wert der Variablen S1 bzw. S2 ist, desto besser wurde die Aufgabe gelöst (das Wasser sollte möglichst schnell zum Sieden gebracht werden).

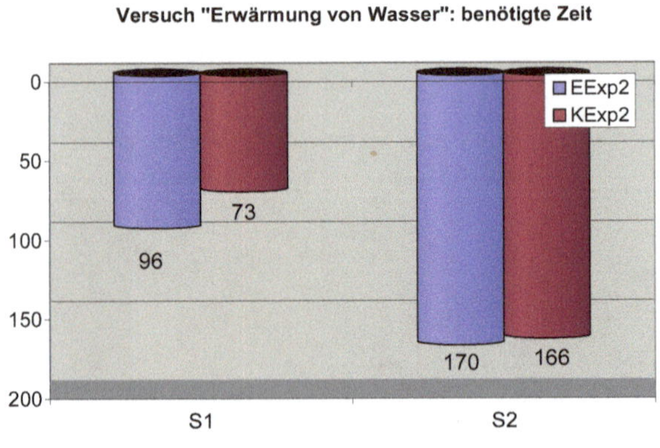

Abb. 9.3.5 Variablen zur benötigten Zeit im Versuch "Erwärmung von Wasser": S1 und S2 zur Prüfung der Hypothese 1 (Handeln in Realsituationen)

Aus den Abb. 9.3.3, 9.3.4 und 9.3.5 ist zu sehen, dass nur bei der Variable FPos1 die Probandengruppe, die zum Thema unterrichtet wurde, bessere Ergebnisse erzielt hat als die Probandengruppe, die ohne Bezug zum Thema unterrichtet wurde. Als nächstes prüfen wir, ob diese von uns nicht erwarteten Ergebnisse auch signifikant sind. Dazu führen wir einen T-Test durch. Die Ergebnisse dieses Tests sind in der folgenden Tabelle dargestellt.

Test bei unabhängigen Stichproben

		Levene-Test der Varianzgleichheit		T-Test für die Mittelwertgleichheit						
		F	Signifikanz	T	df	Sig. (2-seitig)	Mittlere Differenz	Standardfehler der Differenz	95% Konfidenzintervall Untere	95% Konfidenzintervall Obere
FPOS1	Varianzen sind gleich	0,43	0,519	-0,53	26	0,602	-0,1143	0,2164	-0,5592	0,3306
	Varianzen sind nicht gleich			-0,53	25,34	0,602	-0,1143	0,2164	-0,5597	0,3312
FPOS2	Varianzen sind gleich	0,45	0,51	1,22	26	0,235	0,1857	0,1528	-0,1283	0,4997
	Varianzen sind nicht gleich			1,22	24,48	0,236	0,1857	0,1528	-0,1292	0,5007
kWh1	Varianzen sind gleich	1,44	0,242	0,75	26	0,463	5,21E-03	6,99E-03	-9,16E-03	1,96E-02
	Varianzen sind nicht gleich			0,75	22,98	0,464	5,21E-03	6,99E-03	-9,26E-03	1,97E-02
kWh2	Varianzen sind gleich	1,74	0,199	1,26	26	0,218	1,58E-02	1,25E-02	-9,93E-03	4,15E-02
	Varianzen sind nicht gleich			1,26	23,99	0,219	1,58E-02	1,25E-02	-1,00E-02	4,16E-02
S1	Varianzen sind gleich	1,77	0,195	1,02	26	0,319	22,64	22,27	-23,13	68,42
	Varianzen sind nicht gleich			1,02	24,47	0,319	22,64	22,27	-23,27	68,56
S2	Varianzen sind gleich	0,16	0,692	0,15	26	0,884	3,86	26,19	-49,97	57,68
	Varianzen sind nicht gleich			0,15	25,67	0,884	3,86	26,19	-50	57,72

Tab. 9.3.3 Die mit SPSS berechneten Ergebnisse zum Versuch "Erwärmung von Wasser" aus dem T-Test zur Prüfung der Hypothese 1 (Handeln in Realsituationen)

Aus der Tabelle 9.3.3 ist zu erkennen, dass die Unterschiede zwischen den Gruppen bezüglich der Variablen FPos1, FPos2, kWh1, kWh2, S1 und S2 nicht signifikant sind.

Zusammenfassung der Ergebnisse mit Datensatz H1A
Wir können feststellen, dass bezüglich einiger Variablen (insbesondere im Versuch "Beleuchtung") zwar die Erprobungsgruppe bessere Ergebnisse erzielte als die Kontrollgruppe, jedoch sind diese Unterschiede nicht signifikant. Es gibt jedoch einige Variablen (insbesondere im Versuch "Erwärmung von Wasser"), bei denen die Kontrollgruppe bessere Ergebnisse erzielte als die Erprobungsgruppe. Allerdings sind auch diese Ergebnisse nicht signifikant. Das bedeutet, dass in unserer Untersuchung das Handeln in den Realsituationen nicht auf den Unterricht zurückgeführt werden kann.

Ergebnisse mit Datensatz H1B
Mit diesem Datensatz können wir prüfen, ob das Handeln am Computer auf den Unterricht zurückzuführen ist.

Ergebnisse zum Versuch "Beleuchtung"
Zunächst werden die Mittelwerte (MEANS) der Variablen LW1 und LW2 berechnet (die Variablenliste ist in Abschnitt 9.2 zu finden). Diese Variablen beschreiben, welche Lampen die Schülerinnen und Schüler anhand ihrer Ergebnisse bei der Computersimulation ausgewählt haben.

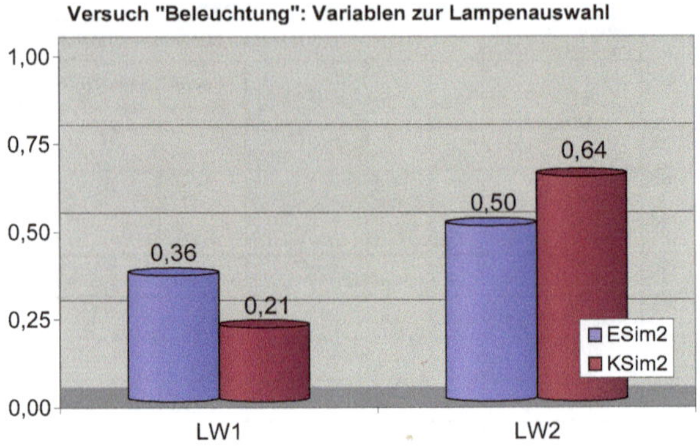

Abb. 9.3.6 Variablen zur Lampenauswahl im Versuch "Beleuchtung": LW1 und LW2 zur Prüfung der Hypothese 1 (Handeln in Realsituationen)

Als nächstes werden die Mittelwerte der Variablen LW1K und LW2K berechnet. Diese Variablen zeigen, wie korrekt (aus physikalischen Sicht) die Probanden ihre Lampenauswahl begründet haben.

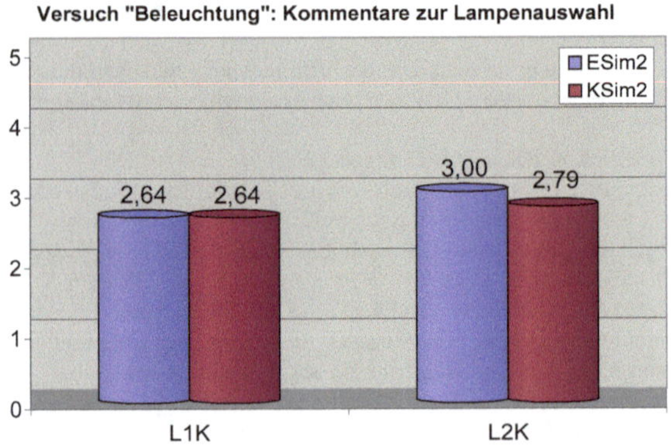

Abb. 9.3.7 Variablen zu Kommentaren der Lampenauswahl im Versuch "Beleuchtung": L1K und L2K zur Prüfung der Hypothese 1 (Handeln in Realsituationen)

Aus den Abb. 9.3.6 und 9.3.7 ist zu sehen, dass bei zwei Variablen (LW1 und L2K) die Probandengruppe, die zum Thema unterrichtet wurde (Erprobungsgruppe), bessere Ergebnisse erzielt hat als die Probandengruppe, die ohne Bezug zum Thema unterrichtet wurde (Kontrollgruppe). Bezüglich einer Variable sind die Ergebnisse gleich (L1K) und bezüglich einer anderer Variable (L2K) hat die Kontrollgruppe bessere Ergebnisse erzielt als die Erprobungsgruppe. Um diese Ergebnisse auf Signifikanz zu prüfen, führen wir einen T-Test durch. Die Ergebnisse dieses Tests sind in der folgenden Tabelle dargestellt.

Test bei unabhängigen Stichproben

		Levene-Test der Varianzgleichheit		T-Test für die Mittelwertgleichheit						
		F	Signifikanz	T	df	Sig. (2-seitig)	Mittlere Differenz	Standardfehler der Differenz	95% Konfidenzintervall	
									Untere	Obere
LW1	Varianzen sind gleich	2,64	0,116	0,82	26	0,422	0,14	0,17	-0,22	0,5
	Varianzen sind nicht gleich			0,82	25,4	0,422	0,14	0,17	-0,22	0,5
LW2	Varianzen sind gleich	1,16	0,292	-0,74	26	0,464	-0,14	0,19	-0,54	0,25
	Varianzen sind nicht gleich			-0,74	25,95	0,464	-0,14	0,19	-0,54	0,25
L1K	Varianzen sind gleich	0,47	0,499	0	26	1	0	0,48	-0,99	0,99
	Varianzen sind nicht gleich			0	25,77	1	0	0,48	-0,99	0,99
L2K	Varianzen sind gleich	0,02	0,878	0,37	26	0,713	0,21	0,58	-0,97	1,4
	Varianzen sind nicht gleich			0,37	26	0,713	0,21	0,58	-0,97	1,4

Tab. 9.3.4 Die mit SPSS berechneten Ergebnisse zum Versuch "Beleuchtung" aus dem T-Test zur Prüfung der Hypothese 1 (Handeln in Realsituationen)

Aus der Tab. 9.3.4 ist zu erkennen, dass die Unterschiede zwischen den Gruppen bezüglich der Variablen LW1, LW2, LW1K und LW2K nicht signifikant sind.

Ergebnisse zum Versuch "Erwärmung von Wasser"
Aus diesem Versuch stellen wir hier die Werte der Variablen FPos1, FPos2, kWh1, kWh2, S1 und S2 dar (die Variablenliste ist in Abschnitt 9.2 zu finden). Die Werte der anderen Variablen sind im Anhang 13.3 zu finden. Zunächst berechnen wir die Mittelwerte (MEANS) der Variablen FPos1 und FPos2. Diese Variablen beschreiben, wie richtig (aus physikalischen Sicht) die Schülerinnen und Schüler die Geräte zur Erwärmung von Wasser ausgewählt haben. Je kleiner der Wert der Variablen FPos1 bzw. FPos2 ist, desto richtiger wurden die Geräte ausgewählt.

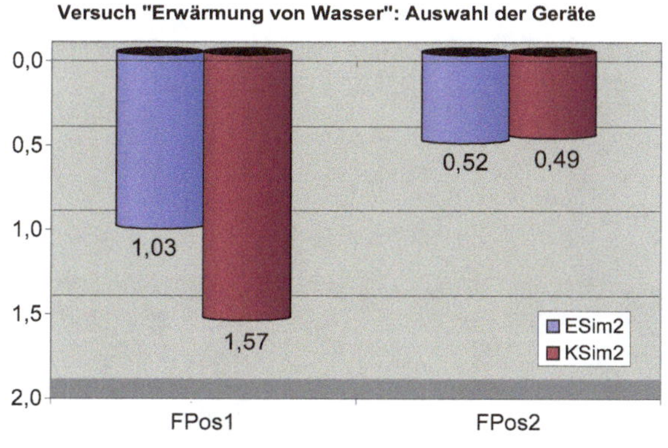

Abb. 9.3.8 Variablen zur Auswahl der Geräte im Versuch "Erwärmung von Wasser": FPos1 und FPos2 zur Prüfung der Hypothese 1 (Handeln in Realsituationen)

Als nächstes werden die Mittelwerte der Variablen kWh1 und kWh2 berechnet. Diese Variablen zeigen den Energieumsatz in kWh, den die Schülerinnen und Schüler zur

Erwärmung des Wassers benötigt haben. Je kleiner der Wert der Variablen kWh1 bzw. kWh2 ist, desto besser wurde die Aufgabe gelöst (das Wasser sollte mit möglichst kleinem Energieumsatz zum Sieden gebracht werden).

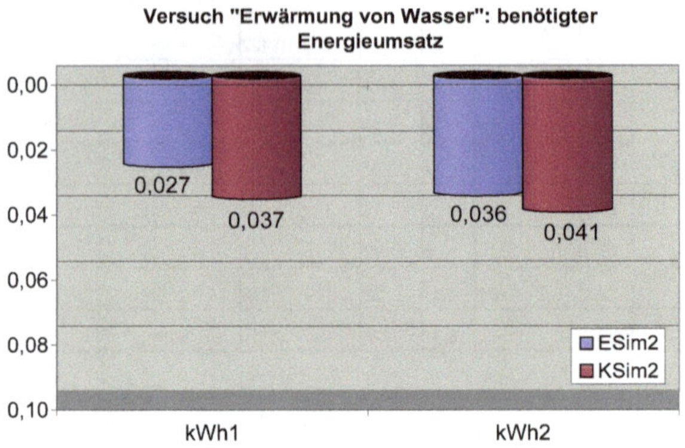

Abb. 9.3.9 Variablen zum benötigten Energieumsatz im Versuch "Erwärmung von Wasser": kWh1 und kWh2 zur Prüfung der Hypothese 1 (Handeln in Realsituationen)

Die letzten beiden zu diesem Versuch hier dargestellten Variablen zeigen, wie viel Zeit die Schülerinnen und Schüler zur Erwärmung von Wasser gebraucht haben. Je kleiner der Wert der Variablen S1 bzw. S2 ist, desto besser wurde die Aufgabe gelöst (das Wasser sollte möglichst schnell zum Sieden gebracht werden).

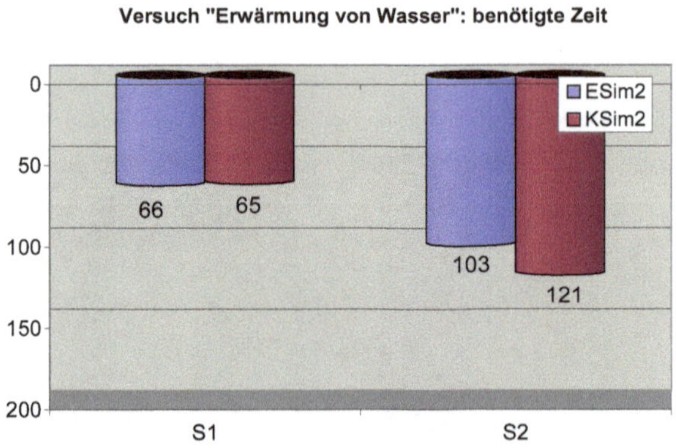

Abb. 9.3.10 Variablen zur benötigten Zeit im Versuch "Erwärmung von Wasser": S1 und S2 zur Prüfung der Hypothese 1 (Handeln in Realsituationen)

Aus den Abb. 9.3.8, 9.3.9 und 9.3.10 ist zu sehen, dass bezüglich der meisten Variablen (FPos1, kWh1, kWh2 und S2) die Erprobungsgruppe bessere Ergebnisse erzielte als die Kontrollgruppe. Bezüglich zweier Variablen (FPos2 und S1) erreichte die Kontrollgruppe nur unwesentlich bessere Ergebnisse. Als nächstes prüfen wir, ob diese Ergebnisse auch signifikant sind. Dazu führen wir einen T-Test durch. Die Ergebnisse dieses Tests sind in der folgenden Tabelle dargestellt.

Test bei unabhängigen Stichproben

		Levene-Test der Varianzgleichheit		T-Test für die Mittelwertgleichheit						
		F	Signifikanz	T	df	Sig. (2-seitig)	Mittlere Differenz	Standardfehler der Differenz	95% Konfidenzintervall	
									Untere	Obere
FPOS1	Varianzen sind gleich	2,32	0,14	-2,12	26	0,043	-0,5429	0,2557	-1,0684	-1,73E-02
	Varianzen sind nicht gleich			-2,12	24,33	0,044	-0,5429	0,2557	-1,0702	-1,55E-02
FPOS2	Varianzen sind gleich	0,86	0,361	0,24	26	0,812	2,86E-02	0,1189	-0,2158	0,273
	Varianzen sind nicht gleich			0,24	22,31	0,812	2,86E-02	0,1189	-0,2178	0,2749
KWH1	Varianzen sind gleich	34,1	0	-2,07	26	0,049	-9,50E-03	4,60E-03	-1,90E-02	-4,55E-05
	Varianzen sind nicht gleich			-2,07	18,58	0,053	-9,50E-03	4,60E-03	-1,91E-02	1,42E-04
KWH2	Varianzen sind gleich	0,53	0,473	-1,12	26	0,274	-5,00E-03	4,47E-03	-1,42E-02	4,19E-03
	Varianzen sind nicht gleich			-1,12	25,84	0,274	-5,00E-03	4,47E-03	-1,42E-02	4,19E-03
S1	Varianzen sind gleich	0,07	0,793	0,08	26	0,935	0,57	6,91	-13,64	14,78
	Varianzen sind nicht gleich			0,08	25,81	0,935	0,57	6,91	-13,64	14,78
S2	Varianzen sind gleich	0,4	0,535	-0,88	26	0,385	-18,5	20,92	-61,5	24,5
	Varianzen sind nicht gleich			-0,88	25,8	0,385	-18,5	20,92	-61,51	24,51

Tab. 9.3.5 Die mit SPSS berechneten Ergebnisse zum Versuch "Erwärmung von Wasser" aus dem T-Test zur Prüfung der Hypothese 1 (Handeln in Realsituationen)

Aus der Tab. 9.3.5 ist zu erkennen, dass die von uns erwarteten Unterschiede zwischen den Gruppen bezüglich der Variablen FPos1 und kWh1 signifikant sind. Bezüglich der anderen Variablen sind die Unterschiede nicht signifikant.

Zusammenfassung der Ergebnisse mit Datensatz H1B

Wir konnten feststellen, dass bezüglich der meisten Variablen die Erprobungsgruppe bessere Ergebnisse erzielte als die Kontrollgruppe. Bei zwei Variablen (FPos1 und kWh1) aus dem Versuch "Erwärmung von Wasser" waren die Unterschiede auch signifikant. Es gab jedoch einige Variablen, bei denen die Kontrollgruppe bessere Ergebnisse erzielte als die Erprobungsgruppe. Allerdings waren diese Ergebnisse nicht signifikant. Wir können nur bedingt feststellen, dass das Handeln am Computer auf den Unterricht zurückzuführen ist.

Zusammenfassung der Ergebnisse zur Hypothese 1

Unsere Vermutung, dass das Handeln in der Realsituation und am Computer auf den vorangegangenen Unterricht zurückzuführen ist, hat sich bei vielen Variablen bestätigt, bei zweien sogar mit signifikanten Ergebnissen. Allerdings hat auch die Kontrollgruppe in einigen Fällen bessere, aber nicht signifikante, Ergebnisse erzielt als die Erprobungsgruppe.

Die signifikant besseren Ergebnisse der Erprobungsgruppe finden wir beim Handeln am Computer. Allgemein stellen wir eine Tendenz fest, dass das Handeln am Computer mehr vom Unterricht abhängt als das Handeln in den Realsituationen.

9.3.7 Ergebnisse zur Hypothese 2

Die Hypothese 2 lautet: Auch die Ergebnisse im Concept Mapping beruhen auf den Unterrichtswirkungen (STS-Gruppe und Kontrollgruppe in der Phase 1). (*Unterrichtswirkung auf das Wissen*) Wir vergleichen für die Prüfung dieser Hypothese folgende Datensätze:

H2): EExp1+ESim1+EKein1 mit KExp1+KSim1+KKein1 (Probandenanzahl jeweils N=41)

	Erprobungsgruppe			**Kontrollgruppe**		
	Exp	Sim	Kein	Exp	Sim	Kein
Phase 1 (CCMap)	EExp1	ESim1	EKein1	KExp1	KSim1	KKein1
Phase 2 (Handeln)	EExp2	ESim2	EKein2	KExp2	KSim2	KKein2
Phase 3 (CCMap)	EExp3	ESim3	EKein3	KExp3	KSim3	KKein3

Tab. 9.3.6 Datensatz zur Prüfung der Hypothese 2

Zur Prüfung der Hypothese 2 berechnen wir zunächst mit SPSS die Mittelwerte (MEANS) der Teilpopulationen. Damit können wir prüfen, ob die von uns erwartete Richtung (die Teilpopulationen aus der Erprobungsgruppe erzielen bessere Ergebnisse als die Teilpopulationen aus der Kontrollgruppe) bestätigt wird. Wenn dieses der Fall ist, prüfen wir die Unterschiede auf Signifikanz. Bei dieser Hypothese vergleichen wir insgesamt vier Gruppen miteinander. Weil wir die jeweils zu vergleichenden beiden Gruppen zu einem Zeitpunkt miteinander vergleichen müssen, benutzen wir den T-Test. Zusätzlich führen wir noch eine einfaktorielle Varianzanalyse mittels LSD-Test durch.

Ergebnisse mit Datensatz H2

Bei den folgenden Diagrammen zur Größe, Richtigkeit, Struktur der Begriffsnetze haben wir die jeweils zusammengehörigen Variablen zur besseren Vergleichbarkeit in einem Diagramm nebeneinandergestellt. Da dann auch ein einheitlicher Maßstab zu verwenden ist, sind einige Unterschiede von Ergebnissen der Erprobungsgruppe und der Kontrollgruppe als Balken nicht so deutlich zu erkennen, wie es die Werte bezüglich ihres Höchstwertes eigentlich wiedergeben (Diese Maßstabsstauchung tritt z. B. bei VNet auf).

Ergebnisse zur Größe der Begriffsnetze
Zunächst werden die Mittelwerte der Variablen AlPro und RiPro berechnet (die Variablenliste ist in Abschnitt 9.2 zu finden). Diese beiden Variablen beschreiben die Größe eines Begriffsnetzes. Die Variable RiPro sagt zusätzlich etwas über die Richtigkeit eines Begriffsnetzes aus.

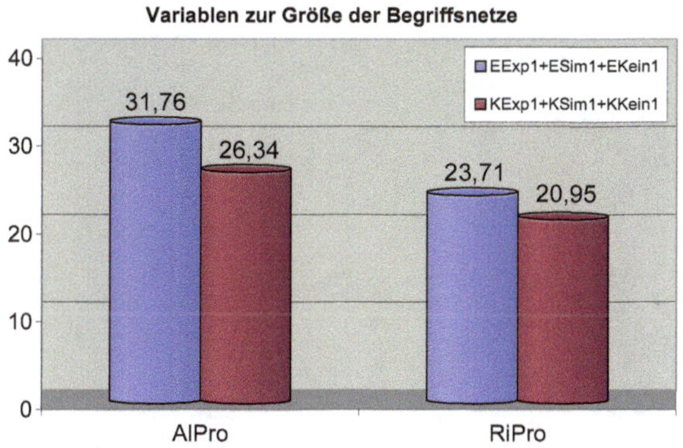

Abb. 9.3.11 Variablen zur Größe der Begriffsnetze: AlPro und RiPro zur Prüfung der Hypothese 2 bezüglich der Größe der Begriffsnetze

Aus der Abb. 9.3.11 ist zu erkennen, dass die Erprobungsgruppe (wurde zum Thema unterrichtet) bessere Ergebnisse erzielte als die Kontrollgruppe (wurde ohne Bezug zum Thema unterrichtet). Die Signifikanz dieser Ergebnisse prüfen wir mit dem T-Test und dem LSD-Test.

In der folgenden Tab. 9.3.7 sind die mit SPSS berechneten Ergebnisse aus dem LSD-Test dargestellt. Die Gruppe I ist die Kontrollgruppe, die Gruppe J ist die Erprobungsgruppe.

Multiple Comparisons
LSD

Dependent Variable	(I) PHUN	(J) PHUN	Mean Difference (I-J)	Std. Error	Sig.	95% Confidence Interval	
						Lower Bound	Upper Bound
AlPro	10	11	-5,4146(*)	1,8837	0,005	-9,1347	-1,6945
RiPro	10	11	-2,7561	1,6524	0,097	-6,0194	0,5072

* The mean difference is significant at the .05 level.

Tab. 9.3.7 Die mit SPSS berechneten Ergebnisse aus dem LSD-Test zur Prüfung der Hypothese 2 bezüglich der Größe der Begriffsnetze

Aus der Tab. 9.3.7 ist zu erkennen, dass die Unterschiede zwischen den Gruppen bezüglich der Variable AlPro hoch signifikant sind. Die Unterschiede bezüglich der Variable RiPro liegen nur wenig über der Signifikanzgrenze.

Ergebnisse zur Richtigkeit der Begriffsnetze

Im Folgenden werden die Mittelwerte der Variablen FQ und Fach berechnet (die Variablenliste ist in Abschnitt 9.2 zu finden). Diese beiden Variablen beschreiben die Richtigkeit eines Begriffsnetzes.

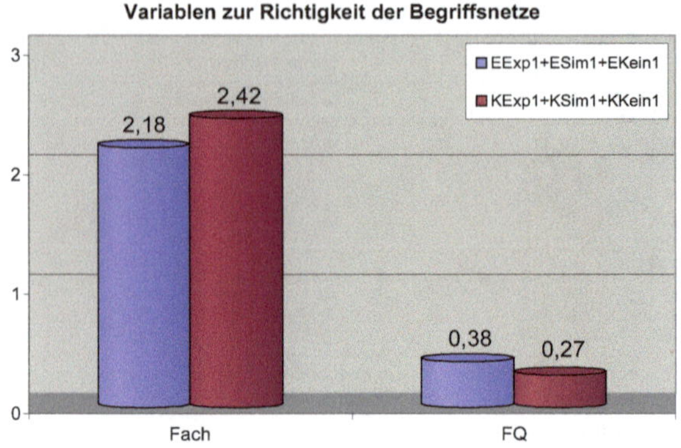

Abb. 9.3.12 Variablen zur Richtigkeit der Begriffsnetze: Fach und FQ zur Prüfung der Hypothese 2 bezüglich der Richtigkeit der Begriffsnetze

Aus der Abb. 9.3.12 ist zu erkennen, dass die Kontrollgruppe (wurde ohne Bezug zum Thema unterrichtet) bezüglich der Richtigkeit der Netze bessere Ergebnisse erzielte als die Erprobungsgruppe (wurde zum Thema unterrichtet). Die Signifikanz dieser Ergebnisse wird mit dem T-Test und dem LSD-Test geprüft.

In der folgenden Tab. 9.3.8 sind die mit SPSS berechneten Ergebnisse aus dem LSD-Test dargestellt. Die Gruppe I ist die Kontrollgruppe, die Gruppe J ist die Erprobungsgruppe.

Multiple Comparisons
LSD

Dependent Variable	(I) PHUN	(J) PHUN	Mean Difference (I-J)	Std. Error	Sig.	95% Confidence Interval Lower Bound	Upper Bound
FQ	10	11	-0,1129	6,65E-02	0,091	-0,2442	1,84E-02
Fach	10	11	,2490(*)	0,1059	0,020	4,00E-02	0,4581
* The mean difference is significant at the .05 level.							

Tab. 9.3.8 Die mit SPSS berechneten Ergebnisse aus dem LSD-Test zur Prüfung der Hypothese 2 bezüglich der Richtigkeit der Begriffsnetze

Aus der Tab. 9.3.8 ist zu erkennen, dass die Unterschiede zwischen den Gruppen bezüglich der Variable FQ nicht signifikant sind. Die Unterschiede bezüglich der Variable Fach sind signifikant.

Ergebnisse zur Struktur der Begriffsnetze

Im Folgenden werden die Mittelwerte der Variablen VNet, Zent und Insel berechnet. Diese drei Variablen beschreiben die Struktur eines Begriffsnetzes.

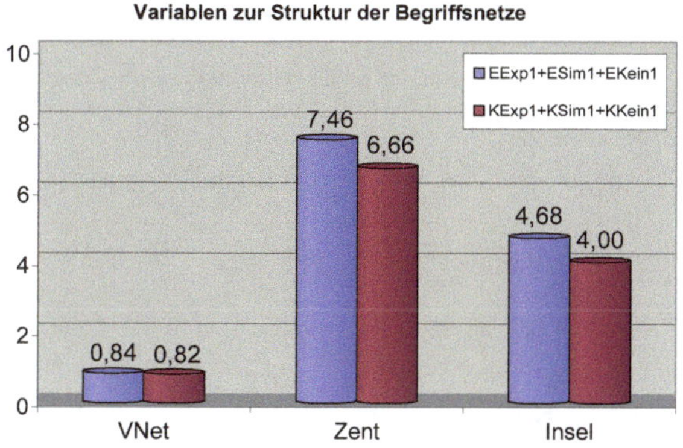

Abb. 9.3.13 Variablen zur Struktur der Begriffsnetze: VNet, Zent und Insel zur Prüfung der Hypothese 2 bezüglich der Struktur der Begriffsnetze

Die Probanden der Erprobungsgruppe haben ihre Netze mehr verknüpft als die Probanden der Kontrollgruppe (Vnet). In der Abb. 9.3.13 macht sich die Maßstabsstauchung bemerkbar, die erreichten Werte der Probanden liegen im Bereich zwischen 0,6 und 1,46. Aus der Abbildung 9.3.13 ist weiterhin zu erkennen, dass die Begriffsnetze der Erprobungsgruppe einen zentraleren Begriff haben als die Begriffsnetze der Kontrollgruppe. Die Erprobungsgruppe hat mehr Inseln als die Kontrollgruppe gelegt. Die Signifikanz dieser Ergebnisse prüfen wir mit dem T-Test und dem LSD-Test.

In der folgenden Tab. 9.3.9 sind die mit SPSS berechneten Ergebnisse aus dem LSD-Test dargestellt. Die Gruppe I ist die Kontrollgruppe, die Gruppe J ist die Erprobungsgruppe.

Multiple Comparisons
LSD

Dependent Variable	(I) PHUN	(J) PHUN	Mean Difference (I-J)	Std. Error	Sig.	95% Confidence Interval Lower Bound	95% Confidence Interval Upper Bound
Vnet	10	11	-2,02E-02	3,62E-02	0,577	-9,17E-02	5,12E-02
Zent	10	11	-0,8049	0,6783	0,237	-2,1445	0,5348
Insel	10	11	-0,6829	0,6264	0,277	-1,92	0,5542

* The mean difference is significant at the .05 level.

Tab. 9.3.9 Die mit SPSS berechneten Ergebnisse aus dem LSD-Test zur Prüfung der Hypothese 2 bezüglich der Struktur der Begriffsnetze

Aus der Tab. 9.3.9 ist zu erkennen, dass die Unterschiede zwischen den Gruppen bezüglich der Struktur der Begriffsnetze nicht signifikant sind.

Zusammenfassung der Ergebnisse zur Hypothese 2

Wir können feststellen, dass die Erprobungsgruppe signifikant mehr Propositionen gelegt hat als die Kontrollgruppe. Ebenso hat die Erprobungsgruppe mehr richtige Propositionen gelegt als die Kontrollgruppe. Allerdings gab es auch Variablen, bei denen die Kontrollgruppe bessere Ergebnisse erzielte (Fach, FQ, Insel), wobei die Unterschiede nur in einem Fall signifikant waren.

9.3.8 Ergebnisse zur Hypothese 3

Die Hypothese 3 lautet: Handlungen in der Realsituation und in der Computersimulation sind ihrerseits Lernsituationen *(Handeln als Lernsituation)*. Wir vergleichen für die Prüfung dieser Hypothese folgende Datensätze:

H3A: EExp1+KExp1 mit EExp3+KExp3 bzw. Exp1 mit Exp3 (Probandenanzahl jeweils N=28)

H3B: ESim1+KSim1 mit ESim3+KSim3 bzw. Sim1 mit Sim3 (Probandenanzahl jeweils N=28)

H3C: EKein1+KKein1 mit EKein3+KKein3 bzw. Kein1 mit Kein3 (Probandenanzahl jeweils N=26)

	Erprobungsgruppe			**Kontrollgruppe**		
	Exp	Sim	Kein	Exp	Sim	Kein
Phase 1 (CCMap)	EExp1	ESim1	EKein1	KExp1	KSim1	KKein1
Phase 2 (Handeln)	EExp2	ESim2	EKein2	KExp2	KSim2	KKein2
Phase 3 (CCMap)	EExp3	ESim3	EKein3	KExp3	KSim3	KKein3

Tab. 9.3.10 Datensätze zur Prüfung der Hypothese 3

Zur Prüfung der Hypothese 3 berechnen wir zunächst mit SPSS die Mittelwerte (MEANS) der Teilpopulationen. Damit können wir prüfen, ob die Teilpopulationen in der Phase 3 bessere Ergebnisse erzielen als in der Phase 1. Wenn dieses der Fall ist, prüfen wir die Unterschiede in den Phasen 3 und 1 auf Signifikanz. Bei dieser Hypothese haben wir insgesamt drei Gruppen miteinander zu vergleichen. Bei Prüfung dieser Hypothese erwarten wir, dass die Ergebnisse in der Phase 3 den Ergebnissen in der Phase 1 überlegen sind. Zusätzlich wollen wir aber feststellen, ob diese drei Gruppen sich auch unterscheiden. Deshalb werden hier alle drei Gruppen (sechs Datensätze) in einem Diagramm (pro Variable) dargestellt und miteinander verglichen.

Zusätzlich prüfen wir bei dieser Hypothese auch noch die Differenzwerte der Gruppen. Die Differenzwerte zeigen den Lernzuwachs.

Ergebnisse mit Datensätzen H3A, H3B und H3C

Ergebnisse zur Größe der Begriffsnetze

Zunächst werden die Mittelwerte der Variablen AlPro und RiPro berechnet. Diese beiden Variablen beschreiben die Größe eines Begriffsnetzes. Die Variable RiPro sagt zusätzlich etwas über die Richtigkeit eines Begriffsnetzes aus.

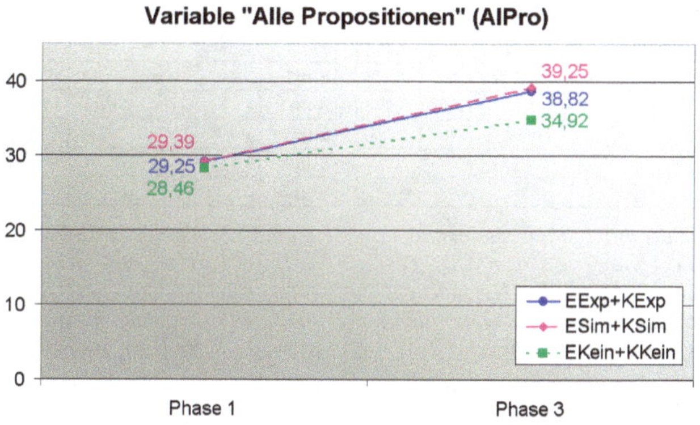

Abb. 9.3.14 Variable zur Größe der Begriffsnetze: AlPro zur Prüfung der Hypothese 3

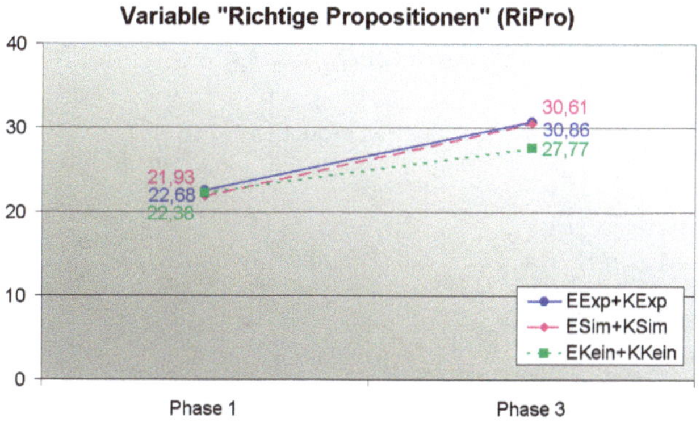

Abb. 9.3.15 Variable zur Größe der Begriffsnetze: RiPro zur Prüfung der Hypothese 3

Aus den Abb. 9.3.14 und 9.3.15 ist zu erkennen, dass durch die Parallelisierung alle Gruppen in der Phase 1 sehr ähnliche Ergebnisse haben. In der Phase 3 haben alle Gruppen ihre Ergebnisse verbessert, jedoch unterschiedlich: Die Gruppen, die in der Phase 2 Handlungen durchführten, erzielten bessere Ergebnisse als die Gruppe, die keine Handlungen durchführte. Die Signifikanz dieser Ergebnisse prüfen wir mit dem LSD-Test.

In den folgenden Tab. 9.3.11 und 9.3.12 sind die mit SPSS berechneten Ergebnisse aus dem LSD-Test zur Variable AlPro und RiPro dargestellt. Signifikante Ergebnisse sind zur besseren Erkennbarkeit fett gedruckt.

AlPro	Exp1	Sim1	Kein1	Exp3	Sim3	Kein3
Exp1		0,951	0,741	**0,000**	**0,000**	**0,018**
Sim1			0,696	**0,000**	**0,000**	**0,022**
Kein1				**0,000**	**0,000**	**0,009**
Exp3					0,855	0,104
Sim3						0,071
Kein3						

Tab. 9.3.11 Die mit SPSS berechneten Ergebnisse aus dem LSD Test zur Prüfung der Hypothese 3 bezüglich der Variable AlPro (Größe der Begriffsnetze)

RiPro	Exp1	Sim1	Kein1	Exp3	Sim3	Kein3
Exp1		0,710	0,886	**0,000**	**0,000**	**0,014**
Sim1			0,825	**0,000**	**0,000**	**0,005**
Kein1				**0,000**	**0,000**	**0,011**
Exp3					0,901	0,135
Sim3						0,169
Kein3						

Tab. 9.3.12 Die mit SPSS berechneten Ergebnisse aus dem LSD Test zur Prüfung der Hypothese 3 bezüglich der Variable RiPro (Größe der Begriffsnetze)

Aus den Tab. 9.3.11 und 9.3.12 ist zu erkennen, dass die Unterschiede zwischen den Phasen 1 und 3 in allen Gruppen hoch signifikant sind. Die Unterschiede zwischen den Gruppen in der Phase 3 sind nicht signifikant, weil die Streuungen innerhalb der Gruppen zu groß sind.

Ergebnisse zur Richtigkeit der Begriffsnetze

Im Folgenden werden die Mittelwerte der Variablen FQ und Fach verglichen. Diese beiden Variablen beschreiben die Richtigkeit eines Begriffsnetzes.

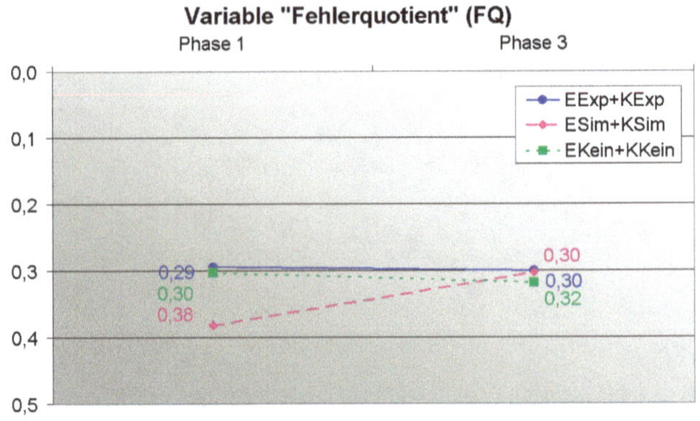

Abb. 9.3.16 Variable zur Richtigkeit der Begriffsnetze: FQ zur Prüfung der Hypothese 3

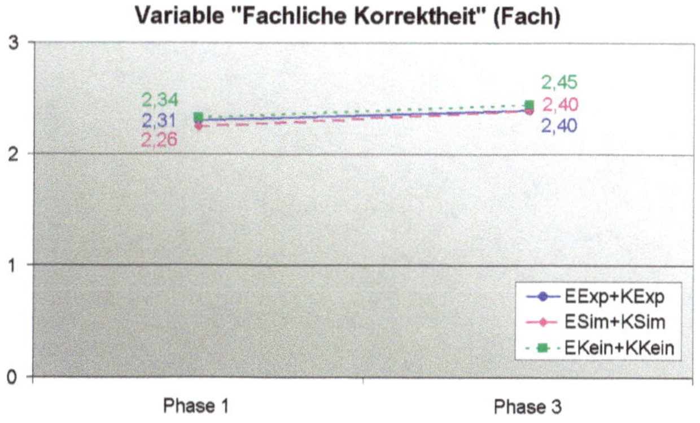

Abb. 9.3.17 Variable zur Richtigkeit der Begriffsnetze: Fach zur Prüfung der Hypothese 3

Aus der Abb. 9.3.16 ist zu erkennen, dass die Gruppe, die Handlungen am Computer durchgeführte, als einzige ihre Ergebnisse bezüglich der Variable FQ verbesserte. Bezüglich der Variable Fach (Abb. 9.3.17) haben alle Gruppen in der Phase 3 ihre Ergebnisse verbessert. Zwischen den Gruppen gibt es praktisch keine Unterschiede (Überlagerung der Kurven). Die Prüfung mit SPSS zeigt, dass bezüglich dieser beiden Variablen die Unterschiede nicht signifikant sind.

Ergebnisse zur Struktur der Begriffsnetze
Im Folgenden werden die Mittelwerte der Variablen VNet, Zent und Insel berechnet. Diese drei Variablen beschreiben die Struktur eines Begriffsnetzes.

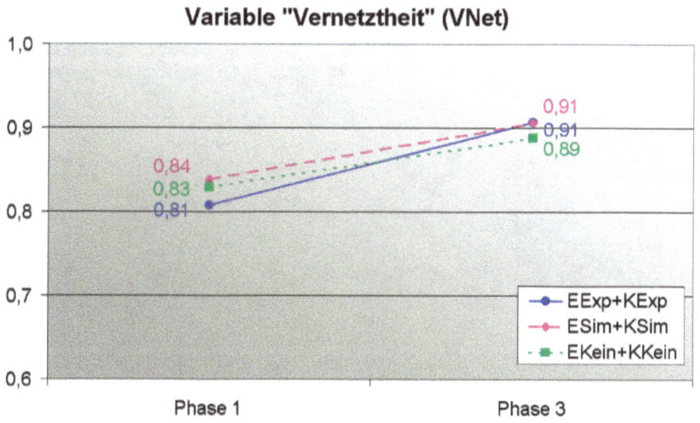

Abb. 9.3.18 Variable zur Struktur der Begriffsnetze: VNet zur Prüfung der Hypothese 3

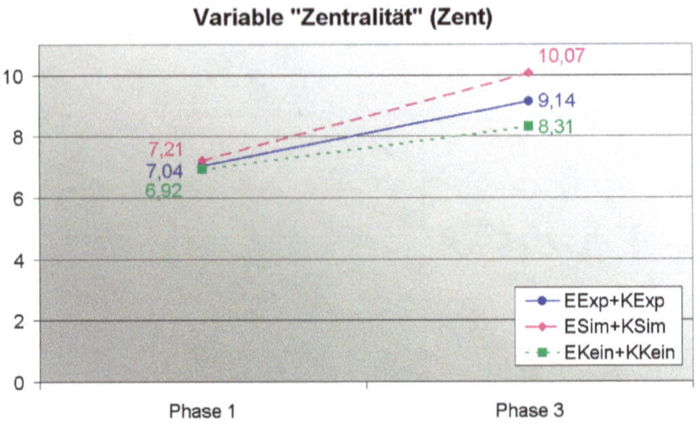

Abb. 9.3.19 Variable zur Struktur der Begriffsnetze: Zent zur Prüfung der Hypothese 3

Aus den Abbildungen 9.3.18 und 9.3.19 ist die gleiche Tendenz wie bei den Variablen zur Richtigkeit und Größe der Netze zu erkennen: Alle drei Gruppen erreichen bezüglich dieser beiden Variablen in der Phase 3 bessere Ergebnisse als in der Phase 1. Wie zu erwarten, ist der Zuwachs in der Gruppe, die in der Phase 2 keine Handlungen durchführte (EKein + KKein) am geringsten.

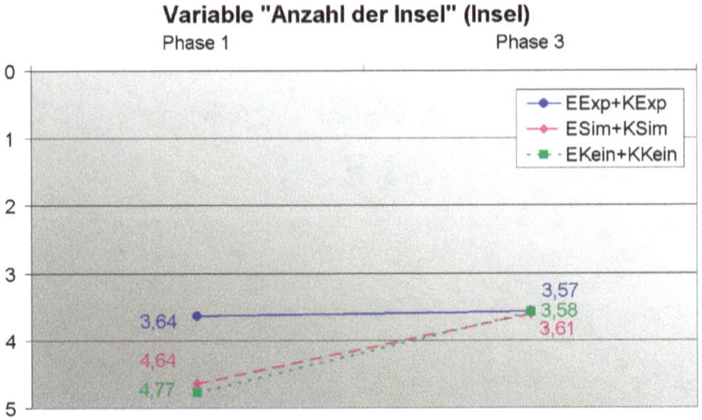

Abb. 9.3.20 Variable zur Struktur der Begriffsnetze: Insel zur Prüfung der Hypothese 3

Aus der Abbildung 9.3.20 ist zu erkennen, dass die Begriffsnetze aller Gruppen in der Phase 3 weniger Inseln haben als die Begriffsnetze in der Phase 1.

In der folgenden Tab. 9.3.13 sind die mit SPSS berechneten Ergebnisse aus dem LSD-Test zu den Variablen VNet und Zentral dargestellt. Die Tabelle zur Variable Insel ist hier nicht aufgeführt, weil die Unterschiede bezüglich der Variable Insel nicht signifikant sind.

VNet	Exp1	Sim1	Kein1	Exp3	Sim3	Kein3
Exp1		0,477	0,634	**0,026**	**0,028**	0,076
Sim1			0,825	0,128	0,134	0,278
Kein1				0,087	0,091	0,200
Exp3					0,981	0,679
Sim3						0,697
Kein3						

Tab. 9.3.13 Die mit SPSS berechneten Ergebnisse aus dem LSD Test zur Prüfung der Hypothese 3 bezüglich der Variable VNet (Struktur der Begriffsnetze)

Zent	Exp1	Sim1	Kein1	Exp3	Sim3	Kein3
Exp1		0,828	0,893	**0,011**	**0,000**	0,130
Sim1			0,728	**0,020**	**0,001**	0,192
Kein1				**0,009**	**0,000**	0,106
Exp3					0,259	0,319
Sim3						**0,036**
Kein3						

Tab. 9.3.14 Die mit SPSS berechneten Ergebnisse aus dem LSD Test zur Prüfung der Hypothese 3 bezüglich der Variable Zent (Struktur der Begriffsnetze)

Bezüglich der Variable VNet sind die Unterschiede zwischen den Gruppen Exp1 und Exp3 bzw. Exp1 und Sim3 signifikant (Tab. 9.3.13). Bezüglich der Variable Zent unterscheiden sich die Gruppen Exp3 und Sim3 signifikant von allen anderen Gruppen in der Phase 1. Zusätzlich unterscheidet sich die Gruppe, die in der Phase 2 Handlungen am Computer durchgeführt hat, signifikant von der Gruppe, die keine Handlungen durchgeführt hat (Tab. 9.3.14).

Ergebnisse zur Hypothese 3 mit Differenzwerten
Zur Prüfung der Hypothese 3 wurden die Daten zu zwei unterschiedlichen Zeitpunkten (vor und nach den Handlungen) erhoben. Durch den Vergleich der Daten in der Phase 3 können wir zwar feststellen, welche Gruppe nach den Handlungen bessere Ergebnisse erzielte, jedoch sagen die Werte nichts über den Wissenszuwachs aus. Um diesen Zuwachs zu ermitteln, berechnen wir die Differenzwerte (Phase 3 – Phase 1) aller Gruppen und vergleichen sie.

Ergebnisse zur Größe der Begriffsnetze

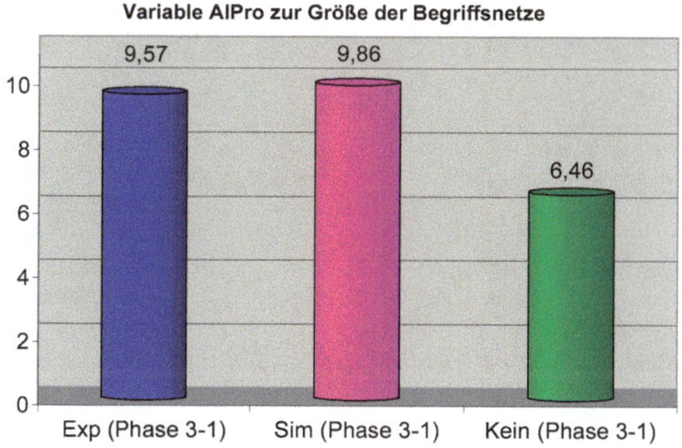

Abb. 9.3.21 Differenzwerte der Variable AlPro zur Prüfung der Hypothese 3

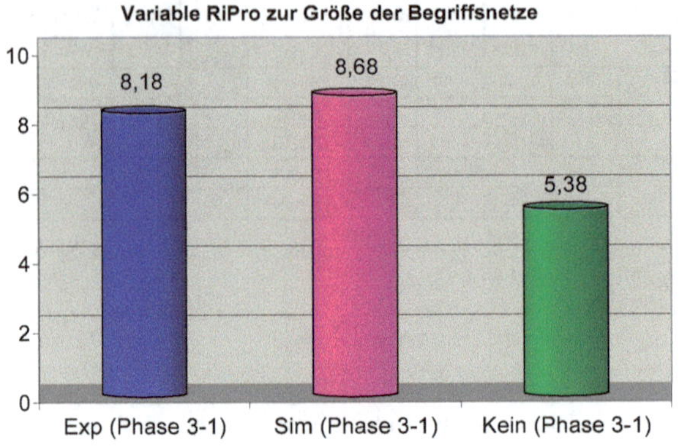

Abb. 9.3.22 Differenzwerte der Variable RiPro zur Prüfung der Hypothese 3

Die Gruppen, die in der Phase 2 Handlungen in Realsituationen bzw. am Computer durchführten, zeigen einen deutlich höheren Wissenszuwachs (bezüglich der Variablen AlPro und RiPro) als die Gruppe, die keine Handlungen durchführte.

Ergebnisse zur Richtigkeit der Begriffsnetze

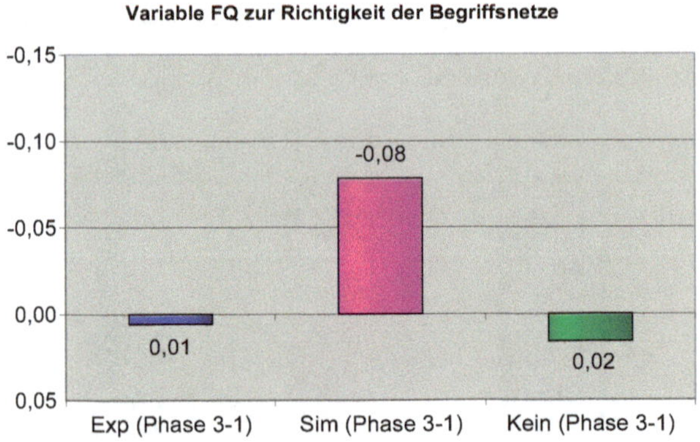

Abb. 9.3.23 Differenzwerte der Variable FQ zur Prüfung der Hypothese 3

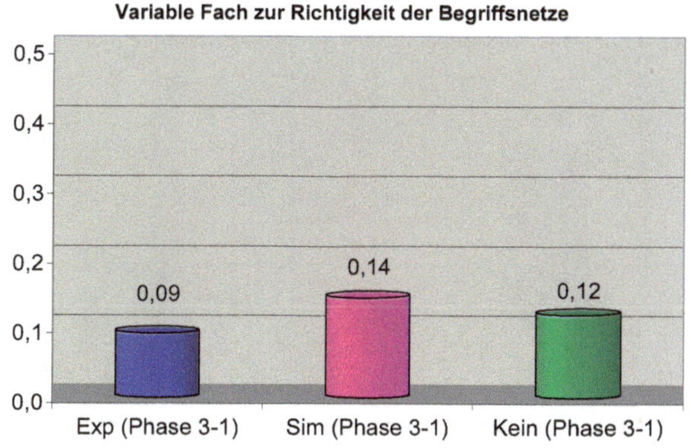

Abb. 9.3.24 Differenzwerte der Variable Fach zur Prüfung der Hypothese

Die Gruppen, die in der Phase 2 Handlungen in Realsituationen bzw. am Computer durchführte, zeigen bessere Ergebnisse bezüglich der Variablen FQ und Fach (mit Ausnahme Exp und Kein bezüglich der Variable Fach) als die Gruppe, die keine Handlungen durchführte.

Ergebnisse zur Struktur der Begriffsnetze

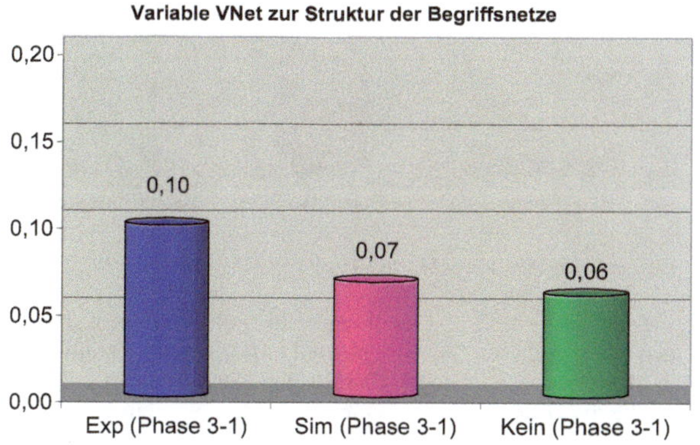

Abb. 9.3.25 Differenzwerte der Variable VNet zur Prüfung der Hypothese 3

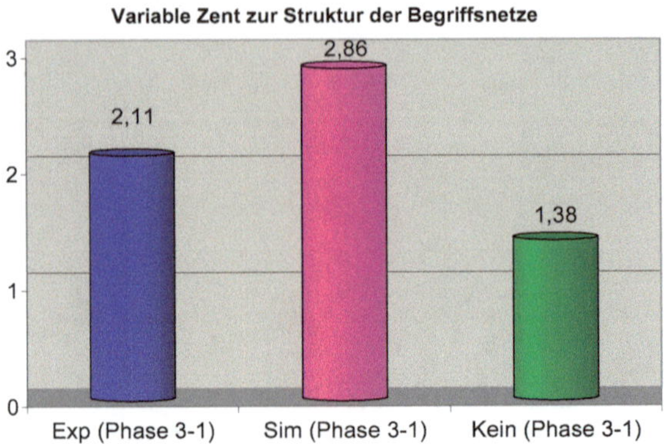

Abb. 9.3.26 Differenzwerte der Variable Zent zur Prüfung der Hypothese 3

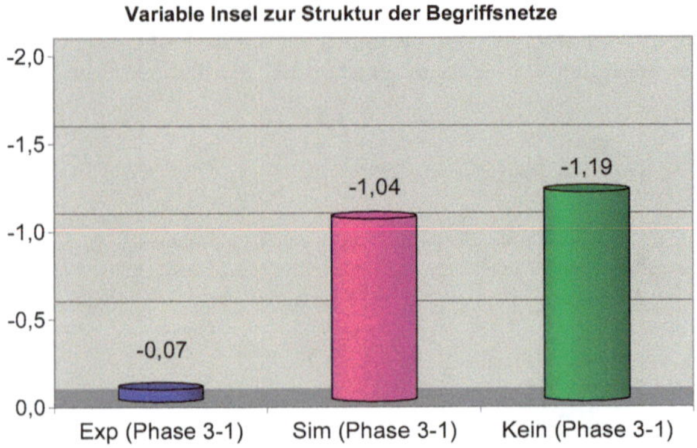

Abb. 9.3.27 Differenzwerte der Variable Insel zur Prüfung der Hypothese 3

Die Gruppen, die in der Phase 2 Handlungen in Realsituationen bzw. am Computer durchführte, zeigen einen größeren Zuwachs sowohl bezüglich der Variable VNet als auch der Variable Zent als die Gruppe, die keine Handlungen durchführte. Lediglich bezüglich der Variable Insel erzielte die Gruppe ohne Handlungen bessere Ergebnisse.

Zusammenfassung der Ergebnisse zur Hypothese 3

Wir können eindeutig feststellen, dass alle Gruppen in der Phase 3 signifikant bessere Ergebnisse im Concept Mapping erzielten als in der Phase 1.

Zusätzlich können wir feststellen, dass die Gruppen, die in der Phase 2 Handlungen durchführten, bezüglich der meisten Variablen deutlich bessere Ergebnisse erzielten als die Gruppe, die keine Handlungen durchführte. Die Unterschiede sind in vielen Fällen auch signifikant. Das bedeutet, dass das Handeln das Lernen begünstigt.

9.3.9 Ergebnisse zur Hypothese 4

Die Hypothese 4 lautet: Physikalisches Wissen (wie in den Concept Maps der Phase 1 erhoben) begünstigt das Handeln sowohl in der Realsituation (Experimente) als auch das in der Computersimulation, jedoch in unterschiedlicher Intensität *(Wissen begünstigt Handeln)*. Wir vergleichen für die Prüfung dieser Hypothese folgende Datensätze:

H4A: EExp1+KExp1 mit EExp2+KExp2 bzw. Exp1 mit Exp3 (Probandenanzahl jeweils N=28)

H4B: ESim1+KSim1 mit ESim2+KSim2 bzw. Sim1 mit Sim3 (Probandenanzahl jeweils N=28)

	Erprobungsgruppe			**Kontrollgruppe**		
	Exp	Sim	Kein	Exp	Sim	Kein
Phase 1 (CCMap)	EExp1	ESim1	EKein1	KExp1	KSim1	KKein1
Phase 2 (Handeln)	EExp2	ESim2	EKein2	KExp2	KSim2	KKein2
Phase 3 (CCMap)	EExp3	ESim3	EKein3	KExp3	KSim3	KKein3

Tab. 9.3.15 Datensätze zur Prüfung der Hypothese 4

Zur Prüfung der Hypothese 4 berechnen wir mit SPSS die Korrelationen zwischen den Ergebnissen aus dem Concept Mapping in der Phase 1 und den Ergebnissen aus dem Handeln.

Ergebnisse mit Datensatz H4A

In der folgenden Tab. 9.3.16 sind die Korrelationen zwischen den Variablen aus dem Concept Mapping in der Phase 1 und den Variablen aus dem Handeln in Realsituationen dargestellt. Die Korrelationen, die die von uns erwartete Tendenz zeigen *(Wissen begünstigt Handeln)*, sind dunkel schattiert.

Variable	AlPro	RiPro	FQ	VNet	Zent	Insel	Fach	Map-Char	Map-Char2	Anzahl	Prozent
FABS1	-,436(*)	-,444(*)	-0,129	-0,260	-0,277	-0,054	0,372	-0,132	-0,340	6	66,7%
FLEI1	0,063	-0,018	0,171	-0,259	-0,127	-0,059	-0,085	-0,013	-0,015	7	77,8%
FBEL1	0,331	0,211	0,225	0,108	0,178	-0,147	-0,336	-0,204	0,109	3	33,3%
FABS2	-0,273	-0,254	-0,133	0,069	-0,228	0,099	0,153	-0,039	-0,220	6	66,7%
FLEI2	-0,029	0,110	-0,263	0,132	-0,219	0,156	0,316	,466(*)	0,158	3	33,3%
FBEL2	0,303	0,199	0,163	0,064	-0,078	-0,061	-0,239	-0,083	0,083	4	44,4%
FABS3	-0,242	-0,210	-0,083	-0,198	-0,311	,620(**)	0,011	-0,141	-0,279	7	77,8%
FLEI3	0,128	0,144	-0,009	0,021	0,001	-0,067	-0,034	-0,036	0,135	2	22,2%
FBEL3	0,286	0,157	0,184	0,103	-0,021	-0,095	-0,280	-0,121	0,016	4	44,4%
FABS4	-0,325	-0,353	0,047	-0,184	0,055	0,010	0,254	-0,058	-0,221	7	77,8%
FLEI4	-0,167	-0,309	0,278	-0,108	0,081	0,052	-0,008	-0,263	-0,279	8	88,9%
FBEL4	0,259	0,118	0,277	0,074	0,153	-0,114	-,381(*)	-0,244	-0,010	4	44,4%
LW1	0,112	0,081	0,142	0,091	0,255	0,133	-0,165	-0,141	0,048	5	55,6%
LW2	-0,017	-0,140	0,251	-0,165	0,040	0,040	-0,149	-0,336	-0,113	1	11,1%
L1K	-0,212	-0,106	-0,200	-0,158	-0,103	0,213	0,157	0,030	-0,100	3	33,3%
L2K	-0,063	-0,097	0,104	-0,157	-0,013	0,168	-0,035	-0,145	-0,037	0	0,0%
FPOSG1	0,118	0,127	0,000	0,136	0,000	0,022	-0,086	0,178	0,030	2	22,2%
FPOSK1	-0,273	-0,243	-0,102	-0,247	-0,127	0,166	0,218	0,052	-0,117	6	66,7%
FPOSW1	0,323	0,288	0,088	0,302	0,113	-0,234	-0,146	0,158	0,258	2	22,2%
FPOST1	-0,263	-0,211	-0,102	-0,129	0,007	-0,035	0,252	-0,024	-0,086	5	55,6%
FPOSM1	-0,241	-0,240	0,014	-0,104	-0,034	-0,079	0,045	-0,198	-0,232	7	77,8%
FPOS1	-0,184	-0,154	-0,063	-0,074	-0,025	-0,032	0,162	0,041	-0,069	5	55,6%
KWH1	-0,020	-0,097	0,135	-0,006	0,206	0,126	-0,067	0,071	-0,106	7	77,8%
KWH2	0,002	-0,005	0,057	-0,195	-0,183	-0,094	0,026	0,014	0,036	4	44,4%
FPOSG2	-0,174	-0,260	0,129	-0,226	-0,080	0,265	0,091	-0,176	-0,190	8	88,9%
FPOSK2	0,246	0,263	-0,072	0,164	-0,083	-0,305	0,013	0,275	0,261	1	11,1%
FPOSW2	-0,067	-0,048	-0,037	-0,190	-0,128	0,238	0,023	-0,135	-0,139	7	77,8%
FPOST2	0,326	0,261	0,257	0,129	0,286	0,012	-0,238	-0,009	0,199	4	44,4%
FPOSM2	0,074	0,168	-0,205	-0,120	-0,010	0,105	0,069	0,064	0,139	3	33,3%
FPOS2	0,229	0,194	0,146	-0,022	0,129	0,124	-0,129	-0,036	0,124	5	55,6%
S1	-0,016	-0,021	0,007	-0,219	-0,106	0,000	-0,066	-0,183	-0,106	8	88,9%
S2	0,307	,397(*)	-0,085	0,264	0,069	-0,225	0,192	,432(*)	,563(**)	0	0,0%
Anzahl	15	16	16	17	18	13	14	19	16		
Prozent	46,9%	50,0%	50,0%	53,1%	56,3%	40,6%	43,8%	59,4%	50,0%		

Tab. 9.3.16 Korrelationen zwischen den Variablen aus dem Concept Mapping und aus dem Handeln in Realsituationen zur Prüfung der Hypothese 4

Aus der Tab. 9.3.16 ist zu erkennen, dass etwa die Hälfte aller Variablen in der von uns erwarteten Richtung korrelieren. Jedoch sind nur sehr wenige Korrelationen signifikant. Damit können wir zwar zeigen, dass es Tendenzen dafür gibt, dass das Wissen das Handeln fördert, nachweisen konnten wir es jedoch nicht.

Ergebnisse mit Datensatz H4B

In der Tab. 9.3.17 sind die Korrelationen zwischen den Variablen aus dem Concept Mapping in der Phase 1 und den Variablen aus dem Handeln am Computer dargestellt. Die Korrelationen, die die von uns erwartete Tendenz zeigen *(Wissen begünstigt Handeln)*, sind dunkel schattiert.

Variable	AlPro	RiPro	FQ	VNet	Zent	Insel	Fach	Map-Char	Map-Char2	Anzahl	Prozent
ZEITL	-0,328	-,400(*)	0,107	0,070	-0,006	-0,283	0,020	-0,156	-0,355	6	66,7%
ZEITK	-0,016	-0,114	0,108	-0,020	-0,099	-0,156	0,009	-0,140	-0,017	7	77,8%
ZEIT	-0,258	-0,351	0,124	0,046	-0,042	-0,277	0,019	-0,173	-0,279	6	66,7%
FABS1	-0,112	0,003	-0,105	0,021	0,242	-0,093	0,120	0,106	0,024	1	11,1%
FLEI1	-0,306	-0,167	-0,183	-0,149	-0,285	0,118	0,317	0,129	-0,136	6	66,7%
FBEL1	0,039	-0,120	0,220	0,061	0,105	-0,011	-0,208	-0,097	-0,194	5	55,6%
FABS2	-0,217	-0,096	-0,142	-0,148	-0,113	0,105	0,280	0,081	-0,015	6	66,7%
FLEI2	-0,105	-0,064	-0,074	-0,089	-0,202	0,012	-0,018	-0,156	-0,077	8	88,9%
FBEL2	-0,210	-0,126	-0,105	-0,160	-0,070	-0,023	0,174	-0,051	-0,081	6	66,7%
FABS3	-0,076	-0,137	0,014	-0,228	-0,024	0,267	-0,169	-0,170	-0,259	9	100,0%
FLEI3	0,151	0,179	-0,088	0,002	-0,147	0,053	-0,025	0,087	0,118	2	22,2%
FBEL3	-0,185	-0,077	-0,125	-0,138	0,016	0,018	0,239	0,045	-0,008	5	55,6%
FABS4	0,068	-0,064	0,105	-0,083	0,224	0,156	-0,330	-0,187	-0,220	7	77,8%
FLEI4	0,248	0,134	0,051	0,093	0,052	-0,236	-0,071	0,074	0,177	2	22,2%
FBEL4	0,021	-0,011	0,063	-0,038	0,047	-0,053	-0,002	-0,031	0,014	5	55,6%
LW1	0,251	0,233	0,195	,422(*)	0,277	-0,295	-0,034	0,233	0,251	7	77,8%
LW2	-0,089	-0,120	0,122	0,177	0,211	-0,200	-0,031	-0,017	-0,111	3	33,3%
L1K	0,065	0,099	0,021	0,228	0,189	-0,219	0,051	0,072	0,165	8	88,9%
L2K	0,104	-0,001	0,247	0,370	,411(*)	-0,349	-0,156	-0,003	0,016	5	55,6%
FPOSG1	0,014	0,023	-0,031	-0,048	-0,017	0,095	0,078	0,021	0,113	3	33,3%
FPOSK1	-0,136	-0,110	-0,106	-0,176	-0,262	0,238	-0,030	-0,057	-0,181	8	88,9%
FPOSW1	-0,281	-0,211	-0,168	-0,332	-0,246	0,194	0,088	-0,161	-0,222	7	77,8%
FPOST1	0,003	0,061	-0,142	-0,099	-0,052	0,214	0,037	0,070	0,048	3	33,3%
FPOSM1	-0,272	-0,146	-0,258	-0,256	-0,152	0,295	0,148	0,031	-0,180	6	66,7%
FPOS1	-0,171	-0,093	-0,197	-0,249	-0,210	0,301	0,077	-0,021	-0,111	7	77,8%
KWH1	-0,060	0,019	-0,146	-0,161	-0,188	0,203	0,062	0,044	0,035	4	44,4%
KWH2	-0,028	-0,054	-0,064	-0,172	0,034	0,331	0,028	0,059	-0,033	5	55,6%
FPOSG2	0,106	-0,016	0,118	-0,089	-0,268	0,258	-0,215	-0,159	-0,047	8	88,9%
FPOSK2	0,023	-0,065	0,075	0,008	0,130	-0,256	-0,182	-0,193	-0,129	5	55,6%
FPOSW2	0,197	0,172	-0,001	-0,108	0,062	0,200	-0,095	-0,014	0,154	4	44,4%
FPOST2	0,113	0,081	-0,068	-0,142	0,000	0,235	-0,238	-0,120	-0,016	5	55,6%
FPOSM2	0,139	0,314	-0,197	0,027	0,234	0,063	0,231	0,332	0,374	1	11,1%
FPOS2	0,227	0,190	-0,048	-0,151	0,050	0,259	-0,230	-0,080	0,113	4	44,4%
S1	0,271	0,238	0,000	-0,136	0,005	0,335	-0,146	-0,042	0,186	5	55,6%
S2	-0,115	-0,096	-0,029	-0,153	-0,251	0,076	-0,005	-0,138	-0,106	8	88,9%
Anzahl	20	22	11	27	22	26	15	21	23		
Prozent	57,1%	62,9%	31,4%	77,1%	62,9%	74,3%	42,9%	60,0%	65,7%		

Tab. 9.3.17 Korrelationen zwischen den Variablen aus dem Concept Mapping und aus dem Handeln am Computer zur Prüfung der Hypothese 4

Aus diesen Korrelationen zeigen etwa 60% die von uns erwartete Richtung. Auch hier sind nur einige Korrelationen signifikant. Es sind jedoch folgende Tendenzen zu erkennen: Die Variablen aus Concept Mapping, die etwas über Struktur der Netze (VNet, Zent, Insel) und über die Größe der Netze (AlPro, RiPro) aussagen, korrelieren stärker mit den Variablen aus Handlungen als die Variablen, die etwas über die fachliche Richtigkeit der Netze aussagen.

Zusammenfassung der Ergebnisse zur Hypothese 4

Wir können feststellen, dass das mit Concept Mapping erfasste propositionale Wissen stärker mit den Handlungen in den Computersimulationen korreliert als mit den Handlungen in Realsituationen. Die alte unterrichtliche Forderung, das Wissen und das Lernen fördere das Handeln der Schülerinnen und Schüler ist offenbar kaum belegbar. Zwar fanden wir Tendenzen dafür, aber keinen eindeutigen Beleg.

9.3.10 Ergebnisse zur Hypothese 5

Die Hypothese 5 (Kontaminationshypothese) lautet: Die Lernsituationen gemäß Hypothese 3 beeinflussen sich gegenseitig so stark, dass sie nicht am gleichen Probanden benutzt werden können *(Gegenseitige Beeinflussung von Handlungen)*. Hier vergleichen wir die Werte der Variablen aus den Handlungen in Realsituationen mit denen in den Computersimulationen, und zwar führen die Probanden beide Arten des Handelns nacheinander durch. Wir vergleichen für die Prüfung dieser Hypothese folgende Datensätze (siehe dazu Design in Abb. 6.1):

H5A: Exp/Sim mit Sim/Exp bei den Handlungen in Realsituationen (Probandenanzahl in de Gruppe Exp/Sim N=10, in der Gruppe Sim/Exp N=8)

H5B: Exp/Sim mit Sim/Exp bei den Handlungen am Computer (Probandenanzahl in de Gruppe Exp/Sim N=10, in der Gruppe Sim/Exp N=8)

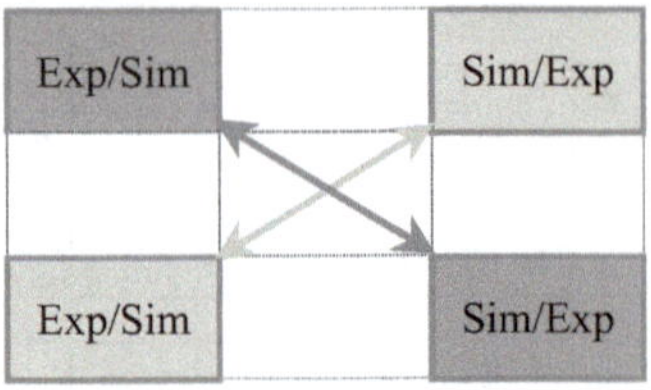

Tab. 9.3.18 Datensätze zur Prüfung der Hypothese 5

Ergebnisse mit Datensatz H5A

Eine Gruppe (Sim/Exp) hatte schon vorher die Handlungen am Computer (Computersimulation) durchgeführt, die andere Gruppe (Exp/Sim) hatte noch keine Handlungen durchgeführt. Im Folgenden werden jeweils zwei wichtige Variablen aus den Versuchen "Beleuchtung" und "Erwärmung von Wasser" dargestellt.

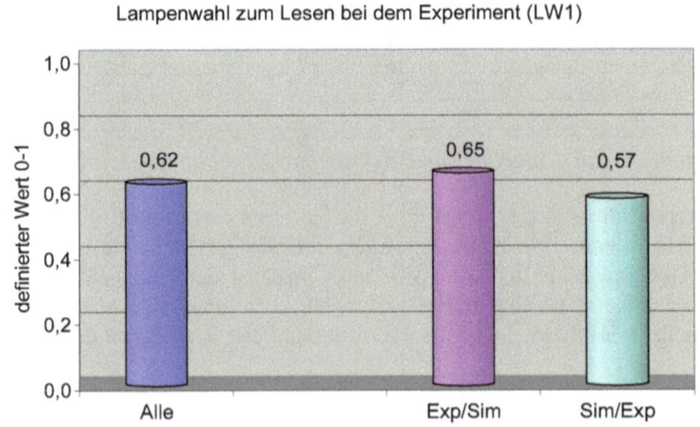

Abb. 9.3.28 Variable LW1 aus dem Experiment zur Prüfung der Hypothese 5

Obwohl die Gruppe Exp/Sim noch keine Handlungen durchgeführt hatte, erzielte sie bessere Ergebnisse als die Gruppe Sim/Exp.

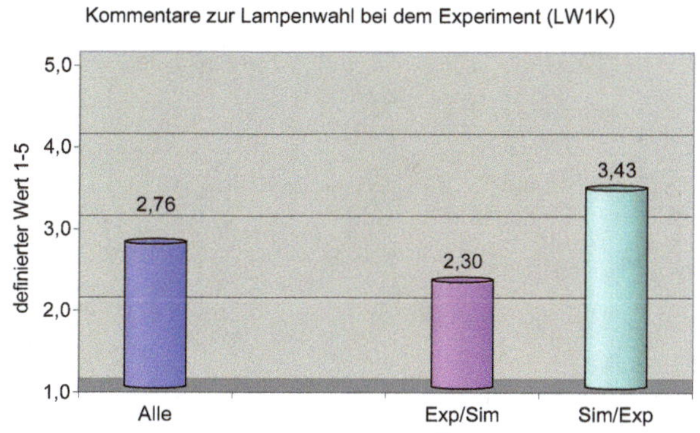

Abb. 9.3.29 Variable LW1K aus dem Experiment zur Prüfung der Hypothese 5

Bei den Kommentaren zur Lampenauswahl (LW1K) erzielte die Gruppe, die vorher am Computer gehandelt hat (Sim/Exp), deutlich bessere Ergebnisse als die Gruppe Exp/Sim.

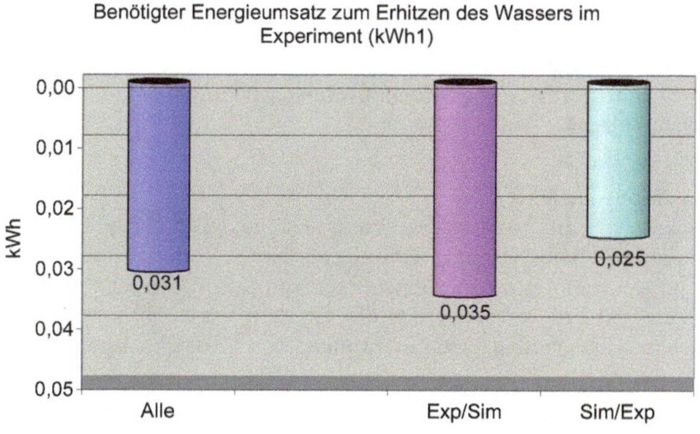

Abb. 9.3.30 Variable kWh1 aus dem Experiment zur Prüfung der Hypothese 5

Beim Erhitzen von Wasser braucht die Gruppe Sim/Exp deutlich weniger Energie als die Gruppe Exp/Sim.

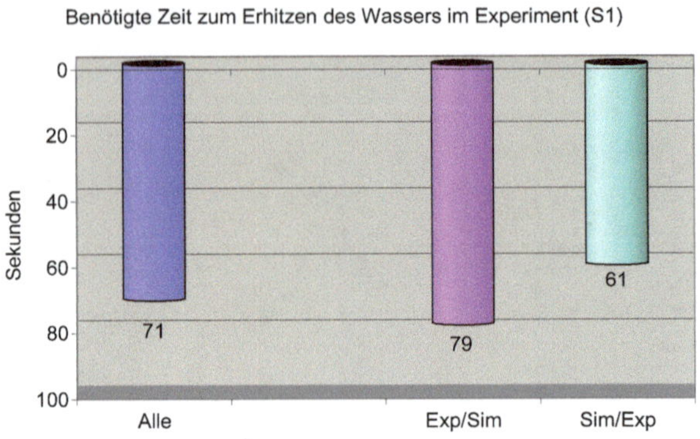

Abb. 9.3.31 Variable S1 aus dem Experiment zur Prüfung der Hypothese 5

Beim Erhitzen von Wasser benötigte die Gruppe Sim/Exp deutlich weniger Zeit als die Gruppe Exp/Sim.

In vielen wichtigen Variablen erzielte die Gruppe, die vorher Handlungen in den Computersimulationen durchgeführt hatte (Sim/Exp), bessere Ergebnisse als die Gruppe, die vorher noch keine Handlungen durchgeführt hatte (Exp/Sim). Aufgrund dieser Ergebnisse können wir einen Einfluss des Handelns am Computer (Computersimulation) auf das Handeln in Realsituationen belegen.

Ergebnisse mit Datensatz H5B

Hier vergleichen wir die Werte der Variablen aus den Handlungen am Computer (Computersimulation). Die Gruppe (Sim/Exp) hatte vorher noch keine Handlungen durchgeführt, während die andere Gruppe (Exp/Sim) schon Handlungen in Realsituationen durchgeführt hatte. Im Folgenden werden die gleichen Variablen wie beim Datensatz H5A aus den Versuchen "Beleuchtung" und "Erwärmung von Wasser" dargestellt.

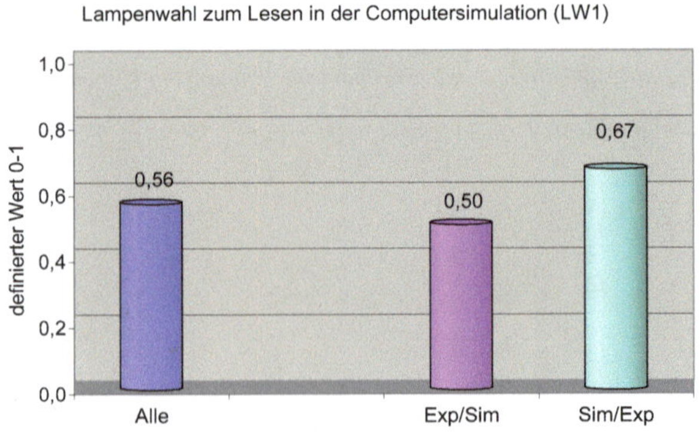

Abb. 9.3.32 Variable LW1 aus der Computersimulation zur Prüfung der Hypothese 5

Die Gruppe Sim/Exp erzielt bezüglich der Variable LW1 bessere Ergebnisse als die Gruppe Exp/Sim, die vorher schon in Realsituation gehandelt hatte.

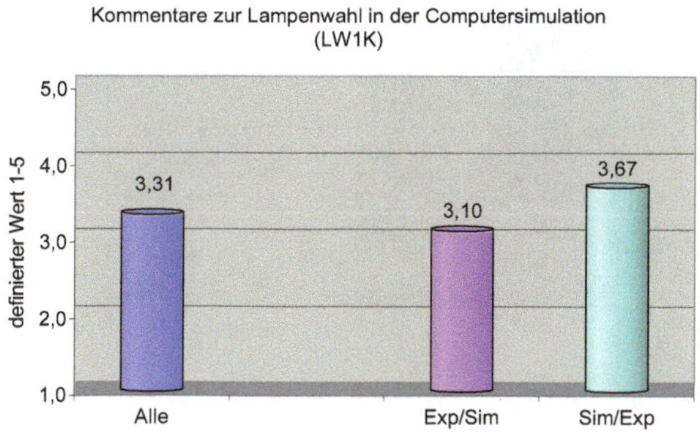

Abb. 9.3.33 Variable LW1K aus der Computersimulation zur Prüfung der Hypothese 5

Auch bezüglich der Variable LW1K erzielte die Gruppe Sim/Exp bessere Ergebnisse als die Gruppe Exp/Sim, die vorher schon in Realsituation gehandelt hatte.

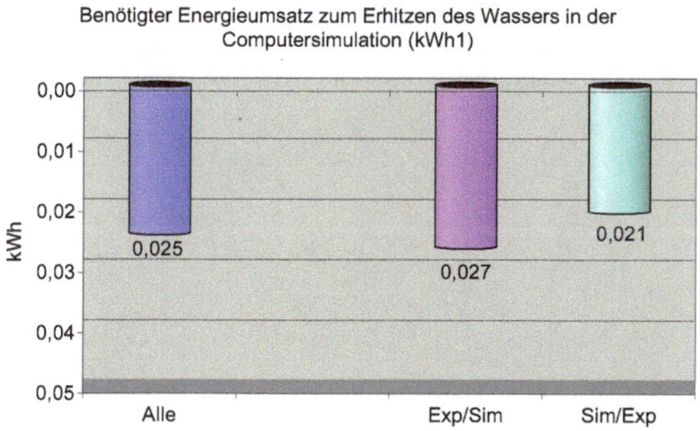

Abb. 9.3.34 Variable kWh1 aus der Computersimulation zur Prüfung der Hypothese 5

Die Gruppe Sim/Exp benötigte zum Erhitzen des Wassers weniger Energie als die Gruppe Exp/Sim.

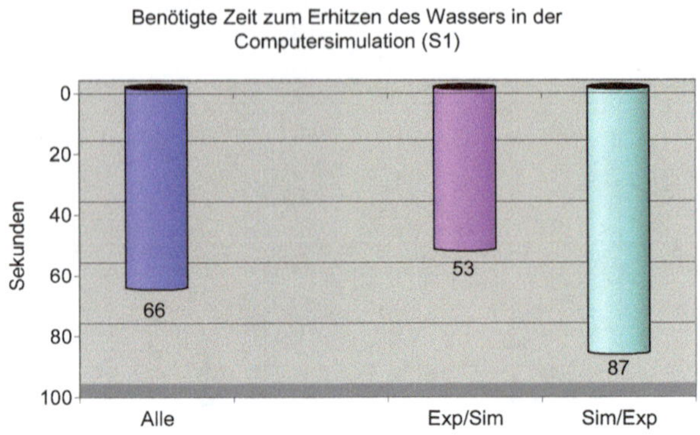

Abb. 9.3.35 Variable S1 aus der Computersimulation zur Prüfung der Hypothese 5

Bezüglich der Variable S1 erzielte die Gruppe Exp/Sim bessere Ergebnisse als die Gruppe Sim/Exp, die vorher noch keine Handlungen durchgeführt hatte.

Zusammenfassung der Ergebnisse zur Hypothese 5

Die Vermutung, dass die Schülerinnen und Schüler beim Handeln in den Computersimulationen bessere Ergebnisse erreichen, wenn sie schon vorher die gleichen Experimente in der Realsituation bearbeiten, hat sich auf Grund unserer Ergebnisse nicht bestätigt. Eine wechselseitige "Kontamination" unserer Erhebungsverfahren hat sich nicht gezeigt.

10 Diskussion und Ausblick

Wie in Kapitel 1 ausgeführt haben wir mit dieser Studie sowohl forschungsmethodische als auch didaktische Ziele verfolgt. Bei den forschungsmethodischen Zielen geht es um Fortschritte bei der Erstellung eines Methodeninventars, bei den didaktischen Zielen um inhaltliche Aussagen über den Zusammenhang von Wissen und Handeln.

Mit der Programmierung, Erprobung und Evaluation des Computerprogramms CCMap haben wir ein wichtiges Ziel im forschungsmethodischen Bereich erreicht. Die bisher entwickelten Concept-Mapping-Programme erfüllen nur bedingt die Kriterien, die wir für ein leistungsfähiges Computerprogramm zum Concept Mapping für wichtig erachten (siehe dazu Kapitel 3). Das neue Programm CCMap erfüllt alle diese Kriterien. Das neu konzipierte CCMap haben wir in Voruntersuchungen vielfach erprobt; in der Hauptuntersuchung hat es sich als sehr geeignet erwiesen. In Untersuchungen mit der Methode Concept Mapping wird im Allgemeinen mit viel weniger Begriffen als in unserer Studie gearbeitet. Als Gründe werden der große Aufwand bei der Auswertung der Netze und eine Unübersichtlichkeit für die Probanden beim Konstruieren der Netze genannt. In unserer Untersuchung waren die Probanden mit 48 vorgegebenen Begriffen und 10 Relationen nicht überfordert. Die Auswertung der Concept Maps ist in das CCMap integriert und dadurch mit geringem Aufwand auch bei umfangreichen Netzen durchführbar. Die Auswertungszeit hat sich um den Faktor 100 gegenüber der Auswertung, wie wir sie in unseren vorigen Komponenten verwendet haben, verringert. Das Programm ist so bedienerfreundlich gestaltet, dass es von allen Probanden sehr schnell verstanden wurde. Das Arbeiten direkt am Computerbildschirm motivierte Schülerinnen und Schüler sichtlich mehr als das Konstruieren der Netze auf einem Blatt Tonpapier, wie wir es in unseren vorigen Komponenten eingesetzt hatten.

Die gewonnenen Erkenntnisse aus unseren vorherigen Concept-Mapping-Verfahren veranlassten uns im CCMap mit nur acht Variablen statt vorher etwa 50 zu arbeiten. Mit den definierten Variablen konnten wir alle von uns aufgeworfenen Fragen beantworten. Eine große Arbeitsersparnis wird durch die direkt am Computer durchzuführende Bewertung der Propositionen und die im Programm enthaltene Auswertung erreicht. In unseren vorigen Concept-Mapping-Verfahren haben wir eine umfangreiche Referenzmatrix mit allen nur möglichen Verknüpfungen schreiben müssen. Im CCMap wird auf dem Bildschirm jede von den Probanden gelegte Proposition angezeigt und vom Versuchsleiter mit einer Zahl von 0 bis 3 bewertet. Diese Anzahl von Verknüpfungen ist sehr viel geringer als die in der Referenzmatrix enthaltene. Wir haben die Bewertung so vorgenommen, dass physikalisch richtige und für den Themenbereich erwünschte Propositionen die Wertung 3 erhielten, während Zusammenhänge, die normalerweise aus dem Alltag bekannt sind, nur mit 1 belegt wurden.

Durch die einfache Handhabung des Programms für Schülerinnen und Schüler sowie für den Forscher oder Lehrer ist es sehr gut für den Einsatz sowohl in der Forschung als auch im Schulunterricht geeignet. Für unser Vorhaben haben wir das CCMap zunächst für den von uns vorgegebenen Bereich „Energie im Haushalt" konzipiert. Anlässlich der Datenaufnahmen in verschiedenen Schulen haben uns die Lehrkräfte gebeten, ihnen dieses CCMap zur Verfügung zu stellen. Inzwischen ist das Programm so weit ausgereift, dass es für beliebige Themenbereiche einsetzbar ist. Die Lehrkraft gibt die gewünschten Begriffe selbst vor und kann auch die Auswertung flexibel gestalten.

In Forschungsprojekten der naturwissenschaftlichen Fachdidaktiken findet man eine große Variationsbreite zur Anzahl von vorgegebenen und vom Probanden dazu gefundenen Begriffen und Relationen. Wir haben uns wegen der besseren Vergleichbarkeit nur für vorgegebene Begriffe und Relationen entschieden. Unser Programm bietet jedoch auch die Möglichkeit, dass die Probanden selbst Begriffe und Relationen hinzufügen können.

Eine weitere Bereicherung des Methodeninventars der physikdidaktischen Forschung ist eine neue Computersimulation. Mit der von uns programmierten Simulation lassen sich Handlungen an realen Schulexperimenten mit simulierten Handlungen vergleichen.

Es war bei den früheren Komponenten A und C ("Wärmephysik eines Einfamilienhauses" und "Energieversorgung im Verbund unterschiedlicher Kraftwerke") unvermeidlich, jedoch insgesamt unbefriedigend, dass das Handeln allein in Computersimulationen in der Gestalt von Spielhandlungen mit gelegentlichen subjektiven Opfern untersucht wurde. Dieses Defizit sollte schrittweise gemindert werden. Wir strebten deshalb nach einer parallelen Untersuchung von Handeln in der Computersimulation und in der Realsituation. Dies geschah dadurch, dass unsere neue Computersimulation auf Energienutzung im Haushalt zielt, und zwar an so einfachen Beispielen, dass das Handeln in der Realsituation beobachtbar wird. Als Realsituation wählten wir das Experiment im Physikunterricht. Hierzu gibt es unter dem Gesichtspunkt des sparsamen Einsatzes von elektrischer Energie und Wärmeenergie im Haushalt in der Literatur bereits zahlreiche Unterrichtsvorschläge. Unsere Entscheidung fiel zugunsten des von uns bereits für die Komponente C adaptierten Science-Technology-Society-Konzepts (STS) aus Großbritannien.

In der hier beschriebenen Untersuchung wurde also das Wissen und Handeln in Experimenten (Handeln in Realsituationen) und in Computersimulationen (Simulationshandeln) erfasst. Vor der Hauptuntersuchung wurde eine Voruntersuchung zur Prüfung der gegenseitigen Beeinflussung der Methoden Experiment und Computersimulation durchgeführt. Wir stellten zwar nur eine geringe Tendenz der gegenseitigen Beeinflussung der beiden Methoden fest, trotzdem blieben wir an unserer Vorgabe, die beiden Methoden nicht an gleichen Probandengruppen anzuwenden. Die Vermutung, dass Schülerinnen und Schüler, die vor der Simulation die Experimente bereits in der Realsituation bearbeitet hatten, bessere Ergebnisse erzielten als solche, die zum ersten Mal die Experimente in der Computersimulation durchführten, hat sich nicht bestätigt. Dies bedeutet, dass unsere Experimente in der Realsituation und in der Computersimulation als Diagnoseinstrumente dienten und nicht als Lernprogramme, wie wir es auch beabsichtigt hatten. Wir haben es bewusst so vorgegeben, dass die Probanden keine Rückmeldungen über die Richtigkeit ihrer Entscheidungen bei den Versuchen erhielten. In diesem Punkt unterscheidet sich ein Experiment im üblichen Schulunterricht von dem Diagnoseinstrument im Forschungsvorhaben.

Aus vielen zur Probe entwickelten Experimenten wurden letztendlich zwei Gruppen ausgewählt: "Beleuchtung" und "Erwärmung von Wasser". Für die Auswahl des "Lampenversuchs" sprach in erster Linie die Aktualität des Themas "Energiesparen" und die gute Durchführbarkeit. "Erwärmung von Wasser" ist einer der wenigen Versuche zum Thema "Wärmeenergie", der in dem vorgegebenen Zeitraum und in einer neunten Klasse durchführbar ist. In der gegebenen Zeit war es den Probanden möglich, beide Gruppen von Experimenten durchzuführen.

Das didaktische Hauptziel dieser Studie ist die Gewinnung von Erkenntnissen über den Zusammenhang von Wissen und Handeln in Realsituationen und am Computer. Hierzu haben wir fünf Hypothesen formuliert. Die Ergebnisse aus den Prüfungen dieser Hypothesen sind ausführlich in Kapitel 9 und als Übersicht in den Abschnitten 9.3.1 und 9.3.2 dargestellt. An dieser Stelle fassen wir nur in Kurzform zusammen:

Mit den erhobenen Schülerdaten in Concept Maps, Experiment- und Simulationsprotokollen ist eine Wirkung des Unterrichts festzustellen. Sowohl das erhobene Wissen als auch das Handeln in der Realsituation und in der Computersimulation sind in weiten Teilen auf den Unterricht zurückzuführen.

Beim Vergleich unterschiedlicher Handlungsarten zeigt sich, dass das Handeln in der Computersimulation dem Handeln im Experiment keinesfalls unterlegen ist. Der gängigen physikdidaktischen Überzeugung zufolge hätte man eine größere Wirkung des Experiments auf das Wissen erwartet.

Es war uns ein wichtiges Anliegen, der Frage nachzugehen, ob besseres Wissen auch zu größerer Handlungskompetenz führt. Wir stellen fest, dass eine solche Wirkung mit unseren Daten nicht bestätigt werden kann, wohl aber die Wirkung in umgekehrter Richtung. Denn andererseits zeigen Probanden, die erfolgreich handeln, einen größeren Wissenszuwachs als diejenigen, die nicht erfolgreich handeln. Hier machen wir die Einschränkung auf deklaratives Wissen, wie wir es mit der Methode Concept Mapping erfasst haben. Des weiteren haben wir eine bereichsspezifische Begrenzung auf festgelegte Unterrichtinhalte und auf eine Jahrgangsstufe vorgenommen. Es bleibt Folgeuntersuchungen vorbehalten, diese Frage mit anderen Vorgaben wieder aufzugreifen.

In der vorigen Komponente des dreiteiligen Forschungsprojektes konnten wir dokumentieren, dass sich naturwissenschaftliches Wissen als nützlich für das Handeln erweist, jedoch war nicht zu belegen, dass dieser Zusammenhang auf den Unterricht zurückzuführen ist. Unsere derzeit geäußerte Skepsis bezüglich der Notwendigkeit von Wissen als Voraussetzung für erfolgreiches Handeln ist weiterhin gerechtfertigt.

Unterrichtsinhalte allein sind noch keine Gewähr für einen Zuwachs an Wissen und Handlungskompetenz. Neuere Erkenntnisse der Fachdidaktik gehen davon aus, dass beispielsweise situative und motivationale Effekte eine wichtige Rolle im Lernprozess spielen.

Mit der vorliegenden Arbeit ist die dritte und letzte Komponente des dreiteiligen Forschungsprojekts abgeschlossen. Das verbindende Element aller drei Komponenten ist die Frage nach dem Zusammenhang von Wissen und Handeln. Die hierfür erforderlichen Datenerfassungsinstrumente wurden schrittweise erweitert und so weit optimiert, dass sie auch für zukünftige Projekte erfolgreich einsetzbar sind.

Eine zusammenfassende Analyse der inhaltlichen und methodischen Ergebnisse aus allen drei Komponenten konnte noch nicht Gegenstand dieser Studie sein. Es ist vorgesehen dies an einem Anschlussprojekt durchzuführen.

11 Literatur

AEBLI, H. (1993): Denken: Das Ordnen des Tuns. Bd. I: Kognitive Aspekte der Handlungstheorie. Stuttgart: Klett-Cotta. 2. Aufl.

AEBLI, H. (1998): Zwölf Grundformen des Lernens. Stuttgart: Klett-Cotta, 10. Aufl.

AL-AMOODI, M. S. (1993): Computersimulation von Experimenten als Mittel der Physikausbildung an der Hochschule. Dissertation Jena.

ARBINGER, R. (1991): Wissensdiagnostik. In: Ingenkamp, K., Jäger, R. S. (Hrsg.): Tests und Trends, 9. Jahrbuch der pädagogischen Diagnostik. Weinheim, Basel: Beltz, S. 80-108.

AUSUBEL, D. P. (1963): The Psychology of Meaningful Learning. New York: Grune & Straton.

AUSUBEL, D. P., NOVAK, J. D., HANESIAN, H. (1980): Psychologie des Unterrichtens. Bd. 1 (2. deutsche Auflage) Weinheim und Basel: Beltz.

AXELROD, R. (1976): Structure of Decision. Princeton, New Jersey, Princeton University Press.

BADER, F. U. A. (1989): Grundsätzliche Aspekte des Computereinsatzes im Physikunterricht. Beltz, Weinheim, Basel.

BANATHY, B. H. (1991): Cognitive mapping of educational systems for future generations. World Future 30(1): 5-17.

BEHRENDT, H. (1999): STS-Unterricht und traditioneller Physikunterricht – Empirische Untersuchung mit den Methoden Concept Mapping und Computersimulation. Habilitationsschrift. Kiel.

BEHRENDT, H. (1990): Physikalische Schulversuche. Didaktische Theorie, methodische Praxis und die Einstellung von Schülern zur Auswahl der Versuchgeräte. Dissertation. Kiel.

BEHRENDT, H., DAHNCKE, H., REISKA, P. (2000): Einsatz und computergestützte Auswertung von Concept Maps mit modalen Netzen und Bereichsdiagrammen. In: Fischler, H., Peuckert, J. (Hrsg.): Concept Mapping in fachdidaktischen Forschungsprojekten der Physik und Chemie. Berlin: Logos Verlag.

BEHRENDT, H., HÄUSSLER, P., REGER, H. (1997): Concept Mapping. Schülerinnen und Schüler legen ihre eigenen Begriffsnetze. NiU/Physik, Heft 38.

BONATO, M. (1990): Wissensstrukturierung mittels Struktur-Lege-Techniken. Frankfurt a. M.: Lang.

BOOCH, G. (1994): Object Oriented Design With Applications, Benjamin/Cummings.

BORTZ, J. (1985): Lehrbuch der Statistik für Sozialwissenschaftler. Berlin.

BRAAK, J. (1990): Die Komplementären Strukturen des Selbstorganisationsparadigmas als Elementarprinzipien für dessen Vermittlung. Kiel.

BRADEMANN, T. (1996): Grundsätze und Beispiele des Computereinsatzes im Physikunterricht der Sekundarstufe I. In: Naturwissenschaften im Unterricht/ Physik, 7. S. 26-31.

BREDTHAUER, W. u. a. (1997): Impulse Physik 1 für die Mittelstufe der Gymnasien. Stuttgart, Düsseldorf, Berlin, Leipzig: Ernst Klett

BURNETT, M. & BAKER, M. (1994): A Classification System for Visual Programming Languages. Journal of Visual Languages and Computing 5(3): 287-300.

CIESLA, E. (1993): Der Computereinsatz im Physikunterricht unter didaktischer Sicht. Physik in der Schule 7/8. S. 243-248.

CIESLA, E. (1994): Experiment und Computersimulation. Physik in der Schule. Nr. 32. S. 310-314.

CONLON, T. (2001): Supporting Mrs Jones, the Concept Mapper. In: Proceedings of the Tenth International PEG Conference in Turku "Intelligent Computer and Communication Technology – Learning in On-line Communities". S. 209-215.

COX, B. J. (1991) : Object-Oriented Programming: An Evolutionary Approach. Reading, Mass, Addison -Wesely.

DAHNCKE, H., BEHRENDT, H., REISKA, P. (2001): A comparison of STS-teaching and traditional physics lessons - On the Correlation of physics knowledge and taking action. In Behrendt, Dahncke, Duit, Gräber, Komorek, Kross, Reiska (Eds.): Research in Science Education. 2nd ESERA-Conference. Kiel 1999. Dordrecht: p.77-82, Kluwer.

DAHNCKE, H. (1997a): Physikkenntnisse und Eingriffe in Computersimulationen. In: Deutsche Physikalische Gesellschaft (DPG) Fachverband Didaktik der Physik (Hrsg.) 60. Physikertagung Jena 1996, S. 497-502.

DAHNCKE, H. (1997b): Science learning and competence to act – a report on a study on computer simulations and STS-teaching. In: Panwar, R. (Hrsg.) Science and Technology Education, Vol 1, p. 24 – 31.

DAHNCKE, H. (1997c): Physiklernen - Physikunterricht - Handlungskompetenz. In: Behrendt, H. (Hrsg.): Zur Didaktik der Physik und Chemie - Probleme und Perspektiven. Alsbach/ Bergstr.: Leuchtturm, S. 293-295.

DAHNCKE, H., DUIT, R., NIEDDERER, H. (1973): Eine Begriffs- und Regelhierarchie, einige Lerntypen und empirische Ergebnisse über den Energiebegriff im IPN-Curriculum Physik (5. Schuljahr) (Zusammenfassung). In: Frey, K., Lang, M. (Hrsg.): Kognitionspsychologie und naturwissenschaftlicher Unterricht: Bern, Stuttgart, Wien: Verlag Hans Huber.

DAHNCKE, H., FUHRMANN, A., STEINHAGEN, K. (1998): Entwicklung und Einsatz von Computersimulation und Concept Mapping als Erhebungsinstrumente bei Vorstellungen zur Wärmephysik eines Hauses. In: Zeitschrift für Didaktik der Naturwissenschaften, Jg. 4, Heft 2, S. 67-80.

DÖRNER, D. (1976): Problemlösen als Informationsverarbeitung. Stuttgart, Berlin, Köln, Mainz: Kohlhammer.

DÖRNER, D. (1989): Die Logik des Mißlingens. Strategisches Denken in komplexen Situationen. Rowohlt Verlag GmbH, Reinbek bei Hamburg.

Druxes, H., Schaber, J., Schiffmann, W., Sperber, G. (1987): Simulationsprogramm Wasserkochen. Physikalische Experimente zur rationellen und komfortablen Energieanwendung. Energie-Verlag. Heidelberg

EDELMANN, W. (1996): Lernpsychologie - eine Einführung. München, Weinheim: Urban & Schwarzenberg.

EDEN, C., JONES, S. & SIMS, D. (1979): Thinking in Organizations. London, Macmillan.

EINSIEDLER, W. (1996): Wissensstrukturierung im Unterricht. Neuere Forschung zur Wissensrepräsentation und ihre Anwendung in der Didaktik. In: Zeitschrift für Pädagogik. 42 Jg. Nr. 2.

FLORES-MENDEZ, R.A. (1997): Java Concept Maps for the Learning Web. In: T. Muldner & T.C. Reeves (Hrsg.). Proceedings of the World Conference on Educational Multimedia, Hypermedia and Telecommunications (Ed-Media/Ed-Telecom '97), Calgary, Canada.

FUHRMANN; H. A (1996): Physikalisches Wissen und Alltagssituation. Eine empirische Untersuchung am Beispiel einer Computersimulation einer Heizungsanlage. Dissertation. Universität Kiel.

GAINES, B.R. AND SHAW, M.L.G. (1993): Supporting the creativity cycle through visual languages. AAAI Spring Symposium: AI and Creativity. pp.155-162. Menlo Park, California, AAAI.

GAINES, B.R. AND SHAW, M.L.G. (1992). Documents as expert systems. Bramer, M.A. and Milne, R. W., Ed. Research and Development in Expert Systems IX. Proceedings of British Computer Society Expert Systems Conference. pp.331-349. Cambridge, UK, Cambridge University Press.

GAINES, B.R. (1994). A situated classification solution of a resource allocation task represented in a visual language. International Journal Human-Computer Studies 40(2) 243-271.

GERKEN, C., FISCHER, H. E., AUFSCHNAITER, S. v. (1996): Lernprozeßuntersuchung mit Concept Mapping. In: Behrendt, H. (Hrsg.): Zur Didaktik der Physik und Chemie. Probleme und Perspektiven. Alsbach: Leuchtturm-Verlag.

GOLDKUHLE, P. (1997): Modellbildung und Simulation mit dem Computer im Physikunterricht. Köln: Aulis Verlag Deubner & Co KG.

GRAESSER, A. C. & CLARK, L. F. (1985): Structures and Procedures of Implicit Knowledge. New Jersey, Ablex.

HART, J. A. (1977): Cognitive Maps of Three Latin American Policy Makers. World Politics 30(1): 115-140.

HÄUßLER, P. (1985): Mögliche Entscheidungen zur langfristigen Energieversorgung privater Haushalte in der Bundesrepublik Deutschland: eine Computersimulation. Schmidt & Klaunig, Kiel.

HEEPMANN, B., MUCKENFUß, H., SCHRÖDER, W. STIEGLER, L. (1987): Natur und Technik CVK Physik für Realschulen (Gesamtausgabe). Berlin: Cornelsen-Velhagen & Klasing

HEEPMANN, B., MUCKENFUß, H., SCHRÖDER, W. STIEGLER, L. (1995): Natur und Technik. Physik für die Sekundarstufe I. Gesamtband. Berlin: Cornelsen-Velhagen & Klasing

HEGARTY-HAZEL, E. (1991): Relationship between Students' Conceptual Knowledge and Study Strategies - 1: Student Learning in Physics. In: International Journal for Science Education. VOL 13, NO. 3, S. 303-312.

HEUER, D. (1996): Konzepte für Systemsoftware zum Physikverstehen. Praxis der Naturwissenschaften. Physik, 4/45. S. 2-11.

HEUSLER, J. (1990): Bausteine und Werkzeuge zur Entwicklung von Datenverarbeitungsanlagen. In: Praxis der Naturwissenschaften /Physik. 3/39. S. 12-23.

HOFFMANN, J. (1994): Kognitive Psychologie. In: Asanger, R., Wenninger, G., (Hrsg.): Handwörterbuch Psychologie, Weinheim, S. 352-356.

HORTON, P. B. et al. (1993): An Investigation of the Effectiveness of Concept Mapping as an Instructional Tool. In: Science Education 77/1, S. 95-111.

HUCKE, L. (1999): Handlungsregulation und Wissenserwerb in traditionellen und computergestützten Experimenten des physikalischen Praktikums. Dissertation am Fachbereich 2 (Physik) der Universität Dortmund.

JANKA, R. (1992): Realexperiment contra Computersimulation? In: Physik in der Schule 30, 4. S. 129-132.

JUNG, W. (1975): Was heißt Physiklernen? Didaktik der Physik zwischen Physik und Wissenschaftstheorie. In: Ewers, M. (Hrsg.): Naturwissenschaftliche Didaktik zwischen Kritik und Rekonstruktion. Weinheim, Basel: Beltz.

KIRCHER, E., GIRWIDZ, R., HÄUßLER, P. (2001): Physikdidaktik. Eine Einführung. Springer-Verlag Heidelberg.

KREMER, R. (1997): Constraint Graphs: A Concept Map Meta-Language. PhD Dissertation. The University of Calgary.

KLIX, F. (1984): Denken und Gedächtnis - Über die Wechselwirkung kognitiver Kompartments bei der Erzeugung geistiger Leistungen. In: Zeitschrift für Psychologie, 192 f.

LAMBIOTTE, J. G., DANSEREAU, D. F., CROSS, D. R. & REYNOLDS, S. B. (1984): Multirelational Semantic Maps. Educational Psychology Review 1(4): 331-367.

LIU, X. (1994): The Validity and Reliability of Concept Mapping as an Alternative Science Assessment when Item Response Theory is Used for Scoring. Paper presented at the annual meeting of the American Research Association, New Orleans.

LIU, X., HINCHEY, M., SCOTIA, N. (1996): The Internal Consistency of a Concept Mapping Scoring Scheme and its Effect on Prediction Validity. In: International Journal of Science Education VOL 18, (8), S. 921-937.

MCNEESE, M. D., ZAFF, B. S., PEIO, K. J., SNYDER, D. E., DUNCAN, J. C. & MCFARREN, M. R. (1990): An Advanced Knowledge and Design Acquisition Methodology for the Pilot's Associate. Wright-Patterson Air Force Base, Ohio, Harry G. Armstrong Aerospace Medical Research Laboratory.

MERZYN, W. (1991): Medien. In: Bleichroth, W., Dahncke, H., Jung, W., Kuhn, W., Merzyn, G., Weltner, K. (1991): Fachdidaktik Physik. Köln.

MERZYN, W. (1996): Computer im naturwissenschaftlichen Unterricht. Derzeitige Lage und Blick nach vorn. In: Naturwissenschaften im Unterricht/ Physik, 36. S. 4-7.

MIKELSKIS, H., F. (1999): Empirische Studie über den Einfluß von Lernvoraussetzungen und Lernumgebungen auf Lernerfolg. In: Brechel, R. (Hrsg.): Zur Didaktik der Physik und Chemie - Probleme und Perspektiven. Alsbach/ Bergstr.: Leuchtturm, S. 179-181.

MILLER, G., A., GALANTER, E., PRIBRAM, K. H. (1973): Strategien des Handelns: Pläne und Strukturen des Verhaltens. KLett. Stuttgart.

MINISTERIUM FÜR BILDUNG, WISSENSCHAFT, FORSCHUNG UND KULTUR DES LANDES SCHLESWIG-HOLSTEIN (Hrsg.) (1997): Lehrplan für die Sekundarstufe I der weiterführenden allgemeinbildenden Schulen Hauptschule, Realschule, Gymnasium. Glückstadt: Glückstädter Werkstätten.

MYERS, B. A. (1990): Taxonomies of Visual Programming and Program Visualization. Journal of Visual Languages and Computing 1(1): 97-123.

NOVAK, J. D. & GOWIN, D. B. (1984): Learning How To Learn. New York, Cambridge University Press.

NOVAK, J. D. (1990): Concept Mapping: A Useful Tool for Science Education. In: Journal of Research in Science Teaching 27 (10), S. 937-949.

NOVAK, J. D. (1991): Clarify with Concept Maps. In: The Science Teacher 27 (10), S. 45-49.

NOVAK, J. D. (1995): Concept Mapping: A Strategy for Organizing Knowledge. In: Glynn, S. M., Duit, R. (Hrsg.): Learning Science in the Schools: Research Reforming Practise. Mahwah, New Jersey: Lawrence Erlbaum Associates Publishers.

PARTHEY, H., WAHL, D. (1966): Die experimentelle Methode in Natur- und Geisteswissenschaften. Deutscher Verlag der Wissenschaften. Berlin.

PEUCKERT, J. (1999): Concept Mapping – Lernen wir unsere Schüler kennen! Teil 1 Grundlagen des Concept Mapping. In: Praxis in der Schule 36.

PEUCKERT, J., ROTHENHAGEN, A., SYLVESTER, U. (1999): Concept Mapping – Lernen wir unsere Schüler kennen! Teil 2 Diagnose von Wissensentwicklungen mittels Concept Mapping; ein Bericht aus der Praxis. In: Praxis in der Schule 37.

QUILLIAN, M. R. (1968): Semantic memory. Semantic Information Processing. M. Minsky. Cambridge, Massachusetts, MIT Press: 216-270.

REISKA, P. (1999): Physiklernen und Handeln von Schülern in Estland und in Deutschland. Eine empirische Untersuchung zu zwei unterschiedlichen Unterrichtskonzepten im Bereich von Energie und Energieversorgung mit den Methoden Concept Mapping und Computersimulation. Frankfurt a. M.: Peter Lang.

ROTH, G. (1997): Neurobiologische Grundlagen des Lernens und des Gedächtnisses. In: Behrendt, H. (Hrsg.): Zur Didaktik der Physik und Chemie. Probleme und Perspektiven. Alsbach: Leuchtturm-Verlag.

ROTH, W.-M., ROYCHOUDBURY, A. (1993): The Concept Map as a Tool for the Colloborative Construction of Knowledge: A Microanalysis of High School Physics Students. In: Journal of Research in Science Teaching. VOL 30, (5), S. 503-534.

RUIZ-PRIMO, M. A., SHAVELSON, R. J. (1996): Problems and issues in the use of Concept maps in science assessment. In: Journal of Research in Science Teaching 33, S. 569-600.

SAUER, G. (1997): Gekoppelte Nachbarn: Simulation von Ausbreitungen. In: Willer, J.: Didaktik der Physik: Vorträge - Physikertagung 1997 - Berlin.

SAURWEIN, K.-H., HÖNNEKAMP, T. (1992): SPSS/PC+4.0. Eine anwendungsorientierte Einführung zur professionellen Datenanalyse. Bonn, München, Reading: Adison-Wesley

SCHMIDT, H. (1997): Medien. In: Dahncke, H. mit Götz, R. und Langensiepen F. (1997): Handbuch des Physikunterrichts Sekundarbereich I. Aulis Verlag Deubner & Co KG Köln.

SCHVANEFELDT, R. W. (Hrsg.) (1990): Pathfinder Associative Networks: Studies in Knowledge Organisation. Norwood: Ablex Publishing Corporation.

SOWA, J. F. (1984): Conceptual Structures: Information Processing in Mind and Machine. Reading, Massachusetts, Addison-Wesley.

STOKMAN, F. N., SPRENGER, C. J. A. (Hrsg.) (1989): GRADAP Graph Definition and Analysis Package. Version 2.0. Inter-university Project Group of the Universities of Amsterdam, Groningen, Nijmegen and Twente. Iec ProGAMMA - Groningen - the Netherlands.

TERGAN, S. O. (1986): Modelle der Wissensrepräsentation als Grundlage qualitativer Wissensdiagnostik. Opladen: Westdeutscher Verlag GmbH.

WEBER, S. (1994): Vorwissen in der betriebswirtschaftlichen Ausbildung. Eine struktur- und inhaltsanalytische Studie. Wiesbaden: Dt. Univ. Verlag.

WILSON J. M. (1994): Network Representations of Knowledge about Chemical Equilibrium: Variations with Achievement. In: Journal of Research in Science Teaching. VOL 31, (10), S. 1133-1147.

WILSON J. M. (1996): Concept Maps about Chemical Equilibrium and Students' Achievement Scores. In: Research in Science Education. 26, (2), S. 169-185.

Internetadressen

FLORES-MENDEZ, R. A. (1997): Designing a Concept Mapping System User Interface http://www.cpsc.ucalgary.ca/~robertof/courses/609.05/#211_conceptMaps

FIFE, B.& BERGER, C. (1996): Computer Assisted Concept Mapping and Analysis. Paper presented at the meeting of The National Association for Research in Science Teaching, St. Louis.
http://www-personal.umich.edu/%7Ecberger/compmapanalysis.htm

12 Anhang

12.1 Screenshots des Programms CCMap

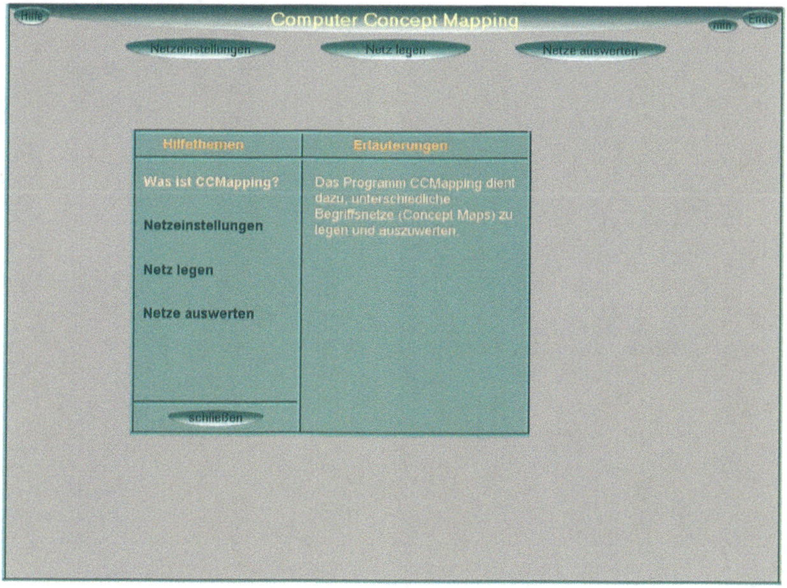

Abb. 12.1.1 Programm CCMap: Benutzeroberfläche und Hilfe-Funktionen

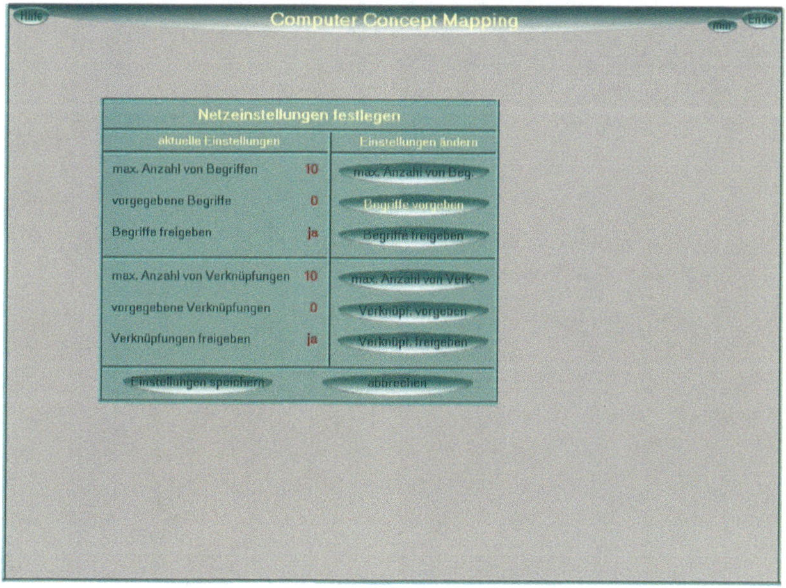

Abb. 12.1.2 Programm CCMap: Festlegen der Netzeinstellungen (allgemein)

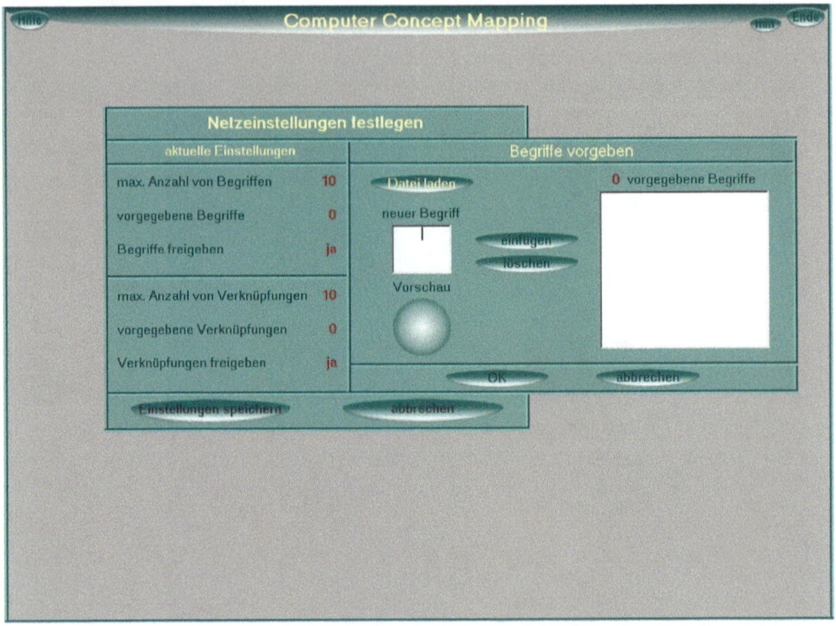

Abb. 12.1.3 Programm CCMap: Festlegen der Netzeinstellungen (Begriffe)

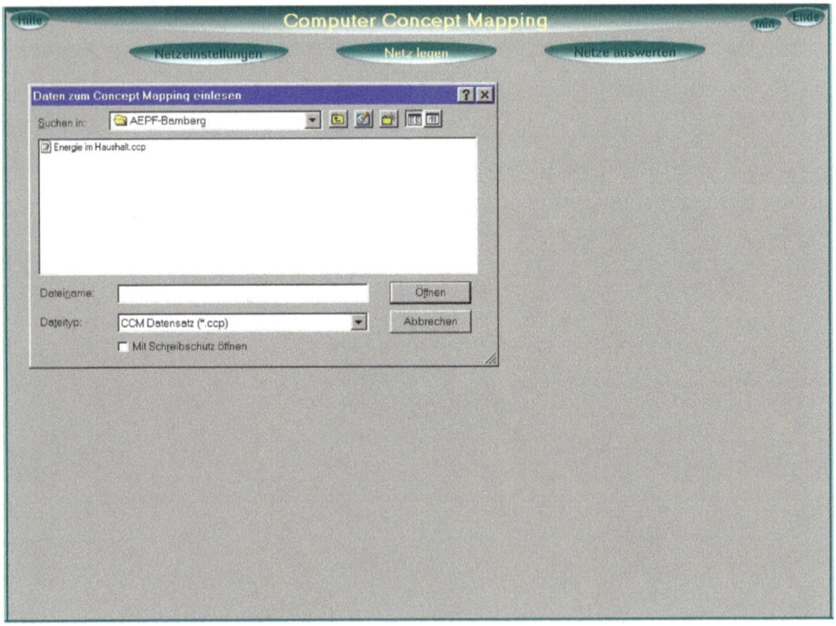

Abb. 12.1.4 Programm CCMap: Einlesen eines Begriffsnetzes

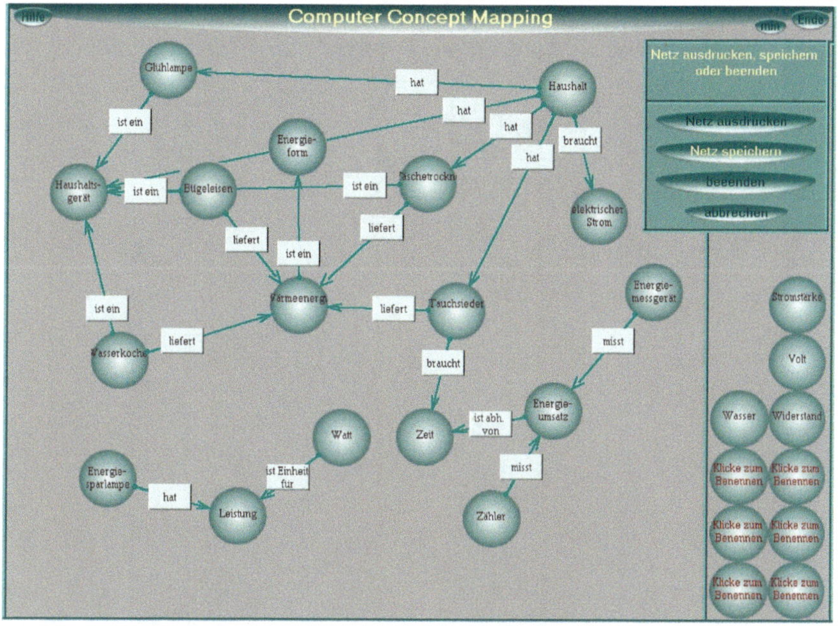

Abb. 12.1.5 Programm CCMap: Konstruktion eines Begriffsnetzes

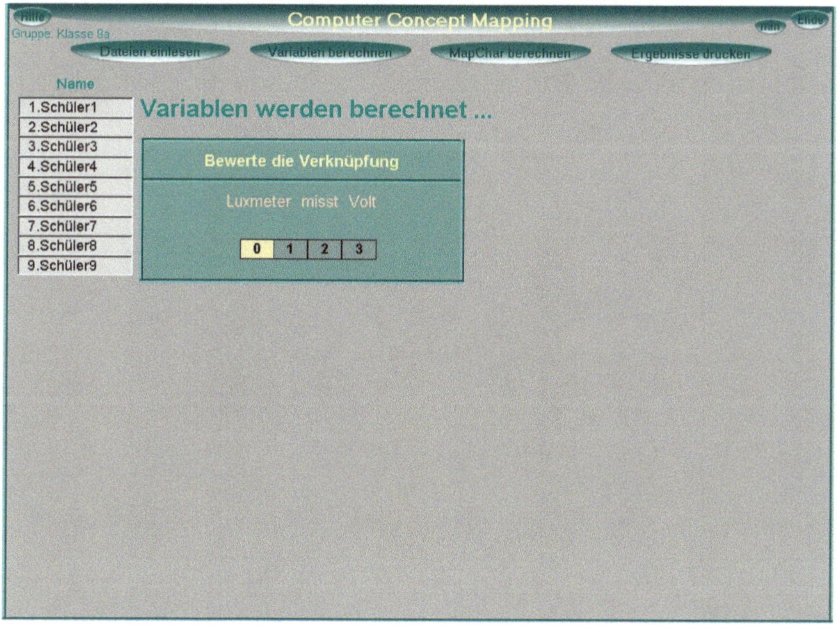

Abb. 12.1.6 Programm CCMap: Bewertung der Propositionen

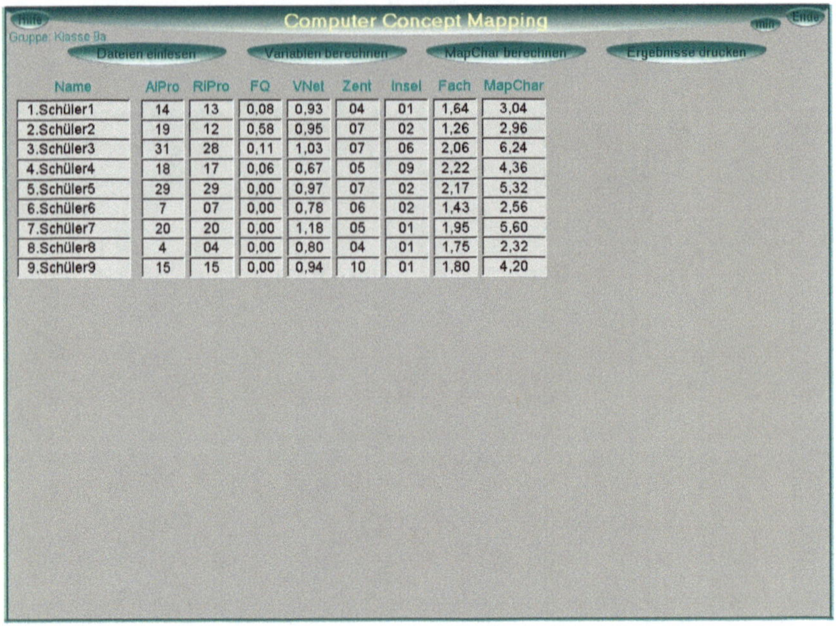

Name	AlPro	RlPro	FQ	VNet	Zent	Insel	Fach	MapChar
1.Schüler1	14	13	0,08	0,93	04	01	1,64	3,04
2.Schüler2	19	12	0,58	0,95	07	02	1,26	2,96
3.Schüler3	31	28	0,11	1,03	07	06	2,06	6,24
4.Schüler4	18	17	0,06	0,67	05	09	2,22	4,36
5.Schüler5	29	29	0,00	0,97	07	02	2,17	5,32
6.Schüler6	7	07	0,00	0,78	06	02	1,43	2,56
7.Schüler7	20	20	0,00	1,18	05	01	1,95	5,60
8.Schüler8	4	04	0,00	0,80	04	01	1,75	2,32
9.Schüler9	15	15	0,00	0,94	10	01	1,80	4,20

Abb. 12.1.7 Programm CCMap: Ergebnisse einer Schülergruppe

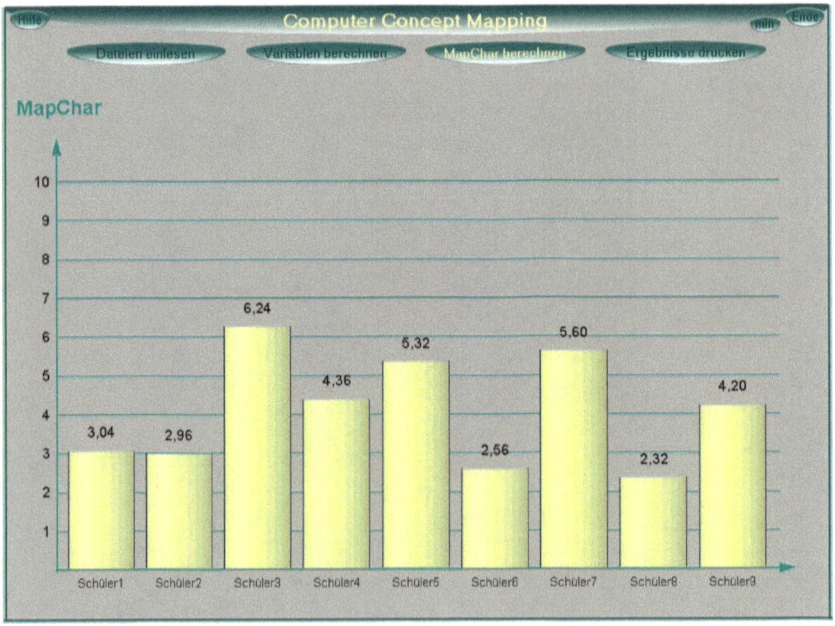

Abb. 12.1.8 Programm CCMap: Graphische Darstellung der Variable MapChar

12.2 Screenshots der Computersimulation "Energie im Haushalt"

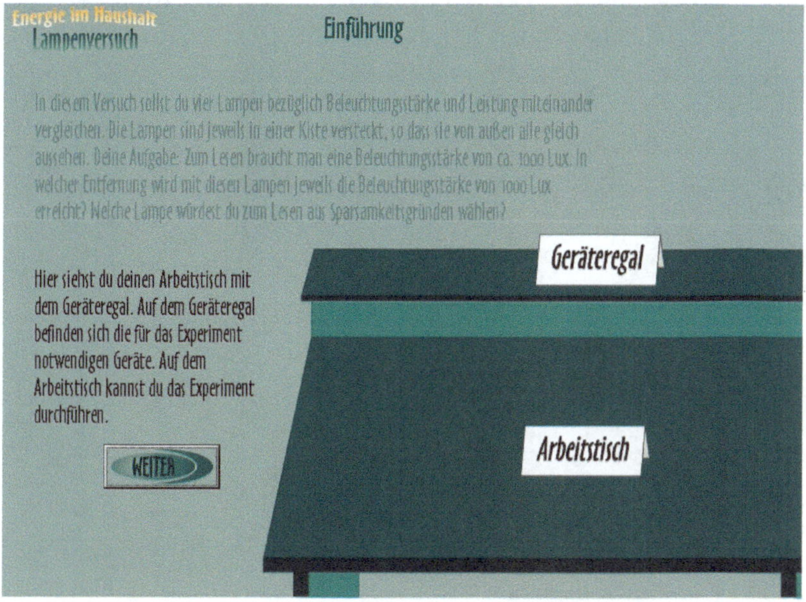

Abb. 12.2.1 Versuch "Beleuchtung": Einführung

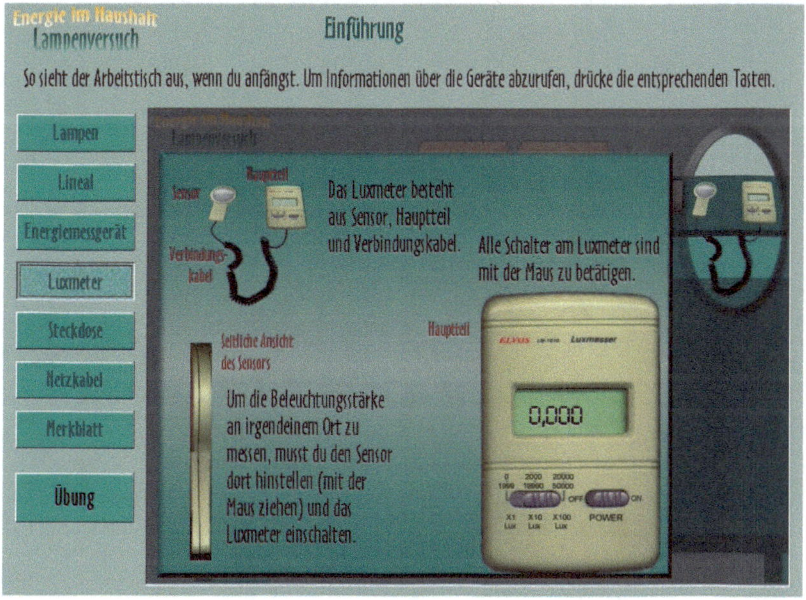

Abb. 12.2.2 Versuch "Beleuchtung": Beschreibung der Versuchsgeräte

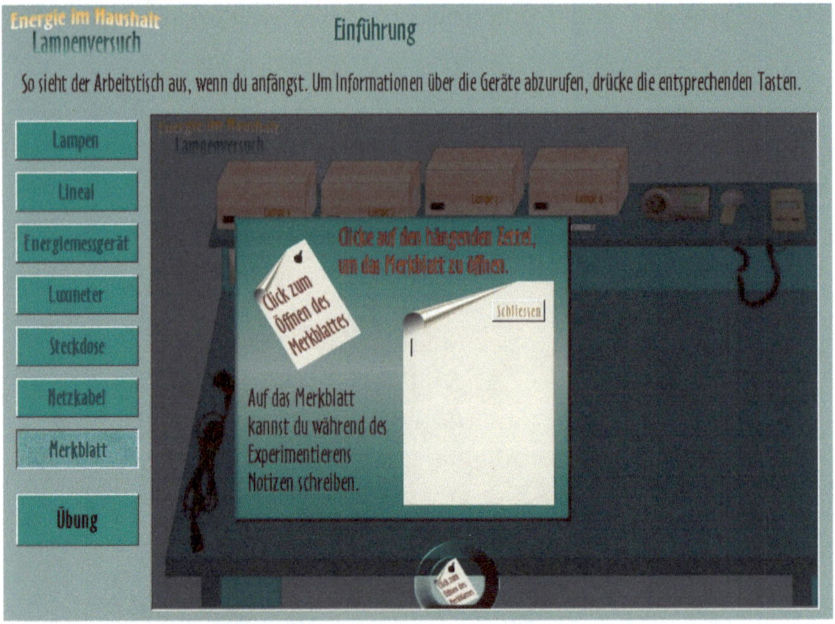

Abb. 12.2.3 Versuch "Beleuchtung": Benutzung des Merkblattes

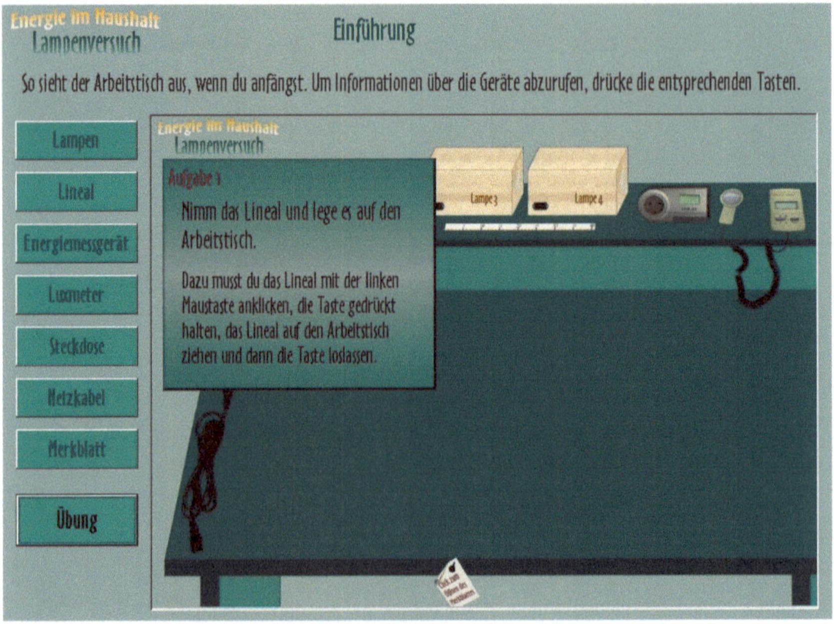

Abb. 12.2.4 Versuch "Beleuchtung": Übung

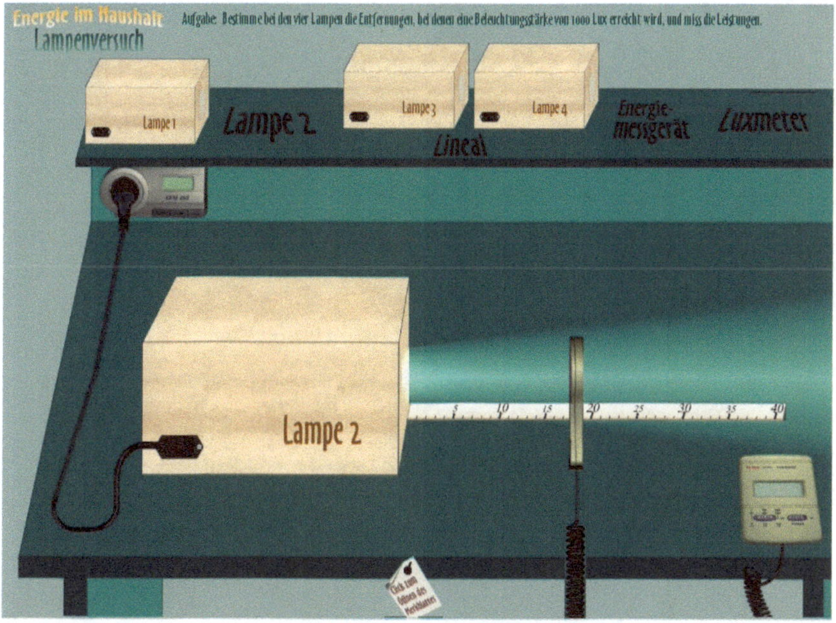

Abb. 12.2.5 Versuch "Beleuchtung": Messung mit Lampe Nr. 2

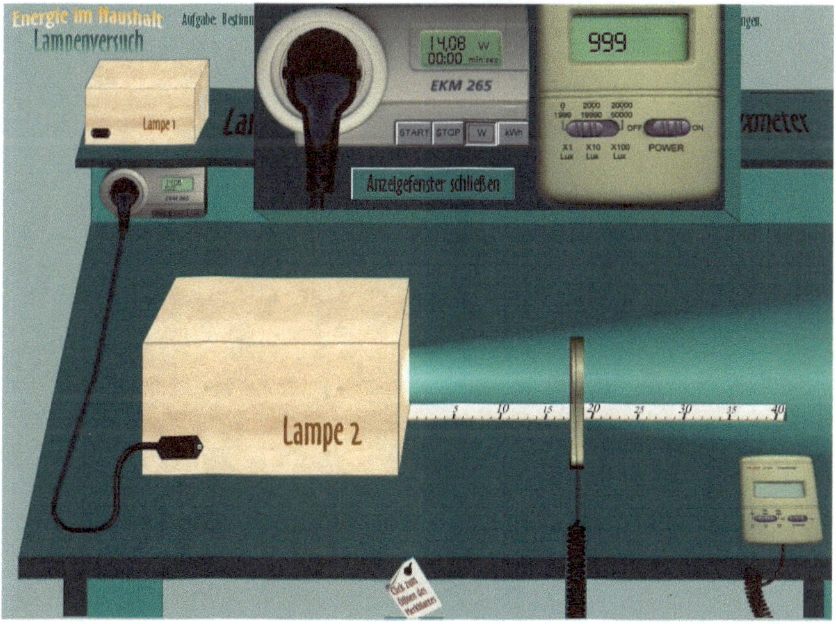

Abb. 12.2.6 Versuch "Beleuchtung": Anzeigefenster von Messgeräten

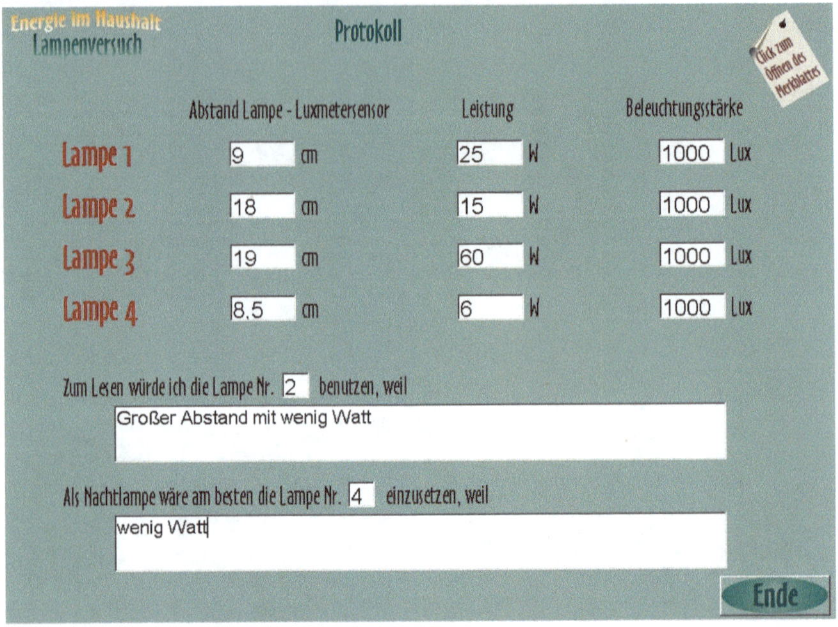

Abb. 12.2.7 Versuch "Beleuchtung": Protokollblatt

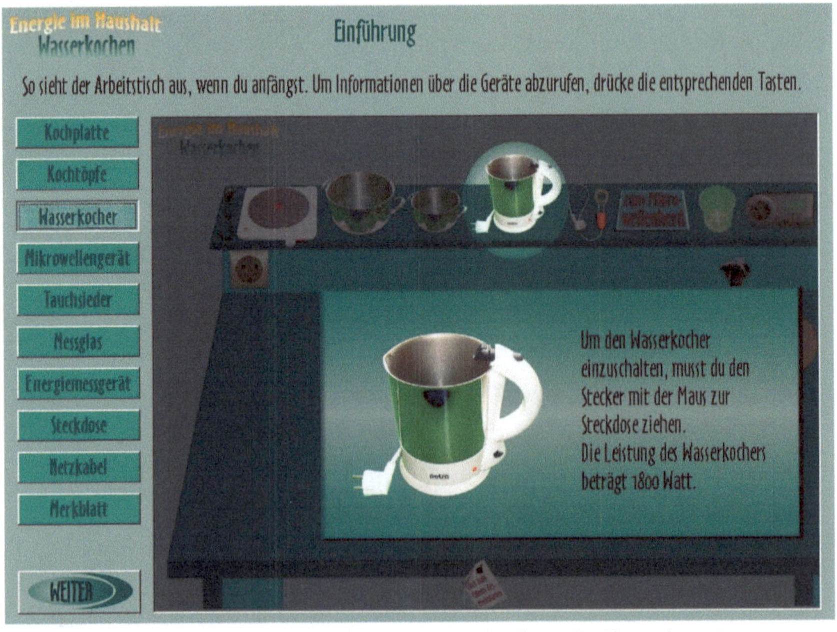

Abb. 12.2.8 Versuch "Erwärmung von Wasser": Beschreibung der Versuchsgeräte

Abb. 12.2.9 Versuch "Erwärmung von Wasser": Erklärung der Aufgabe

Abb. 12.2.10 Versuch "Erwärmung von Wasser": Benutzung der Wasserhahn

Abb. 12.2.11 Versuch "Erwärmung von Wasser": Anzeigefenster mit Energiemessgerät und Thermometer

12.3 Unterrichtseinheit "Elektrizität zu Hause"

Allgemeine Hinweise für die Lehrerinnen und Lehrer

Anzahl der Unterrichtsstunden: 5

Lernziele:
Übergeordnetes Lernziel:
Es sollen Kenntnisse aus dem Bereich Energie vermittelt werden. Die Ausbildung eines Energiebewusstseins soll einen Beitrag zur Umweltbildung leisten.

Einzelne Lernziele dieser Unterrichtseinheit:

- Die Schülerinnen und Schüler sollen den Energieumsatz verschiedener Haushaltsgeräte mit dem Zähler und mit dem Energiemessgerät messen und die Leistung an den Geräten ablesen.
- Die Schülerinnen und Schüler sollen aus den gemessenen Umdrehungszahlen des Zählers den Energieumsatz berechnen.
- Die Schülerinnen und Schüler sollen erkennen, dass mit Haushaltsgeräten zum Wärmen und zum Kühlen sehr viel elektrische Energie umgesetzt wird.
- Die Schülerinnen und Schüler sollen den Zusammenhang zwischen elektrischer Leistung und Energieumsatz kennen.
- Die Schülerinnen und Schüler sollen wissen, wie man im Haushalt elektrische Energie sinnvoll nutzen und sparen kann. Dabei geht es um zwei Aspekte: Kosten im eigenen Haushalt einsparen und Bewusstsein für einen sinnvollen Umgang mit Energieressourcen entwickeln.

Die Unterrichtseinheit enthält Hinweise für die Lehrkraft und Arbeitsbögen für Schülerinnen und Schüler.

Sparsamer Umgang mit Energie
Die Energienutzung ist ein globales ungelöstes Problem. Unsere gegenwärtige Energieversorgung ist mit erheblichen Umweltgefahren verbunden. Insbesondere stellt die drohende Klimaveränderung durch die CO_2-Freisetzung aus der Verbrennung von Kohle, Gas und Erdöl ein weltweites Problem dar. Die fossilen Brennstoffe werden in absehbarer Zeit aufgebraucht sein. Energiesparen und der Einsatz erneuerbarer Energiequellen sind Ansatzpunkte, die zur Lösung des Problems beitragen können.

Hier bieten sich eine Reihe von Anknüpfungspunkten für den Physikunterricht, speziell in der Wärmelehre und in der Elektrizitätslehre. Um eine Verbindung zur Lebenswelt der Schülerinnen und Schüler herzustellen, gehen wir in dieser Unterrichtseinheit von Energiesparmöglichkeiten im Haushalt, also einem direkten Erfahrungs- und auch Entscheidungsbereich des Einzelnen aus. Es geht darum den Schülerinnen und Schülern bewusst zu machen, dass Energie ein kostbares Gut ist, mit dem wir sorgsam umgehen müssen.

"Energie sparen" ist physikalisch gesehen keine angemessene Sprechweise, denn Energie bleibt insgesamt erhalten, Energie geht niemals verloren, also kann man sie auch nicht sparen. Mit "Energieverlust" will man in der Umgangssprache ausdrücken, dass diese Energie für die beabsichtigte Verwendung verloren geht, also nicht mehr nutzbar ist. Der Widerspruch zwischen Energieverbrauch und Energieerhaltung kann mit dem Begriff "Energieentwertung" aufgehoben werden. Energie ist um so hochwertiger, je weitgehender sie sich in andere benötigte Energieformen umwandeln lässt. Beispielsweise ist elektrische Energie eine sehr hochwertige Energieform, während Abwärme in den meisten Fällen nutzlos ist. "Energie sparen" bedeutet somit das Sparen wertvoller Energieressourcen und eine möglichst geringe

Produktion nutzloser Abwärme. Verbunden damit ist eine Verringerung der durch Energienutzung bedingten Umweltschädigung. Streng genommen geht es also nicht um das Sparen der Energie, sondern um eine sinnvolle, effektive Nutzung der Energie. Im Unterricht lässt sich der umgangssprachliche Begriff "Energieverbrauch" ersetzen durch "Energieumsatz".

Andererseits können wir auch sagen, wir verbrauchen hochwertige elektrische Energie und erzeugen dabei nutzlose Abwärme. In diesem Sinne gibt es doch einen "Energieverbrauch", für den wir an das Energieversorgungsunternehmen zahlen.

Energiebedarf der Haushalte

Die Haushalte benötigen rund 27 % des Endenergiebedarfs der Bundesrepublik Deutschland (Industrie 27 %, Verkehr 28 %, Gewerbe u. ä. 18 %). Der mittlere Energieumsatz eines Haushalts beträgt ca. 3000 kWh im Jahr. Folgende Haushaltsgeräte sind mit über 90 % in den Haushalten vorhanden: Kühlschrank, Waschmaschine, Bügeleisen, Staubsauger.

Zur Orientierung über die Größenordnungen der Leistungen der wichtigsten Elektrogeräte im Haushalt dient Tab. 1

Elektrogerät	Leistung in Watt (W)
Bohrmaschine	350 bis 1000
Bügeleisen	1200
Computer	200 bis 300
Eierkocher	350
Fernseher	300
Haartrockner	1200
Gefrierschrank	200
Heizlüfter	1000 bis 3000
Herd (vier Platten mit voller Leistung eingeschaltet)	6500
Kaffeemaschine	1000
Küchenmaschine	400
Kühlschrank	150
Lampe	25 bis 100
Mikrowelle	750 (1200)
Radiowecker	2
Rasierapparat	10
Staubsauger	1000 bis 2000
Toaster	750
Wäschetrockner	3000
Waschmaschine	2500
Wasserkocher	800 bis 2000
Elektrische Zahnbürste	10

Tab. 12.3.1 Leistung der wichtigsten Elektrogeräte im Haushalt

Zusammenhang von Energie und Leistung

Die Typenkennzeichnung eines elektrischen Gerätes gibt die Leistungsaufnahme an, doch wird diese vom Benutzer nur selten bewusst wahrgenommen. Nur bei Glühlampen sind diese Werte normalerweise bekannt. Es bietet sich also im Unterricht an , von der Alltagserfahrung auszugehen und die Wattzahl mit Helligkeit und Energieumsatz der Lampen in Verbindung zu bringen.

In dieser Unterrichtseinheit wird die Leistung nicht aus der Berechnung von Stromstärke mal Spannung (und ggf. dem Faktor cos φ) vermittelt. In erster Linie geht es um die physikalische Bedeutung des Anschlusswertes elektrischer Geräte und um die Vermittlung der Formeln "Leistung gleich Energieumsatz pro Zeiteinheit" und "Energieumsatz gleich Leistung mal Zeit".

Zur Veranschaulichung, was eigentlich eine Kilowattstunde bedeutet, kann man folgende Beispiele im Unterricht ansprechen:

Mit 1 kWh kann man

- eine Stunde lang bügeln
- zwei Stunden lang mit der Bohrmaschine arbeiten
- eine 100-W-Glühlampe zehn Stunden leuchten lassen

Um auch die Umweltprobleme anschaulich werden zu lassen, empfiehlt es sich, ca. 300 g Steinkohle mit in den Unterricht zu bringen, denn so viel muss man verbrennen, um eine Kilowattstunde elektrischer Energie zu erzeugen.

Messung von Energieumsatz und Leistung
Beim Arbeiten mit 230-V-Geräten muss auf die Sicherheitsvorschriften hingewiesen werden (z. B. nicht mit Schraubendrehern an Steckdosen spielen).

Der Energieumsatz elektrischer Geräte wird in dieser Unterrichtseinheit mit Haushaltszählern gemessen. Diese sind mit einer Steckdose und Anschlussleitung mit Stecker versehen. Zunächst wird der Energieumsatz nur als Umdrehungszahl pro Zeit ermittelt. Umrechnungen erfolgen in einem weiteren Schritt. Auf den Zählern steht: 600 U/kWh. Das bedeutet, nach 600 Umdrehungen der Zählerscheibe beträgt der Energieumsatz 1 kWh.
Die Umrechnungen sind in der folgenden Tabelle dargestellt:

Anschlusswert des Gerätes (W)	Umdrehungen der Scheibe (U)	Zeit (min)
100	1	1
1000	10	1
100	2	2
1000	20	2

Tab. 12.3.2 Umrechnungen

Es empfiehlt sich, den Schülerinnen und Schülern für jedes Gerät zwei Minuten Messzeit vorzugeben und nur Geräte ab einer Leistung von 100 W mit diesen Zählern zu messen. (Bei geringeren Leistungen ist die Umdrehungszahl nur nach längerer Zeit abzulesen.)

Für elektrische Geräte mit Leistungen unter 100 Watt wird ein elektronisch arbeitender Energie- und Leistungsmesser eingesetzt. In dieser Unterrichtseinheit wird das Gerät EMK 265 verwendet. Das EMK 265 misst wahlweise die momentane Leistung im Bereich 1,5 W bis zu 2,65 kW oder die umgesetzte elektrische Energie in kWh; parallel zur Energie wird die Zeitdauer seit dem Einschalten des angeschlossenen Elektrogeräts angegeben. Das Ablesen an diesem Gerät muss vor den Versuchen besprochen werden. Auch hier wird zum besseren Vergleich die Messzeit von zwei Minuten vorgegeben.

Das EMK 265 kann auch zur Überprüfung der Leistungsangaben auf dem Typenschild des Elektrogeräts verwendet werden.

Arbeitsblätter für die Lehrerinnen und Lehrer

1. Stunde

Als Einstieg in das Thema könnte die Frage gestellt werden: "Wie verläuft ein Tag ohne elektrischen Strom?"

Als Einstieg hat sich auch bewährt, einfach einen Haushaltszähler vorzuzeigen und die Schülerinnen und Schüler über ihre Vorkenntnisse berichten zu lassen.

Eine andere Einstiegsmöglichkeit stellt die Frage nach den Kosten des Energieumsatzes verschiedener Haushaltsgeräte dar. Z. B. " Wie teuer ist es, ein Frühstück zuzubereiten?" Die Schülerinnen und Schüler nennen Geräte und schätzen deren Betriebsdauer und Kosten. Die Berechnung des Energieumsatzes und der Betriebskosten kann erst genauer ermittelt werden, nachdem die Schülerinnen und Schüler gelernt haben, den Energieumsatz aus Leistung und Einschaltdauer zu berechnen bzw. mit dem Energiemessgerät zu messen. Die folgende Tabelle kann zunächst zur Eintragung von Schätzwerten verwendet werden. Erst nach der dritten Stunde ist es möglich, genaue Werte einzusetzen.

Gerät	Leistung (W)	Einschaltdauer (min)	Energieumsatz (kWh)	Kosten bei 0,20 DM/kWh (DM)
Kaffeemaschine	1000	10		
Toaster	750	10		
Eierkocher	350	5		
Wasserkocher	2000	3		

Tab. 12.3.3 Beispiel zu den Kosten der Haushaltsgeräten

Hauptaufgabe dieser Unterrichtsstunde ist das Messen des Energieumsatzes verschiedener Haushaltsgeräte. Dazu bringt die Lehrkraft möglichst viele unterschiedliche Elektrogeräte mit in den Unterricht. In Gruppenarbeit lernen die Schülerinnen und Schüler das Messen mit dem Zähler und mit dem Energiemessgerät kennen. Hinweise zum Messen mit diesen Geräten wurden bereits in der allgemeinen Einführung für Lehrer unter dem Punkt "Messung von Energieumsatz und Leistung" gegeben.

Es stehen nur drei Energiemessgeräte EMK 265 zur Verfügung, sodass die Messgeräte abwechselnd in den Gruppen weitergereicht werden müssen.

Jede Gruppe trägt die Ergebnisse in das **Schülerarbeitsblatt 1, Tabelle 1** ein.

Hierbei ist zu beachten, dass mit dem Zähler nur die Zahl der Umdrehungen in zwei Minuten gemessen wird. Die Umrechnung in Wattstunden (Wh) oder in Kilowattstunden (kWh) erfolgt mit vielen Beispielen in der folgenden Unterrichtsstunde.

2. Stunde

Schwerpunkt dieser Unterrichtsstunde ist die Umrechnung von der Zahl der Umdrehungen der Zählerscheibe auf den Energieumsatz sowie Umrechnungen von kWh in Wh und in Ws und umgekehrt. Dabei kann daran erinnert werden, dass 1 Ws (Wattsekunde) gleich 1 J (Joule) ist.

Wenn auf einem Gerät 1 kW (oder 1000 W) steht und dieses Gerät eine Stunde (h) betrieben wird, so ist das ein Energieumsatz von einer Kilowattstunde (kWh). Es ist also wichtig, wie lange ein Gerät in Betrieb ist; daraus ergibt sich der Wert, für den wir eine Rechnung vom Energieversorgungsunternehmen erhalten. Bezahlt wird also für die Leistung multipliziert mit der Zeit.

Die Schülerinnen und Schüler lesen auf dem Zähler ab: 600 U/kWh. Hier anknüpfend wird erarbeitet, dass bei 600 Umdrehungen der Scheibe der Energieumsatz eine Kilowattstunde beträgt. Daraus folgt:

$$1\,U\ bedeutet\ \frac{1}{600}\,kWh \quad \rightarrow \quad \frac{1}{600}\,kWh = 0{,}0017\,kWh$$

$$2\,U\ bedeutet\ \frac{1}{300}\,kWh \quad \rightarrow \quad \frac{1}{300}\,kWh = 0{,}0033\,kWh$$

$$3\,U\ bedeutet\ \frac{1}{200}\,kWh \quad \rightarrow \quad \frac{1}{200}\,kWh = 0{,}005\,kWh$$

Entsprechend wird weiter gerechnet.

Es bietet sich auch an, zur Umwandlung der Einheiten mit einer Umwandlungskette zu rechnen:

	/1000 (←)		/60 (←)		/60 (←)	
KWh		Wh		Wmin		Ws = J
	* 1000 (→)		* 60 (→)		* 60 (→)	

Erfahrungsgemäß haben die Schülerinnen und Schüler Schwierigkeiten bei diesen Umrechnungen. Je nach Leistungsvermögen der Klasse müssen entsprechend viele Aufgaben gerechnet werden. Auf jeden Fall werden alle gemessenen Umdrehungszahlen in Energieumsatz umgerechnet und in der Tabelle 1 ergänzt.

3. Stunde

Schwerpunkt dieser Unterrichtsstunde ist es, eine Sensibilisierung für die Bedeutung des Energieumsatzes und der Wichtigkeit von elektrischen Geräten zu vermitteln.

Im Klassengespräch wird zunächst erarbeitet, in welchen Räumen zu Hause elektrische Geräte verwendet werden.

Als Beispiele können genannt werden:

- Küche
- Hausarbeitsraum
- Werkstatt
- Wohnzimmer
- Bad
- Jugendzimmer
- Kinderzimmer
- Garten
- Waschküche

In Einzelarbeit listen die Schülerinnen und Schüler dann die vorhandenen Elektrogeräte auf.

Danach diskutieren die Schülerinnen und Schüler in Gruppenarbeit die Wichtigkeit der Elektrogeräte und füllen dazu die Tabelle 2 aus.

Es geht darum, dass die Schülerinnen und Schüler sich Gedanken über die Wichtigkeit der Geräte für das tägliche Leben machen. Es kann an die Frage angeknüpft werden: "Wie verläuft mein Tag, wenn der elektrische Strom ausfällt?"

Anschließend findet eine Diskussion mit der gesamten Klasse statt.

Wenn noch Zeit zur Verfügung steht, wird gemeinsam im Klassengespräch erarbeitet, wie viel Kilowattstunden eine Durchschnittsfamilie pro Tag benötigt, und die Kosten dafür werden ermittelt (etwa 0,20 DM je kWh einsetzen). Es kann auch auf die eingangs gestellte Aufgabe zurückgegriffen werden, wie teuer die Zubereitung eines Frühstücks ist.

4. Stunde
Die Lehrkraft schließt eine 20-Watt-Energiesparlampe und eine 75-Watt-Glühlampe an. Einige Schülerinnen und Schüler berühren die eingeschalteten Lampen oder halten die Hand in die Nähe der Lampen (Vorsicht, die Glühlampe kann zu heiß zum Anfassen sein). Dabei stellen sie deutlich fest, dass die Glühlampe sehr viel mehr Wärme abgibt als die Energiesparlampe. Dies ist nutzlose Wärmeenergie.

Die Schülerinnen und Schüler bearbeiten das **Schülerarbeitsblatt 3, Tabelle 3**.

Die Elektrogeräte werden nach Energieformen eingeordnet. Die Schülerinnen und Schüler sollen erkennen, in welche Energieform die elektrische Energie im Elektrogerät umgewandelt wird. Dabei wird die gewünschte, aber auch die unerwünschte Energieform berücksichtigt. Die Schülerinnen und Schüler sollen erkennen, dass Geräte zum Erwärmen und zum Kühlen den größten Energieumsatz haben und dass bei vielen Elektrogeräten unerwünschte Wärmeenergie entsteht.

Die beteiligten Energieformen werden von den Schülerinnen und Schülern eingefügt:

Bei Geräten, die zum Erwärmen Wärmen und Kühlen dienen, wird elektrische Energie in Wärmeenergie umgewandelt, bei Geräten zur Bewegung in mechanische Energie (Bewegungsenergie) und bei Geräten zur Beleuchtung in Lichtenergie. Bei Rundfunk- und Fernsehgeräten u. ä. werden Schall bzw. auch Bilder erzeugt. Schall kann als mechanische Energie und Fernsehbilder als Lichtenergie angesehen werden.

Zweck	Erwärmung	Kühlung	Bewegung	Beleuchtung	Schall/ Musik
Beteiligte Energieform	Wärme-energie	Wärme-energie	Mechanische Energie	Lichtenergie	Mechanische Energie

Tab. 12.3.4 Energieformen

Falls noch Zeit in dieser Unterrichtsstunde verbleibt, kann das Thema der nächsten Stunde bereits aufgegriffen werden: Der sorgsame Umgang mit dem kostbaren Gut Energie.

5. Stunde (eventuell wird eine weitere Unterrichtsstunde benötigt)
Schwerpunkt dieser Unterrichtsstunde ist das Energiesparen. Dabei sollen zwei Aspekte berücksichtigt werden, nämlich der persönliche und der ökologische Aspekt:

- Sorgsamer Umgang mit der elektrische Energie, um unsere persönlichen Kosten niedrig zu halten.
- Sorgsamer Umgang mit der elektrische Energie, um die begrenzten Ressourcen zu schonen und der Umweltschädigung entgegenzuwirken.

In diesem Zusammenhang wird darauf hingewiesen, dass das Verbrennen von 300 g Kohle einem Energieumsatz von 1 kWh entspricht. Es kann dann weiter berechnet werden, wie viel kg Kohle eine Familie an einem Tag, in einem Monat oder in einem Jahr verbrennen müsste, um den gewünschten Energieumsatz an elektrischer Energie zu erhalten (Überschlagsrechnung).

Es ist wünschenswert, dass die Schülerinnen und Schüler ihre Kenntnisse über ökologische Aspekte in einem Klassengespräch einbringen.

Das **Schülerarbeitsblatt 4 mit Aufgabe 4** wird bearbeitet. Die Schülerinnen und Schüler sollen die Anschaffungskosten und die Arbeitskosten von normalen Glühlampen und von Energiesparlampen vergleichen.

Die vielen fotometrischen Größen und ihre Einheiten sind recht verwirrend und werden im Physikunterricht normalerweise nicht behandelt. (Hinweis Lehrplan)

Als Lichtstrom Φ bezeichnet man das Produkt aus der Lichtstärke und dem durchstrahlten Raumwinkel. [Φ] = Lumen (lm) = cd * sr

Die Lichtstärke I ist die Basisgröße des Internationalen Einheitensystems (SI) und wird in Candela (cd) gemessen. Die Lichtstärke ist richtungsabhängig und wird in Lichtverteilungskurven dargestellt. Die Lichtverteilungskurve von Glühlampen ist unregelmäßig.

Hinweise zur Bearbeitung der Aufgabe 4:
Eine 20-Watt-Energiesparlampe hat etwa die gleiche Beleuchtungsstärke wie eine 75 -Watt-Glühlampe.

Die Beleuchtungsstärke wird mit dem Luxmeter in der Einheit Lux (lx) gemessen. Als Beleuchtungsstärke E bezeichnet man den Quotienten aus auftreffendem Lichtstrom und Größe der Empfängerfläche. 1 lx = 1 lm/m²

In dieser Unterrichtseinheit wird die Beleuchtungsstärke von normalen Glühlampen und Energiesparlampen mit dem Luxmeter gemessen. Es soll mit einigen Messungen erarbeitet werden, dass die Beleuchtungsstärke von der Entfernung abhängig ist. Die Schülerinnen und Schüler sollen erkennen, dass eine Energiesparlampe von 20 Watt etwa gleich hell leuchtet wie eine normale Glühlampe von 75 Watt.

Um die Größenordnungen von Beleuchtungsstärken einschätzen zu können, werden im Folgenden einige mittlere Werte genannt:

	Beleuchtungsstärken (lx)
Wohnräume	40 bis 80
Allgemeinbeleuchtung in Schulen	40 bis 300
Arbeitsplatzbeleuchtung	100 bis 5000
Straßen und Plätze	3 bis 30
Sonnenlicht im Sommer	100000
Nachts bei Vollmond	0,2
Bedeckter Himmel im Winter	1000 bis 2000

Tab. 12.3.5 Beispiele von Beleuchtungsstärken

Um Glühlampen und Energiesparlampen vergleichen zu können, müssen unterschiedliche Anschaffungskosten und Lebensdauer der Lampen berücksichtigt werden.

Lampe	Lebensdauer (h)	Anschaffungskosten (DM)
Glühlampe	1000	1,50
Energiesparlampe	8000	20,00

Tab. 12.3.6 Lebensdauer und Anschaffungskosten von Lampen

Um die Kosten beider Lampen vergleichen zu können, wird eine Betriebsdauer von 8000 h zu Grunde gelegt. In dieser Zeit müssen 8 Glühlampen gekauft werden. Für das Beispiel wird ein Arbeitspreis von 0,20 DM zu Grunde gelegt. Die Arbeitspreise schwanken zur Zeit recht stark und sind auch von der gewählten Grundgebühr abhängig.

	Glühlampe	Energiesparlampe
Leistung der Lampe	75 W	20 W
Betriebsdauer	8000 h	8000 h
Anzahl der Lampen	8	1
Anschaffungskosten	8 * 1,50 DM = 12,- DM	1 * 20,- DM = 20,- DM
Energieumsatz in 8000 h	8000 h*75 W = 600000 Wh 600000 Wh = 600 kWh	8000 h * 20 W = 160000 Wh 160000 Wh = 160 kWh
Betriebskosten bei 0,20 DM / kWh	600 kWh * 0,20 DM = 120,- DM	160 kWh * 0,20 DM = 32,- DM
Gesamtkosten = Anschaffungskosten + Betriebskosten	12,- DM + 120,- DM = 132,- DM	20,- DM + 32,- DM = 52,- DM

Tab. 12.3.7 Kostenvergleich von Glühlampen und Energiesparlampen

Bei einem Arbeitspreis von 0,20 DM je kWh und einer Betriebszeit von 8000 Stunden betragen die Betriebskosten für die Glühlampen 120,00 DM, für die Energiesparlampe 32,00 DM.

Im Klassengespräch wird über Energiespartipps diskutiert.

Dabei sollen die Tipps nicht vom Lehrer vorgegeben werden, sondern von den Schülerinnen und Schülern zusammengestellt werden.

Die folgenden Anregungen sind nur als Hinweise für den Lehrer gedacht.

- Energiespartipps für **Elektroherde:**
  - Topf und Kochplatte müssen im Durchmesser zueinander passen.
  - Der Topf muss auf der Platte plan liegen und darf nicht wackeln.
  - Der Deckel des Topfes soll geschlossen sein.
  - Rechtzeitig auf niedrigere Stufe umschalten.
  - Zum Garen von Gemüse und Kartoffeln reicht sehr wenig Wasser.
  - Nachwärme der Herdplatten und des Backofens nutzen.
  - Der Schnellkochtopf spart Zeit und Energie.
  - Bei Speisen, die länger als 30 Minuten im Backofen bleiben, kann man auf das Vorheizen verzichten.
- Energiespartipps für **Kühlschränke** und **Gefriergeräte**
  - Den Kühlschrank nicht neben den Herd stellen
  - Türen nicht unnötig lange geöffnet halten
  - Kühlschränke und Gefriergeräte öfter abtauen
  - Nur abgekühlte Speisen hineinstellen
  - Gefriergeräte im Keller aufstellen
- Energiespartipps für **Geschirrspüler, Waschmaschinen** und **Wäschetrockner**
  - Geräte voll packen
  - Für die meiste Kochwäsche reicht eine Waschtemperatur von 60 °C
  - Wäsche nicht im Wäschetrockner, sondern auf der Leine trocknen
- Energiespartipps für **Beleuchtung**
  - Glühlampen brauchen etwa viermal mehr Energie als Leuchtstofflampen

- Energiesparlampen verwenden (Eine 75-W-Glühlampe leuchtet genauso hell wie eine 20-W-Energiesparlampe)
- Nur so viele Lampen einschalten, wie tatsächlich benötigt werden

• Geräte mit **Stand-by-Schaltungen**

  - Geräte abschalten (bei 20 W für Stand-by-Geräte kann man ca. 50,- DM im Jahr sparen)

12.4 Schülerarbeitsblätter

Schülerarbeitsblatt 1

Aufgabe 1
Ihr messt in Gruppenarbeit den Energieumsatz von etwa fünf Elektrogeräten. Schaut euch vorher an, wie groß die Leistung ist, die ihr auf dem Typenschild des Gerätes findet. Geräte mit Leistungen über 100 Watt messt ihr mit dem Zähler. Jedes Gerät soll zwei Minuten eingeschaltet sein. Lest ab, wie oft sich die Scheibe in zwei Minuten gedreht hat.

Geräte mit Leistungen unter 100 Watt messt ihr mit dem Energiemessgerät EMK 265. Die Messzeit beträgt auch hier zwei Minuten.

Tragt die Umdrehungszahl bzw. den Energieumsatz und die Leistung der Elektrogeräte in diese Tabelle ein.

Elektrogerät	**Leistung des Elektrogerätes (W)**	**Umdrehungszahl des Zählers in 2 Minuten (U)**	**Energieumsatz in 2 Minuten (Wh)**

Tab. 12.4.1. Leistung und Energieumsatz von Elektrogeräten

Schülerarbeitsblatt 2

Aufgabe 2

Zur Bearbeitung der folgenden Tabelle empfiehlt sich Gruppenarbeit, um die Diskussion anzuregen.

Zu Hause gibt es Elektrogeräte, die sehr wichtig sind und andere, auf die man verzichten könnte. Trage in die folgende Tabelle die Elektrogeräte aus dem Haushalt nach ihrer Wichtigkeit bzw. Unwichtigkeit ein. Es gibt fünf Abstufungen.

entbehrlich	nicht besonders wichtig	mittelmäßig wichtig	sehr wichtig	unentbehrlich

Tab. 12.4.2 Wichtigkeit der Elektrogeräte zu Hause

Schülerarbeitsblatt 3

Aufgabe 3
In jedem Elektrogerät wird elektrische Energie in eine oder auch mehrere andere Energieformen umgewandelt. Dabei gibt es erwünschte aber auch unerwünschte Energieformen. In welche Energieform wird die elektrische Energie im Elektrogerät umgewandelt? Trage alle beteiligten Energieformen ein.

Zweck	Erwärmung	Kühlung	Bewegung	Beleuchtung	Schall/ Musik
Beteiligte Energieform					
Gerät					

Tab. 12.4.3 Beteiligte Energieformen bei Elektrogeräten

Welche Elektrogeräte haben den größten Energieumsatz?

Welche Energieform ist am häufigsten unerwünscht?

Schülerarbeitsblatt 4

Aufgabe 4:
Energiesparen bei der Beleuchtung

Die Lebensdauer einer Glühlampe beträgt etwa 1000 Stunden, die einer Energiesparlampe etwa 8000 Stunden. Eine Glühlampe mit einer Leistung von 75 Watt leuchtet ungefähr so hell wie eine Energiesparlampe mit einer Leistung von 20 Watt. Die Glühlampe kostet 1,50 DM, die Energiesparlampe 20,00 DM.

Berechne die Gesamtkosten für eine Betriebsdauer von 8000 Stunden bei einem Preis von 0,20 DM je Kilowattstunde (kWh).

Welche Lampe würdest du kaufen?

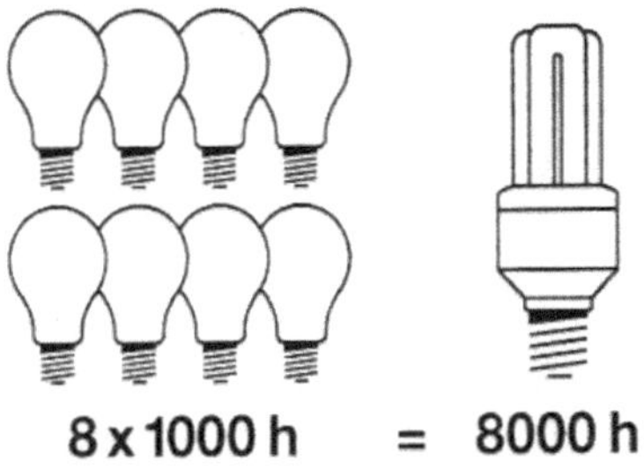

	Glühlampe	**Energiesparlampe**
Leistung der Lampe	75 W	20 W
Betriebsdauer	8000 h	8000 h
Anzahl der Lampen		
Anschaffungskosten		
Energieumsatz in 8000 h		
Betriebskosten bei 0,20 DM / kWh		
Gesamtkosten = Anschaffungskosten + Betriebskosten		

Tab. 12.4.4 Vergleich von Glühlampe und Energiesparlampe

12.5 Ergebnisse der statistischen Qualitätsprüfung mit SPSS

12.5.1. Ergebnisse zur Hypothese 1

Ergebnisse zu H1A (siehe Abschnitt 9.3.6).
Gruppe 11 ist EExp2, Gruppe 21 ist KExp2.

Gruppenstatistiken

	UNESK	N	Mittelwert	Standardabweichung	Standardfehler des Mittelwertes
ZEITK	11	6	19,5000	2,0736	,8466
	21	4	18,2500	4,6458	2,3229
ZEIT	11	3	34,6667	2,0817	1,2019
	21	0(a)	,	,	,
FABS1	11	14	,5337	,4767	,1274
	21	14	1,0439	,9373	,2505
FLEI1	11	14	,1857	,1460	3,902E-02
	21	14	,1143	,1231	3,291E-02
FBEL1	11	14	12,07	15,99	4,27
	21	14	3,43	12,83	3,43
FABS2	11	14	1,1949	,6007	,1605
	21	14	1,4403	1,3445	,3593
FLEI2	11	14	,4684	,2491	6,658E-02
	21	14	,5949	,5930	,1585
FBEL2	11	14	10,86	23,69	6,33
	21	14	,64	2,41	,64
FABS3	11	14	1,3918	1,6519	,4415
	21	14	2,0224	1,1734	,3136
FLEI3	11	14	1,4112	1,2088	,3231
	21	14	1,1173	,3712	9,919E-02
FBEL3	11	14	7,64	14,81	3,96
	21	14	1,86	6,67	1,78
FABS4	11	14	,9194	,6830	,1825
	21	14	1,3929	,9907	,2648
FLEI4	11	14	,3500	,1881	5,027E-02
	21	14	,3714	,2833	7,572E-02
FBEL4	11	14	9,71	13,72	3,67
	21	14	3,50	13,10	3,50
LW1	11	14	,50	,52	,14
	21	14	,50	,52	,14
LW2	11	14	,93	,27	7,14E-02
	21	14	,86	,36	9,71E-02
L1K	11	14	2,36	1,08	,29
	21	14	2,21	,97	,26
L2K	11	14	3,36	1,08	,29
	21	14	2,93	,92	,25

FPOSG1	**11**	14	1,071	,616	,165
	21	14	,929	,616	,165
FPOSK1	**11**	14	1,786	1,251	,334
	21	14	1,786	1,051	,281
FPOSW1	**11**	14	1,071	,917	,245
	21	14	1,000	,679	,182
FPOST1	**11**	14	,857	1,231	,329
	21	14	1,429	1,505	,402
FPOSM1	**11**	14	1,071	,829	,221
	21	14	1,286	,611	,163
FPOS1	**11**	14	1,1714	,6170	,1649
	21	14	1,2857	,5246	,1402
KWH1	**11**	14	2,9357E-02	2,1600E-02	5,7728E-03
	21	14	2,4143E-02	1,4780E-02	3,9500E-03
KWH2	**11**	14	5,7357E-02	3,7580E-02	1,0044E-02
	21	14	4,1571E-02	2,7903E-02	7,4574E-03
FPOSG2	**11**	14	,536	,414	,111
	21	14	,536	,458	,123
FPOSK2	**11**	14	,357	,363	9,705E-02
	21	14	,393	,289	7,736E-02
FPOSW2	**11**	14	,429	,756	,202
	21	14	,357	,745	,199
FPOST2	**11**	14	1,929	1,492	,399
	21	14	1,143	1,406	,376
FPOSM2	**11**	14	,429	,475	,127
	21	14	,321	,372	9,955E-02
FPOS2	**11**	14	,7357	,4517	,1207
	21	14	,5500	,3503	9,361E-02
S1	**11**	14	95,71	65,88	17,61
	21	14	73,07	51,01	13,63
S2	**11**	14	169,93	73,09	19,54
	21	14	166,07	65,25	17,44

a T kann nicht berechnet werden, da mindestens eine der Gruppen leer ist.

Test bei unabhängigen Stichproben

		Levene-Test der Varianzgleichheit		T-Test für die Mittelwertgleichheit						
		F	Signifikanz	T	df	Sig. (2-seitig)	Mittlere Differenz	Standard fehler der Differenz	95% Konfidenzintervall der Differenz	
									Untere	Obere
ZEITK	Varianzen sind gleich	6,250	,037	,590	8	,572	1,2500	2,1195	-3,6375	6,1375
	Varianzen sind nicht gleich			,506	3,810	,641	1,2500	2,4723	-5,7518	8,2518

FABS1	**Varianzen sind gleich**	3,051	,092	-1,815	26	,081	-,5102	,2810	-1,0879	6,747E-02
	Varianzen sind nicht gleich			-1,815	19,304	,085	-,5102	,2810	-1,0978	7,738E-02
FLEI1	**Varianzen sind gleich**	,133	,718	1,399	26	,174	7,143E-02	5,105E-02	-3,3503E-02	,1764
	Varianzen sind nicht gleich			1,399	25,281	,174	7,143E-02	5,105E-02	-3,3649E-02	,1765
FBEL1	**Varianzen sind gleich**	3,298	,081	1,578	26	,127	8,64	5,48	-2,62	19,90
	Varianzen sind nicht gleich			1,578	24,834	,127	8,64	5,48	-2,64	19,93
FABS2	**Varianzen sind gleich**	3,677	,066	-,624	26	,538	-,2454	,3936	-1,0544	,5636
	Varianzen sind nicht gleich			-,624	17,992	,541	-,2454	,3936	-1,0723	,5815
FLEI2	**Varianzen sind gleich**	7,043	,013	-,736	26	,468	-,1265	,1719	-,4799	,2268
	Varianzen sind nicht gleich			-,736	17,449	,471	-,1265	,1719	-,4885	,2355
FBEL2	**Varianzen sind gleich**	7,510	,011	1,605	26	,121	10,21	6,36	-2,87	23,30
	Varianzen sind nicht gleich			1,605	13,268	,132	10,21	6,36	-3,51	23,94
FABS3	**Varianzen sind gleich**	,002	,969	-1,164	26	,255	-,6306	,5415	-1,7438	,4825
	Varianzen sind nicht gleich			-1,164	23,457	,256	-,6306	,5415	-1,7497	,4884
FLEI3	**Varianzen sind gleich**	8,518	,007	,870	26	,392	,2939	,3380	-,4008	,9886
	Varianzen sind nicht gleich			,870	15,429	,398	,2939	,3380	-,4247	1,0125
FBEL3	**Varianzen sind gleich**	3,232	,084	1,333	26	,194	5,79	4,34	-3,14	14,71
	Varianzen sind nicht gleich			1,333	18,057	,199	5,79	4,34	-3,33	14,91
FABS4	**Varianzen sind gleich**	,728	,401	-1,472	26	,153	-,4735	,3216	-1,1345	,1876

	Varianzen sind nicht gleich			-1,472	23,080	,154	-,4735	,3216	-1,1386	,1917
FLEI4	**Varianzen sind gleich**	1,100	,304	-,236	26	,815	-2,1429E-02	9,089E-02	-,2083	,1654
	Varianzen sind nicht gleich			-,236	22,596	,816	-2,1429E-02	9,089E-02	-,2096	,1668
FBEL4	**Varianzen sind gleich**	,731	,400	1,226	26	,231	6,21	5,07	-4,21	16,64
	Varianzen sind nicht gleich			1,226	25,943	,231	6,21	5,07	-4,21	16,64
LW1	**Varianzen sind gleich**	,	,	,000	26	1,000	,00	,20	-,40	,40
	Varianzen sind nicht gleich			,000	26,000	1,000	,00	,20	-,40	,40
LW2	**Varianzen sind gleich**	1,473	,236	,593	26	,558	7,14E-02	,12	-,18	,32
	Varianzen sind nicht gleich			,593	23,889	,559	7,14E-02	,12	-,18	,32
L1K	**Varianzen sind gleich**	,372	,547	,367	26	,717	,14	,39	-,66	,94
	Varianzen sind nicht gleich			,367	25,724	,717	,14	,39	-,66	,94
L2K	**Varianzen sind gleich**	1,229	,278	1,131	26	,268	,43	,38	-,35	1,21
	Varianzen sind nicht gleich			1,131	25,320	,269	,43	,38	-,35	1,21
FPOSG1	**Varianzen sind gleich**	,000	1,000	,614	26	,545	,143	,233	-,336	,621
	Varianzen sind nicht gleich			,614	26,000	,545	,143	,233	-,336	,621
FPOSK1	**Varianzen sind gleich**	,898	,352	,000	26	1,000	,000	,437	-,898	,898
	Varianzen sind nicht gleich			,000	25,246	1,000	,000	,437	-,899	,899
FPOSW1	**Varianzen sind gleich**	2,900	,101	,234	26	,817	7,143E-02	,305	-,555	,698
	Varianzen sind nicht gleich			,234	23,968	,817	7,143E-02	,305	-,558	,701

FPOST1	**Varianzen sind gleich**	,499	,486	-1,100	26	,282	-,571	,520	-1,640	,497
	Varianzen sind nicht gleich			-1,100	25,022	,282	-,571	,520	-1,642	,499
FPOSM1	**Varianzen sind gleich**	1,071	,310	-,779	26	,443	-,214	,275	-,780	,351
	Varianzen sind nicht gleich			-,779	23,914	,444	-,214	,275	-,782	,354
FPOS1	**Varianzen sind gleich**	,428	,519	-,528	26	,602	-,1143	,2164	-,5592	,3306
	Varianzen sind nicht gleich			-,528	25,344	,602	-,1143	,2164	-,5597	,3312
KWH1	**Varianzen sind gleich**	1,436	,242	,745	26	,463	5,2143E-03	6,9949E-03	-9,16387E-03	1,9592E-02
	Varianzen sind nicht gleich			,745	22,984	,464	5,2143E-03	6,9949E-03	-9,25624E-03	1,9685E-02
KWH2	**Varianzen sind gleich**	1,735	,199	1,262	26	,218	1,5786E-02	1,2509E-02	-9,92789E-03	4,1499E-02
	Varianzen sind nicht gleich			1,262	23,993	,219	1,5786E-02	1,2509E-02	-1,00330E-02	4,1604E-02
FPOSG2	**Varianzen sind gleich**	,663	,423	,000	26	1,000	,000	,165	-,339	,339
	Varianzen sind nicht gleich			,000	25,739	1,000	,000	,165	-,340	,340
FPOSK2	**Varianzen sind gleich**	1,543	,225	-,288	26	,776	-3,571E-02	,124	-,291	,219
	Varianzen sind nicht gleich			-,288	24,769	,776	-3,571E-02	,124	-,291	,220
FPOSW2	**Varianzen sind gleich**	,095	,760	,252	26	,803	7,143E-02	,284	-,512	,654
	Varianzen sind nicht gleich			,252	25,994	,803	7,143E-02	,284	-,512	,654
FPOST2	**Varianzen sind gleich**	,035	,854	1,434	26	,164	,786	,548	-,341	1,912
	Varianzen sind nicht gleich			1,434	25,910	,164	,786	,548	-,341	1,912
FPOSM2	**Varianzen sind gleich**	2,925	,099	,664	26	,512	,107	,161	-,224	,439

	Varianzen sind nicht gleich			,664	24,609	,513	,107	,161	-,225	,440
FPOS2	Varianzen sind gleich	,446	,510	1,216	26	,235	,1857	,1528	-,1283	,4997
	Varianzen sind nicht gleich			1,216	24,483	,236	,1857	,1528	-,1292	,5007
S1	Varianzen sind gleich	1,767	,195	1,017	26	,319	22,64	22,27	-23,13	68,42
	Varianzen sind nicht gleich			1,017	24,465	,319	22,64	22,27	-23,27	68,56
S2	Varianzen sind gleich	,161	,692	,147	26	,884	3,86	26,19	-49,97	57,68
	Varianzen sind nicht gleich			,147	25,672	,884	3,86	26,19	-50,00	57,72

Ergebnisse zu H1B (siehe Abschnitt 9.3.6).
Gruppe 12 ist ESim2, Gruppe 22 ist KSim2.

Gruppenstatistiken					
	UNESK	N	Mittelwert	Standardabweichung	Standardfehler des Mittelwertes
ZEITL	12	14	22,6429	4,8934	1,3078
	22	14	23,0571	5,2909	1,4140
ZEITK	12	14	22,6714	2,9775	,7958
	22	14	22,4786	2,0081	,5367
ZEIT	12	14	45,3143	7,2660	1,9419
	22	14	45,5357	5,9277	1,5842
FABS1	12	14	,6071	,5255	,1404
	22	14	,5721	,2671	7,138E-02
FLEI1	12	14	3,643E-02	5,213E-02	1,393E-02
	22	14	,1464	,2962	7,917E-02
FBEL1	12	14	5,57	9,16	2,45
	22	14	4,71	9,41	2,51
FABS2	12	14	,6071	,5255	,1404
	22	14	,7857	,5082	,1358
FLEI2	12	14	3,429E-02	4,879E-02	1,304E-02
	22	14	,2350	,3443	9,203E-02
FBEL2	12	14	1,57	3,03	,81
	22	14	6,14	9,77	2,61
FABS3	12	14	,8214	,8903	,2379
	22	14	,7857	,4258	,1138
FLEI3	12	14	5,643E-02	,1182	3,160E-02

	22	14	,1771	,2639	7,052E-02
FBEL3	**12**	14	1,57	3,03	,81
	22	14	3,93	6,38	1,70
FABS4	**12**	14	,8214	1,1537	,3083
	22	14	,4857	5,345E-02	1,429E-02
FLEI4	**12**	14	,4371	1,6012	,4279
	22	14	1,929E-02	2,165E-02	5,786E-03
FBEL4	**12**	14	2,29	1,73	,46
	22	14	3,29	4,66	1,25
LW1	**12**	14	,36	,50	,13
	22	14	,21	,43	,11
LW2	**12**	14	,50	,52	,14
	22	14	,64	,50	,13
L1K	**12**	14	2,64	1,22	,32
	22	14	2,64	1,34	,36
L2K	**12**	14	3,00	1,52	,41
	22	14	2,79	1,53	,41
FPOSG1	**12**	14	1,000	,877	,234
	22	14	1,429	,938	,251
FPOSK1	**12**	14	1,500	1,225	,327
	22	14	2,500	1,160	,310
FPOSW1	**12**	14	,643	,842	,225
	22	14	1,143	,864	,231
FPOST1	**12**	14	1,143	1,167	,312
	22	14	1,429	1,555	,416
FPOSM1	**12**	14	,857	,864	,231
	22	14	1,357	,633	,169
FPOS1	**12**	14	1,0286	,5810	,1553
	22	14	1,5714	,7600	,2031
KWH1	**12**	14	2,7071E-02	7,3846E-03	1,9736E-03
	22	14	3,6571E-02	1,5545E-02	4,1546E-03
KWH2	**12**	14	3,5571E-02	1,1359E-02	3,0359E-03
	22	14	4,0571E-02	1,2283E-02	3,2828E-03
FPOSG2	**12**	14	,500	,439	,117
	22	14	,429	,385	,103
FPOSK2	**12**	14	,500	,392	,105
	22	14	,536	,365	9,756E-02
FPOSW2	**12**	14	,214	,579	,155
	22	14	,357	,745	,199
FPOST2	**12**	14	1,143	,949	,254
	22	14	,857	1,027	,275
FPOSM2	**12**	14	,250	,427	,114
	22	14	,286	,426	,114
FPOS2	**12**	14	,5214	,2424	6,477E-02
	22	14	,4929	,3731	9,971E-02

S1	**12**	14	65,50	17,48	4,67
	22	14	64,93	19,06	5,09
S2	**12**	14	102,57	52,87	14,13
	22	14	121,07	57,71	15,42

Test bei unabhängigen Stichproben

		Levene-Test der Varianzgleichheit		T-Test für die Mittelwertgleichheit						
		F	Signifikanz	T	df	Sig. (2-seitig)	Mittlere Differenz	Standardfehler der Differenz	95% Konfidenzintervall der Differenz	
									Untere	Obere
ZEITL	**Varianzen sind gleich**	,674	,419	-,215	26	,831	-,4143	1,9261	-4,3735	3,5449
	Varianzen sind nicht gleich			-,215	25,843	,831	-,4143	1,9261	-4,3747	3,5461
ZEITK	**Varianzen sind gleich**	,635	,433	,201	26	,842	,1929	,9598	-1,7801	2,1658
	Varianzen sind nicht gleich			,201	22,799	,843	,1929	,9598	-1,7937	2,1794
ZEIT	**Varianzen sind gleich**	,004	,950	-,088	26	,930	-,2214	2,5062	-5,3730	4,9301
	Varianzen sind nicht gleich			-,088	24,992	,930	-,2214	2,5062	-5,3831	4,9402
FABS1	**Varianzen sind gleich**	5,127	,032	,222	26	,826	3,500E-02	,1575	-,2888	,3588
	Varianzen sind nicht gleich			,222	19,296	,827	3,500E-02	,1575	-,2944	,3644
FLEI1	**Varianzen sind gleich**	3,502	,073	-1,368	26	,183	-,1100	8,039E-02	-,2752	5,523E-02
	Varianzen sind nicht gleich			-1,368	13,804	,193	-,1100	8,039E-02	-,2826	6,264E-02
FBEL1	**Varianzen sind gleich**	,001	,976	,244	26	,809	,86	3,51	-6,36	8,07
	Varianzen sind nicht gleich			,244	25,982	,809	,86	3,51	-6,36	8,07
FABS2	**Varianzen sind gleich**	,260	,614	-,914	26	,369	-,1786	,1954	-,5801	,2230
	Varianzen sind nicht gleich			-,914	25,971	,369	-,1786	,1954	-,5802	,2230

FLEI2	**Varianzen sind gleich**	18,626	,000	-2,159	26	,040	-,2007	9,295E-02	-,3918	-9,6609E-03
	Varianzen sind nicht gleich			-2,159	13,522	,049	-,2007	9,295E-02	-,4007	-7,0127E-04
FBEL2	**Varianzen sind gleich**	11,897	,002	-1,673	26	,106	-4,57	2,73	-10,19	1,05
	Varianzen sind nicht gleich			-1,673	15,482	,114	-4,57	2,73	-10,38	1,24
FABS3	**Varianzen sind gleich**	1,760	,196	,135	26	,893	3,571E-02	,2638	-,5064	,5779
	Varianzen sind nicht gleich			,135	18,652	,894	3,571E-02	,2638	-,5170	,5884
FLEI3	**Varianzen sind gleich**	9,201	,005	-1,562	26	,130	-,1207	7,728E-02	-,2796	3,813E-02
	Varianzen sind nicht gleich			-1,562	18,018	,136	-,1207	7,728E-02	-,2831	4,162E-02
FBEL3	**Varianzen sind gleich**	8,775	,006	-1,249	26	,223	-2,36	1,89	-6,24	1,52
	Varianzen sind nicht gleich			-1,249	18,586	,227	-2,36	1,89	-6,31	1,60
FABS4	**Varianzen sind gleich**	8,663	,007	1,088	26	,287	,3357	,3087	-,2988	,9702
	Varianzen sind nicht gleich			1,088	13,056	,296	,3357	,3087	-,3308	1,0023
FLEI4	**Varianzen sind gleich**	4,469	,044	,976	26	,338	,4179	,4280	-,4619	1,2976
	Varianzen sind nicht gleich			,976	13,005	,347	,4179	,4280	-,5067	1,3424
FBEL4	**Varianzen sind gleich**	7,745	,010	-,752	26	,459	-1,00	1,33	-3,73	1,73
	Varianzen sind nicht gleich			-,752	16,506	,463	-1,00	1,33	-3,81	1,81
LW1	**Varianzen sind gleich**	2,644	,116	,816	26	,422	,14	,17	-,22	,50
	Varianzen sind nicht gleich			,816	25,399	,422	,14	,17	-,22	,50
LW2	**Varianzen sind gleich**	1,156	,292	-,744	26	,464	-,14	,19	-,54	,25

	Varianzen sind nicht gleich			-,744	25,953	,464	-,14	,19	-,54	,25
L1K	**Varianzen sind gleich**	,471	,499	,000	26	1,000	,00	,48	-,99	,99
	Varianzen sind nicht gleich			,000	25,771	1,000	,00	,48	-,99	,99
L2K	**Varianzen sind gleich**	,024	,878	,372	26	,713	,21	,58	-,97	1,40
	Varianzen sind nicht gleich			,372	25,999	,713	,21	,58	-,97	1,40
FPOSG1	**Varianzen sind gleich**	,898	,352	-1,249	26	,223	-,429	,343	-1,134	,277
	Varianzen sind nicht gleich			-1,249	25,885	,223	-,429	,343	-1,134	,277
FPOSK1	**Varianzen sind gleich**	,000	1,000	-2,218	26	,036	-1,000	,451	-1,927	-7,319E-02
	Varianzen sind nicht gleich			-2,218	25,924	,036	-1,000	,451	-1,927	-7,306E-02
FPOSW1	**Varianzen sind gleich**	,003	,960	-1,550	26	,133	-,500	,322	-1,163	,163
	Varianzen sind nicht gleich			-1,550	25,982	,133	-,500	,322	-1,163	,163
FPOST1	**Varianzen sind gleich**	2,117	,158	-,550	26	,587	-,286	,520	-1,354	,782
	Varianzen sind nicht gleich			-,550	24,121	,587	-,286	,520	-1,358	,786
FPOSM1	**Varianzen sind gleich**	1,967	,173	-1,746	26	,093	-,500	,286	-1,089	8,870E-02
	Varianzen sind nicht gleich			-1,746	23,834	,094	-,500	,286	-1,091	9,132E-02
FPOS1	**Varianzen sind gleich**	2,322	,140	-2,123	26	,043	-,5429	,2557	-1,0684	-1,7313E-02
	Varianzen sind nicht gleich			-2,123	24,327	,044	-,5429	,2557	-1,0702	-1,5548E-02
KWH1	**Varianzen sind gleich**	34,127	,000	-2,065	26	,049	-9,50000E-03	4,5995E-03	-1,89545E-02	-4,55011E-05
	Varianzen sind nicht gleich			-2,065	18,583	,053	-9,50000E-03	4,5995E-03	-1,91416E-02	1,4160E-04

KWH2	**Varianzen sind gleich**	,531	,473	-1,118	26	,274	-5,00000E-03	4,4714E-03	-1,41912E-02	4,1912E-03
	Varianzen sind nicht gleich			-1,118	25,843	,274	-5,00000E-03	4,4714E-03	-1,41939E-02	4,1939E-03
FPOSG2	**Varianzen sind gleich**	,356	,556	,458	26	,651	7,143E-02	,156	-,249	,392
	Varianzen sind nicht gleich			,458	25,574	,651	7,143E-02	,156	-,249	,392
FPOSK2	**Varianzen sind gleich**	,047	,830	-,249	26	,805	-3,571E-02	,143	-,330	,259
	Varianzen sind nicht gleich			-,249	25,867	,805	-3,571E-02	,143	-,330	,259
FPOSW2	**Varianzen sind gleich**	1,297	,265	-,567	26	,576	-,143	,252	-,661	,375
	Varianzen sind nicht gleich			-,567	24,506	,576	-,143	,252	-,663	,377
FPOST2	**Varianzen sind gleich**	,265	,611	,764	26	,452	,286	,374	-,483	1,054
	Varianzen sind nicht gleich			,764	25,840	,452	,286	,374	-,483	1,054
FPOSM2	**Varianzen sind gleich**	,018	,895	-,221	26	,826	-3,571E-02	,161	-,367	,296
	Varianzen sind nicht gleich			-,221	26,000	,826	-3,571E-02	,161	-,367	,296
FPOS2	**Varianzen sind gleich**	,864	,361	,240	26	,812	2,857E-02	,1189	-,2158	,2730
	Varianzen sind nicht gleich			,240	22,314	,812	2,857E-02	,1189	-,2178	,2749
S1	**Varianzen sind gleich**	,070	,793	,083	26	,935	,57	6,91	-13,64	14,78
	Varianzen sind nicht gleich			,083	25,809	,935	,57	6,91	-13,64	14,78
S2	**Varianzen sind gleich**	,395	,535	-,884	26	,385	-18,50	20,92	-61,50	24,50
	Varianzen sind nicht gleich			-,884	25,803	,385	-18,50	20,92	-61,51	24,51

12.5.2. Ergebnisse zur Hypothese 2

Ergebnisse zu H2 (siehe Abschnitt 9.3.7).
Gruppe 10 = KExp1+KSim1+KKein1
Gruppe 11 = EExp1+ESim1+EKein1
Gruppe 30 = KExp3+KSim3+KKein3
Gruppe 31 = EExp3+ESim3+EKein3

Descriptives

		N	Mean	Std. Deviation	Std. Error	95% Confidence Interval for Mean		Minimum	Maximum
						Lower Bound	Upper Bound		
ALPRO	10	41	26,3415	8,8927	1,3888	23,5346	29,1484	12,00	45,00
	11	41	31,7561	7,6413	1,1934	29,3442	34,1680	12,00	49,00
	30	41	36,3415	8,9292	1,3945	33,5231	39,1599	19,00	58,00
	31	41	39,1220	8,5884	1,3413	36,4111	41,8328	14,00	56,00
	Total	164	33,3902	9,7481	,7612	31,8872	34,8933	12,00	58,00
RIPRO	10	41	20,9512	7,2040	1,1251	18,6774	23,2251	9,00	37,00
	11	41	23,7073	6,8053	1,0628	21,5593	25,8553	10,00	41,00
	30	41	30,4390	6,7677	1,0569	28,3029	32,5752	18,00	48,00
	31	41	29,1463	8,9375	1,3958	26,3253	31,9673	11,00	45,00
	Total	164	26,0610	8,3737	,6539	24,7698	27,3521	9,00	48,00
FQ	10	41	,2705	,1929	3,013E-02	,2096	,3314	,00	,90
	11	41	,3834	,3794	5,926E-02	,2636	,5032	,05	2,50
	30	41	,1937	,1307	2,041E-02	,1524	,2349	,00	,67
	31	41	,4205	,4054	6,331E-02	,2925	,5484	,06	1,83
	Total	164	,3170	,3117	2,434E-02	,2690	,3651	,00	2,50
VERNET	10	41	,8163	,1328	2,075E-02	,7744	,8583	,58	1,16
	11	41	,8366	,1813	2,832E-02	,7794	,8938	,60	1,46
	30	41	,9161	,1597	2,495E-02	,8657	,9665	,65	1,30
	31	41	,8871	,1770	2,765E-02	,8312	,9429	,64	1,39
	Total	164	,8640	,1671	1,305E-02	,8383	,8898	,58	1,46
ZENTRAL	10	41	6,6585	3,2374	,5056	5,6367	7,6804	2,00	17,00
	11	41	7,4634	2,9589	,4621	6,5295	8,3973	3,00	14,00

	30	41	8,9024	3,0067	,4696	7,9534	9,8515	3,00	16,00
	31	41	9,4878	3,0751	,4802	8,5172	10,4584	4,00	19,00
	Total	164	8,1280	3,2449	,2534	7,6277	8,6284	2,00	19,00
INSEL	**10**	41	4,0000	2,5981	,4058	3,1799	4,8201	1,00	10,00
	11	41	4,6829	3,3199	,5185	3,6350	5,7308	1,00	13,00
	30	41	3,4390	2,6837	,4191	2,5919	4,2861	1,00	12,00
	31	41	3,7317	2,6835	,4191	2,8847	4,5787	1,00	12,00
	Total	164	3,9634	2,8476	,2224	3,5243	4,4025	1,00	13,00
FACH	**10**	41	2,4244	,5039	7,870E-02	2,2653	2,5834	1,32	3,50
	11	41	2,1754	,4810	7,511E-02	2,0236	2,3272	,80	3,00
	30	41	2,6049	,3382	5,282E-02	2,4981	2,7116	1,90	3,37
	31	41	2,2310	,5651	8,825E-02	2,0526	2,4093	,94	3,14
	Total	164	2,3589	,5044	3,939E-02	2,2811	2,4367	,80	3,50
MAPC2	**10**	41	62,1707	20,6723	3,2285	55,6457	68,6957	27,00	113,00
	11	41	68,2927	21,8143	3,4068	61,4073	75,1781	28,00	130,00
	30	41	93,2683	20,9762	3,2759	86,6474	99,8892	62,00	149,00
	31	41	87,6829	30,8775	4,8223	77,9368	97,4291	28,00	154,00
	Total	164	77,8537	27,0651	2,1134	73,6804	82,0269	27,00	154,00
MAP-CHAR	**10**	41	3,7005	,8688	,1357	3,4263	3,9747	1,72	5,80
	11	41	3,7502	1,0447	,1632	3,4205	4,0800	1,80	7,20
	30	41	4,7766	,9182	,1434	4,4868	5,0664	2,92	7,04
	31	41	4,3073	1,3536	,2114	3,8801	4,7346	1,96	7,52
	Total	164	4,1337	1,1425	8,921E-02	3,9575	4,3098	1,72	7,52

ANOVA

		Sum of Squares	df	Mean Square	F	Sig.
ALPRO	**Between Groups**	3850,634	3	1283,545	17,646	,000
	Within Groups	11638,390	160	72,740		
	Total	15489,024	163			
RIPRO	**Between Groups**	2473,780	3	824,593	14,732	,000
	Within Groups	8955,610	160	55,973		

	Total	11429,390	163			
FQ	Between Groups	1,332	3	,444	4,900	,003
	Within Groups	14,503	160	9,065E-02		
	Total	15,836	163			
VERNET	Between Groups	,257	3	8,568E-02	3,192	,025
	Within Groups	4,295	160	2,684E-02		
	Total	4,552	163			
ZENTRAL	Between Groups	207,043	3	69,014	7,316	,000
	Within Groups	1509,268	160	9,433		
	Total	1716,311	163			
INSEL	Between Groups	34,756	3	11,585	1,440	,233
	Within Groups	1287,024	160	8,044		
	Total	1321,780	163			
FACH	Between Groups	4,709	3	1,570	6,832	,000
	Within Groups	36,759	160	,230		
	Total	41,468	163			
MAPC2	Between Groups	27535,268	3	9178,423	15,986	,000
	Within Groups	91865,220	160	574,158		
	Total	119400,488	163			
MAPCHAR	Between Groups	31,904	3	10,635	9,408	,000
	Within Groups	180,855	160	1,130		
	Total	212,760	163			

Multiple Comparisons
LSD

Dependent Variable	(I) PHUN	(J) PHUN	Mean Difference (I-J)	Std. Error	Sig.	95% Confidence Interval Lower Bound	95% Confidence Interval Upper Bound
ALPRO	10	11	-5,4146(*)	1,8837	,005	-9,1347	-1,6945
		30	-10,0000(*)	1,8837	,000	-13,7201	-6,2799
		31	-12,7805(*)	1,8837	,000	-16,5006	-9,0604
	11	10	5,4146(*)	1,8837	,005	1,6945	9,1347
		30	-4,5854(*)	1,8837	,016	-8,3055	-,8653
		31	-7,3659(*)	1,8837	,000	-11,0860	-3,6458
	30	10	10,0000(*)	1,8837	,000	6,2799	13,7201
		11	4,5854(*)	1,8837	,016	,8653	8,3055

		31	-2,7805	1,8837	,142	-6,5006	,9396
	31	10	12,7805(*)	1,8837	,000	9,0604	16,5006
		11	7,3659(*)	1,8837	,000	3,6458	11,0860
		30	2,7805	1,8837	,142	-,9396	6,5006
RIPRO	10	11	-2,7561	1,6524	,097	-6,0194	,5072
		30	-9,4878(*)	1,6524	,000	-12,7511	-6,2245
		31	-8,1951(*)	1,6524	,000	-11,4584	-4,9318
	11	10	2,7561	1,6524	,097	-,5072	6,0194
		30	-6,7317(*)	1,6524	,000	-9,9950	-3,4684
		31	-5,4390(*)	1,6524	,001	-8,7023	-2,1757
	30	10	9,4878(*)	1,6524	,000	6,2245	12,7511
		11	6,7317(*)	1,6524	,000	3,4684	9,9950
		31	1,2927	1,6524	,435	-1,9706	4,5560
	31	10	8,1951(*)	1,6524	,000	4,9318	11,4584
		11	5,4390(*)	1,6524	,001	2,1757	8,7023
		30	-1,2927	1,6524	,435	-4,5560	1,9706
FQ	10	11	-,1129	6,650E-02	,091	-,2442	1,840E-02
		30	7,683E-02	6,650E-02	,250	-5,4494E-02	,2082
		31	-,1500(*)	6,650E-02	,025	-,2813	-1,8677E-02
	11	10	,1129	6,650E-02	,091	-1,8396E-02	,2442
		30	,1898(*)	6,650E-02	,005	5,843E-02	,3211
		31	-3,7073E-02	6,650E-02	,578	-,1684	9,425E-02
	30	10	-7,6829E-02	6,650E-02	,250	-,2082	5,449E-02
		11	-,1898(*)	6,650E-02	,005	-,3211	-5,8433E-02
		31	-,2268(*)	6,650E-02	,001	-,3582	-9,5506E-02
	31	10	,1500(*)	6,650E-02	,025	1,868E-02	,2813
		11	3,707E-02	6,650E-02	,578	-9,4250E-02	,1684
		30	,2268(*)	6,650E-02	,001	9,551E-02	,3582
VERNET	10	11	-2,0244E-02	3,619E-02	,577	-9,1708E-02	5,122E-02

		30	-9,9756E-02(*)	3,619E-02	,007	-,1712	-2,8292E-02
		31	-7,0732E-02	3,619E-02	,052	-,1422	7,319E-04
	11	**10**	2,024E-02	3,619E-02	,577	-5,1220E-02	9,171E-02
		30	-7,9512E-02(*)	3,619E-02	,029	-,1510	-8,0486E-03
		31	-5,0488E-02	3,619E-02	,165	-,1220	2,098E-02
	30	**10**	9,976E-02(*)	3,619E-02	,007	2,829E-02	,1712
		11	7,951E-02(*)	3,619E-02	,029	8,049E-03	,1510
		31	2,902E-02	3,619E-02	,424	-4,2439E-02	,1005
	31	**10**	7,073E-02	3,619E-02	,052	-7,3190E-04	,1422
		11	5,049E-02	3,619E-02	,165	-2,0976E-02	,1220
		30	-2,9024E-02	3,619E-02	,424	-,1005	4,244E-02
ZENTRAL	**10**	**11**	-,8049	,6783	,237	-2,1445	,5348
		30	-2,2439(*)	,6783	,001	-3,5836	-,9043
		31	-2,8293(*)	,6783	,000	-4,1689	-1,4896
	11	**10**	,8049	,6783	,237	-,5348	2,1445
		30	-1,4390(*)	,6783	,035	-2,7787	-9,9373E-02
		31	-2,0244(*)	,6783	,003	-3,3640	-,6847
	30	**10**	2,2439(*)	,6783	,001	,9043	3,5836
		11	1,4390(*)	,6783	,035	9,937E-02	2,7787
		31	-,5854	,6783	,389	-1,9250	,7543
	31	**10**	2,8293(*)	,6783	,000	1,4896	4,1689
		11	2,0244(*)	,6783	,003	,6847	3,3640
		30	,5854	,6783	,389	-,7543	1,9250
INSEL	**10**	**11**	-,6829	,6264	,277	-1,9200	,5542
		30	,5610	,6264	,372	-,6761	1,7981
		31	,2683	,6264	,669	-,9688	1,5054
	11	**10**	,6829	,6264	,277	-,5542	1,9200
		30	1,2439(*)	,6264	,049	6,811E-03	2,4810
		31	,9512	,6264	,131	-,2859	2,1883
	30	**10**	-,5610	,6264	,372	-1,7981	,6761

		11	-1,2439(*)	,6264	,049	-2,4810	-6,8107E-03
		31	-,2927	,6264	,641	-1,5298	,9444
	31	**10**	-,2683	,6264	,669	-1,5054	,9688
		11	-,9512	,6264	,131	-2,1883	,2859
		30	,2927	,6264	,641	-,9444	1,5298
FACH	**10**	**11**	,2490(*)	,1059	,020	3,995E-02	,4581
		30	-,1805	,1059	,090	-,3896	2,858E-02
		31	,1934	,1059	,070	-1,5655E-02	,4025
	11	**10**	-,2490(*)	,1059	,020	-,4581	-3,9954E-02
		30	-,4295(*)	,1059	,000	-,6386	-,2204
		31	-5,5610E-02	,1059	,600	-,2647	,1535
	30	**10**	,1805	,1059	,090	-2,8582E-02	,3896
		11	,4295(*)	,1059	,000	,2204	,6386
		31	,3739(*)	,1059	,001	,1648	,5830
	31	**10**	-,1934	,1059	,070	-,4025	1,566E-02
		11	5,561E-02	,1059	,600	-,1535	,2647
		30	-,3739(*)	,1059	,001	-,5830	-,1648
MAPC2	**10**	**11**	-6,1220	5,2922	,249	-16,5736	4,3297
		30	-31,0976(*)	5,2922	,000	-41,5492	-20,6459
		31	-25,5122(*)	5,2922	,000	-35,9638	-15,0606
	11	**10**	6,1220	5,2922	,249	-4,3297	16,5736
		30	-24,9756(*)	5,2922	,000	-35,4272	-14,5240
		31	-19,3902(*)	5,2922	,000	-29,8419	-8,9386
	30	**10**	31,0976(*)	5,2922	,000	20,6459	41,5492
		11	24,9756(*)	5,2922	,000	14,5240	35,4272
		31	5,5854	5,2922	,293	-4,8663	16,0370
	31	**10**	25,5122(*)	5,2922	,000	15,0606	35,9638
		11	19,3902(*)	5,2922	,000	8,9386	29,8419
		30	-5,5854	5,2922	,293	-16,0370	4,8663
MAPCHAR	**10**	**11**	-4,9756E-02	,2348	,832	-,5135	,4140
		30	-1,0761(*)	,2348	,000	-1,5398	-,6124
		31	-,6068(*)	,2348	,011	-1,0706	-,1431
	11	**10**	4,976E-02	,2348	,832	-,4140	,5135
		30	-1,0263(*)	,2348	,000	-1,4901	-,5626
		31	-,5571(*)	,2348	,019	-1,0208	-9,3333E-02

	30	**10**	1,0761(*)	,2348	,000	,6124	1,5398
		11	1,0263(*)	,2348	,000	,5626	1,4901
		31	,4693(*)	,2348	,047	5,529E-03	,9330
	31	**10**	,6068(*)	,2348	,011	,1431	1,0706
		11	,5571(*)	,2348	,019	9,333E-02	1,0208
		30	-,4693(*)	,2348	,047	-,9330	-5,5286E-03

* The mean difference is significant at the .05 level.

12.5.3. Ergebnisse zur Hypothese 3

Ergebnisse zu H3A, H3B und H3C (siehe Abschnitt 9.3.8).

Gruppe 11 = EExp1+KExp1
Gruppe 12 = ESim1+KSim1
Gruppe 13 = EKein1+KKein1
Gruppe 31 = EExp3+KExp3
Gruppe 32 = ESim3+KSim3
Gruppe 33 = EKein3+KKein3

Deskriptive Statistik

		N	Mittelwert	Standardabweichung	Standardfehler	95%-Konfidenzintervall für den Mittelwert		Minimum	Maximum
						Untergrenze	Obergrenze		
ALPRO	11	28	29,25	8,79	1,66	25,84	32,66	12	44
	12	28	29,39	7,66	1,45	26,42	32,36	14	43
	13	26	28,46	9,83	1,93	24,49	32,43	12	49
	31	28	38,82	8,10	1,53	35,68	41,96	24	58
	32	28	39,25	7,70	1,46	36,26	42,24	20	55
	33	26	34,92	10,24	2,01	30,79	39,06	14	56
	Gesamt	164	33,39	9,75	,76	31,89	34,89	12	58
RIPRO	11	28	22,68	6,71	1,27	20,08	25,28	10	36
	12	28	21,93	6,06	1,15	19,58	24,28	10	36
	13	26	22,38	8,65	1,70	18,89	25,88	9	41
	31	28	30,86	8,10	1,53	27,72	34,00	17	48
	32	28	30,61	6,02	1,14	28,27	32,94	19	44
	33	26	27,77	9,28	1,82	24,02	31,52	11	45
	Gesamt	164	26,06	8,37	,65	24,77	27,35	9	48
FQ	11	28	,2943	,1839	3,476E-02	,2230	,3656	,05	,90
	12	28	,3818	,4390	8,297E-02	,2115	,5520	,05	2,50
	13	26	,3031	,2247	4,407E-02	,2123	,3938	,00	,89
	31	28	,3000	,2835	5,357E-02	,1901	,4099	,05	1,35
	32	28	,3032	,2919	5,517E-02	,1900	,4164	,00	1,63
	33	26	,3188	,3916	7,680E-02	,1607	,4770	,03	1,83
	Gesamt	164	,3170	,3117	2,434E-02	,2690	,3651	,00	2,50
VERNET	11	28	,8089	,1160	2,193E-02	,7639	,8539	,59	1,06
	12	28	,8404	,1883	3,558E-02	,7674	,9134	,58	1,46
	13	26	,8304	,1666	3,268E-02	,7631	,8977	,60	1,35
	31	28	,9079	,1610	3,042E-02	,8454	,9703	,68	1,22
	32	28	,9068	,1706	3,224E-02	,8406	,9729	,65	1,39
	33	26	,8892	,1789	3,509E-02	,8170	,9615	,64	1,30
	Gesamt	164	,8640	,1671	1,305E-02	,8383	,8898	,58	1,46
ZENTRAL	11	28	7,04	3,28	,62	5,76	8,31	2	17
	12	28	7,21	2,99	,56	6,06	8,37	2	14

	13	26	6,92	3,16	,62	5,65	8,20	3	15
	31	28	9,14	2,14	,40	8,31	9,97	5	13
	32	28	10,07	3,68	,70	8,64	11,50	6	19
	33	26	8,31	2,94	,58	7,12	9,49	3	16
	Gesamt	164	8,13	3,24	,25	7,63	8,63	2	19
INSEL	11	28	3,64	2,72	,51	2,59	4,70	1	13
	12	28	4,64	3,05	,58	3,46	5,82	1	10
	13	26	4,77	3,15	,62	3,50	6,04	1	12
	31	28	3,57	2,67	,51	2,54	4,61	1	12
	32	28	3,61	2,59	,49	2,60	4,61	1	9
	33	26	3,58	2,86	,56	2,42	4,73	1	12
	Gesamt	164	3,96	2,85	,22	3,52	4,40	1	13
FACH	11	28	2,3082	,4785	9,042E-02	2,1227	2,4937	1,39	3,50
	12	28	2,2589	,4976	9,403E-02	2,0660	2,4519	,80	3,14
	13	26	2,3350	,5562	,1091	2,1103	2,5597	1,32	3,48
	31	28	2,4004	,4814	9,097E-02	2,2137	2,5870	1,09	2,95
	32	28	2,4021	,4594	8,683E-02	2,2240	2,5803	,94	3,20
	33	26	2,4538	,5731	,1124	2,2224	2,6853	1,15	3,37
	Gesamt	164	2,3589	,5044	3,939E-02	2,2811	2,4367	,80	3,50
MAPC2	11	28	65,14	18,24	3,45	58,07	72,22	33	99
	12	28	64,61	18,31	3,46	57,51	71,71	28	113
	13	26	66,00	27,44	5,38	54,92	77,08	27	130
	31	28	93,11	26,55	5,02	82,81	103,40	36	149
	32	28	92,50	20,12	3,80	84,70	100,30	47	133
	33	26	85,46	31,90	6,26	72,58	98,35	28	154
	Gesamt	164	77,85	27,07	2,11	73,68	82,03	27	154
MAPCHAR	11	28	3,6714	,7230	,1366	3,3911	3,9518	2,60	5,80
	12	28	3,7186	,9290	,1756	3,3584	4,0788	1,80	5,56
	13	26	3,7908	1,2048	,2363	3,3041	4,2774	1,72	7,20
	31	28	4,5757	1,1827	,2235	4,1171	5,0343	2,36	6,84
	32	28	4,6986	,9131	,1726	4,3445	5,0527	2,52	6,52
	33	26	4,3369	1,4062	,2758	3,7690	4,9049	1,96	7,52
	Gesamt	164	4,1337	1,1425	8,921E-02	3,9575	4,3098	1,72	7,52

Mehrfachvergleiche
LSD

Abhängige Variable	(I) PHESK	(J) PHESK	Mittlere Differenz (I-J)	3.1. Standardfehler	Signifikanz	95%-Konfidenzintervall	
						Untergrenze	Obergrenze
ALPRO	11	12	-,14	2,34	,951	-4,76	4,47
		13	,79	2,38	,741	-3,92	5,49
		31	-9,57(*)	2,34	,000	-14,19	-4,96
		32	-10,00(*)	2,34	,000	-14,62	-5,38
		33	-5,67(*)	2,38	,018	-10,38	-,97

	12	**11**	,14	2,34	,951	-4,47	4,76
		13	,93	2,38	,696	-3,77	5,64
		31	-9,43(*)	2,34	,000	-14,04	-4,81
		32	-9,86(*)	2,34	,000	-14,47	-5,24
		33	-5,53(*)	2,38	,022	-10,23	-,83
	13	**11**	-,79	2,38	,741	-5,49	3,92
		12	-,93	2,38	,696	-5,64	3,77
		31	-10,36(*)	2,38	,000	-15,06	-5,66
		32	-10,79(*)	2,38	,000	-15,49	-6,08
		33	-6,46(*)	2,43	,009	-11,25	-1,67
	31	**11**	9,57(*)	2,34	,000	4,96	14,19
		12	9,43(*)	2,34	,000	4,81	14,04
		13	10,36(*)	2,38	,000	5,66	15,06
		32	-,43	2,34	,855	-5,04	4,19
		33	3,90	2,38	,104	-,81	8,60
	32	**11**	10,00(*)	2,34	,000	5,38	14,62
		12	9,86(*)	2,34	,000	5,24	14,47
		13	10,79(*)	2,38	,000	6,08	15,49
		31	,43	2,34	,855	-4,19	5,04
		33	4,33	2,38	,071	-,38	9,03
	33	**11**	5,67(*)	2,38	,018	,97	10,38
		12	5,53(*)	2,38	,022	,83	10,23
		13	6,46(*)	2,43	,009	1,67	11,25
		31	-3,90	2,38	,104	-8,60	,81
		32	-4,33	2,38	,071	-9,03	,38
RIPRO	**11**	**12**	,75	2,01	,710	-3,23	4,73
		13	,29	2,05	,886	-3,76	4,35
		31	-8,18(*)	2,01	,000	-12,16	-4,20
		32	-7,93(*)	2,01	,000	-11,91	-3,95
		33	-5,09(*)	2,05	,014	-9,15	-1,04
	12	**11**	-,75	2,01	,710	-4,73	3,23
		13	-,46	2,05	,825	-4,51	3,60
		31	-8,93(*)	2,01	,000	-12,91	-4,95
		32	-8,68(*)	2,01	,000	-12,66	-4,70
		33	-5,84(*)	2,05	,005	-9,90	-1,79
	13	**11**	-,29	2,05	,886	-4,35	3,76
		12	,46	2,05	,825	-3,60	4,51
		31	-8,47(*)	2,05	,000	-12,53	-4,42
		32	-8,22(*)	2,05	,000	-12,28	-4,17
		33	-5,38(*)	2,09	,011	-9,51	-1,25
	31	**11**	8,18(*)	2,01	,000	4,20	12,16
		12	8,93(*)	2,01	,000	4,95	12,91
		13	8,47(*)	2,05	,000	4,42	12,53
		32	,25	2,01	,901	-3,73	4,23
		33	3,09	2,05	,135	-,97	7,14

	32	11	7,93(*)	2,01	,000	3,95	11,91
		12	8,68(*)	2,01	,000	4,70	12,66
		13	8,22(*)	2,05	,000	4,17	12,28
		31	-,25	2,01	,901	-4,23	3,73
		33	2,84	2,05	,169	-1,22	6,89
	33	11	5,09(*)	2,05	,014	1,04	9,15
		12	5,84(*)	2,05	,005	1,79	9,90
		13	5,38(*)	2,09	,011	1,25	9,51
		31	-3,09	2,05	,135	-7,14	,97
		32	-2,84	2,05	,169	-6,89	1,22
FQ	11	12	-8,7500E-02	8,421E-02	,300	-,2538	7,882E-02
		13	-8,7912E-03	8,581E-02	,919	-,1783	,1607
		31	-5,7143E-03	8,421E-02	,946	-,1720	,1606
		32	-8,9286E-03	8,421E-02	,916	-,1752	,1574
		33	-2,4560E-02	8,581E-02	,775	-,1940	,1449
	12	11	8,750E-02	8,421E-02	,300	-7,8818E-02	,2538
		13	7,871E-02	8,581E-02	,360	-9,0777E-02	,2482
		31	8,179E-02	8,421E-02	,333	-8,4532E-02	,2481
		32	7,857E-02	8,421E-02	,352	-8,7746E-02	,2449
		33	6,294E-02	8,581E-02	,464	-,1065	,2324
	13	11	8,791E-03	8,581E-02	,919	-,1607	,1783
		12	-7,8709E-02	8,581E-02	,360	-,2482	9,078E-02
		31	3,077E-03	8,581E-02	,971	-,1664	,1726
		32	-1,3736E-04	8,581E-02	,999	-,1696	,1693
		33	-1,5769E-02	8,739E-02	,857	-,1884	,1568
	31	11	5,714E-03	8,421E-02	,946	-,1606	,1720
		12	-8,1786E-02	8,421E-02	,333	-,2481	8,453E-02
		13	-3,0769E-03	8,581E-02	,971	-,1726	,1664
		32	-3,2143E-03	8,421E-02	,970	-,1695	,1631
		33	-1,8846E-02	8,581E-02	,826	-,1883	,1506
	32	11	8,929E-03	8,421E-02	,916	-,1574	,1752
		12	-7,8571E-02	8,421E-02	,352	-,2449	8,775E-02
		13	1,374E-04	8,581E-02	,999	-,1693	,1696
		31	3,214E-03	8,421E-02	,970	-,1631	,1695
		33	-1,5632E-02	8,581E-02	,856	-,1851	,1539
	33	11	2,456E-02	8,581E-02	,775	-,1449	,1940
		12	-6,2940E-02	8,581E-02	,464	-,2324	,1065
		13	1,577E-02	8,739E-02	,857	-,1568	,1884
		31	1,885E-02	8,581E-02	,826	-,1506	,1883
		32	1,563E-02	8,581E-02	,856	-,1539	,1851
VNET	11	12	-3,1429E-02	4,409E-02	,477	-,1185	5,566E-02
		13	-2,1456E-02	4,493E-02	,634	-,1102	6,729E-02
		31	-9,8929E-02(*)	4,409E-02	,026	-,1860	-1,1843E-02
		32	-9,7857E-02(*)	4,409E-02	,028	-,1849	-1,0772E-02

		33	-8,0302E-02	4,493E-02	,076	-,1690	8,442E-03
	12	**11**	3,143E-02	4,409E-02	,477	-5,5657E-02	,1185
		13	9,973E-03	4,493E-02	,825	-7,8772E-02	9,872E-02
		31	-6,7500E-02	4,409E-02	,128	-,1546	1,959E-02
		32	-6,6429E-02	4,409E-02	,134	-,1535	2,066E-02
		33	-4,8874E-02	4,493E-02	,278	-,1376	3,987E-02
	13	**11**	2,146E-02	4,493E-02	,634	-6,7288E-02	,1102
		12	-9,9725E-03	4,493E-02	,825	-9,8717E-02	7,877E-02
		31	-7,7473E-02	4,493E-02	,087	-,1662	1,127E-02
		32	-7,6401E-02	4,493E-02	,091	-,1651	1,234E-02
		33	-5,8846E-02	4,576E-02	,200	-,1492	3,153E-02
	31	**11**	9,893E-02(*)	4,409E-02	,026	1,184E-02	,1860
		12	6,750E-02	4,409E-02	,128	-1,9585E-02	,1546
		13	7,747E-02	4,493E-02	,087	-1,1272E-02	,1662
		32	1,071E-03	4,409E-02	,981	-8,6014E-02	8,816E-02
		33	1,863E-02	4,493E-02	,679	-7,0118E-02	,1074
	32	**11**	9,786E-02(*)	4,409E-02	,028	1,077E-02	,1849
		12	6,643E-02	4,409E-02	,134	-2,0657E-02	,1535
		13	7,640E-02	4,493E-02	,091	-1,2343E-02	,1651
		31	-1,0714E-03	4,409E-02	,981	-8,8157E-02	8,601E-02
		33	1,755E-02	4,493E-02	,697	-7,1189E-02	,1063
	33	**11**	8,030E-02	4,493E-02	,076	-8,4422E-03	,1690
		12	4,887E-02	4,493E-02	,278	-3,9871E-02	,1376
		13	5,885E-02	4,576E-02	,200	-3,1527E-02	,1492
		31	-1,8626E-02	4,493E-02	,679	-,1074	7,012E-02
		32	-1,7555E-02	4,493E-02	,697	-,1063	7,119E-02
ZENT	**11**	**12**	-,18	,82	,828	-1,80	1,44
		13	,11	,84	,893	-1,54	1,76
		31	-2,11(*)	,82	,011	-3,73	-,49
		32	-3,04(*)	,82	,000	-4,65	-1,42
		33	-1,27	,84	,130	-2,92	,38
	12	**11**	,18	,82	,828	-1,44	1,80
		13	,29	,84	,728	-1,36	1,94
		31	-1,93(*)	,82	,020	-3,55	-,31
		32	-2,86(*)	,82	,001	-4,48	-1,24
		33	-1,09	,84	,192	-2,74	,56
	13	**11**	-,11	,84	,893	-1,76	1,54
		12	-,29	,84	,728	-1,94	1,36
		31	-2,22(*)	,84	,009	-3,87	-,57
		32	-3,15(*)	,84	,000	-4,80	-1,50
		33	-1,38	,85	,106	-3,06	,30
	31	**11**	2,11(*)	,82	,011	,49	3,73
		12	1,93(*)	,82	,020	,31	3,55
		13	2,22(*)	,84	,009	,57	3,87
		32	-,93	,82	,259	-2,55	,69

		33	,84	,84	,319	-,81	2,49
	32	11	3,04(*)	,82	,000	1,42	4,65
		12	2,86(*)	,82	,001	1,24	4,48
		13	3,15(*)	,84	,000	1,50	4,80
		31	,93	,82	,259	-,69	2,55
		33	1,76(*)	,84	,036	,11	3,41
	33	11	1,27	,84	,130	-,38	2,92
		12	1,09	,84	,192	-,56	2,74
		13	1,38	,85	,106	-,30	3,06
		31	-,84	,84	,319	-2,49	,81
		32	-1,76(*)	,84	,036	-3,41	-,11
INSEL	11	12	-1,00	,76	,190	-2,50	,50
		13	-1,13	,77	,148	-2,66	,40
		31	7,14E-02	,76	,925	-1,43	1,57
		32	3,57E-02	,76	,963	-1,47	1,54
		33	6,59E-02	,77	,932	-1,46	1,60
	12	11	1,00	,76	,190	-,50	2,50
		13	-,13	,77	,871	-1,66	1,40
		31	1,07	,76	,161	-,43	2,57
		32	1,04	,76	,175	-,47	2,54
		33	1,07	,77	,171	-,46	2,60
	13	11	1,13	,77	,148	-,40	2,66
		12	,13	,77	,871	-1,40	1,66
		31	1,20	,77	,124	-,33	2,73
		32	1,16	,77	,135	-,37	2,69
		33	1,19	,79	,133	-,37	2,75
	31	11	-7,14E-02	,76	,925	-1,57	1,43
		12	-1,07	,76	,161	-2,57	,43
		13	-1,20	,77	,124	-2,73	,33
		32	-3,57E-02	,76	,963	-1,54	1,47
		33	-5,49E-03	,77	,994	-1,53	1,52
	32	11	-3,57E-02	,76	,963	-1,54	1,47
		12	-1,04	,76	,175	-2,54	,47
		13	-1,16	,77	,135	-2,69	,37
		31	3,57E-02	,76	,963	-1,47	1,54
		33	3,02E-02	,77	,969	-1,50	1,56
	33	11	-6,59E-02	,77	,932	-1,60	1,46
		12	-1,07	,77	,171	-2,60	,46
		13	-1,19	,79	,133	-2,75	,37
		31	5,49E-03	,77	,994	-1,52	1,53
		32	-3,02E-02	,77	,969	-1,56	1,50
FACH	11	12	4,929E-02	,1358	,717	-,2188	,3174
		13	-2,6786E-02	,1383	,847	-,3000	,2465
		31	-9,2143E-02	,1358	,498	-,3603	,1760
		32	-9,3929E-02	,1358	,490	-,3621	,1742

		33	-,1456	,1383	,294	-,4189	,1276
	12	11	-4,9286E-02	,1358	,717	-,3174	,2188
		13	-7,6071E-02	,1383	,583	-,3493	,1972
		31	-,1414	,1358	,299	-,4096	,1267
		32	-,1432	,1358	,293	-,4113	,1249
		33	-,1949	,1383	,161	-,4682	7,832E-02
	13	11	2,679E-02	,1383	,847	-,2465	,3000
		12	7,607E-02	,1383	,583	-,1972	,3493
		31	-6,5357E-02	,1383	,637	-,3386	,2079
		32	-6,7143E-02	,1383	,628	-,3404	,2061
		33	-,1188	,1409	,400	-,3971	,1594
	31	11	9,214E-02	,1358	,498	-,1760	,3603
		12	,1414	,1358	,299	-,1267	,4096
		13	6,536E-02	,1383	,637	-,2079	,3386
		32	-1,7857E-03	,1358	,990	-,2699	,2663
		33	-5,3489E-02	,1383	,700	-,3267	,2197
	32	11	9,393E-02	,1358	,490	-,1742	,3621
		12	,1432	,1358	,293	-,1249	,4113
		13	6,714E-02	,1383	,628	-,2061	,3404
		31	1,786E-03	,1358	,990	-,2663	,2699
		33	-5,1703E-02	,1383	,709	-,3249	,2215
	33	11	,1456	,1383	,294	-,1276	,4189
		12	,1949	,1383	,161	-7,8320E-02	,4682
		13	,1188	,1409	,400	-,1594	,3971
		31	5,349E-02	,1383	,700	-,2197	,3267
		32	5,170E-02	,1383	,709	-,2215	,3249
MAPC2	11	12	,54	6,46	,934	-12,22	13,29
		13	-,86	6,58	,897	-13,86	12,14
		31	-27,96(*)	6,46	,000	-40,72	-15,21
		32	-27,36(*)	6,46	,000	-40,11	-14,60
		33	-20,32(*)	6,58	,002	-33,32	-7,32
	12	11	-,54	6,46	,934	-13,29	12,22
		13	-1,39	6,58	,833	-14,39	11,61
		31	-28,50(*)	6,46	,000	-41,26	-15,74
		32	-27,89(*)	6,46	,000	-40,65	-15,14
		33	-20,85(*)	6,58	,002	-33,85	-7,85
	13	11	,86	6,58	,897	-12,14	13,86
		12	1,39	6,58	,833	-11,61	14,39
		31	-27,11(*)	6,58	,000	-40,11	-14,11
		32	-26,50(*)	6,58	,000	-39,50	-13,50
		33	-19,46(*)	6,70	,004	-32,70	-6,22
	31	11	27,96(*)	6,46	,000	15,21	40,72
		12	28,50(*)	6,46	,000	15,74	41,26
		13	27,11(*)	6,58	,000	14,11	40,11
		32	,61	6,46	,925	-12,15	13,36

		33	7,65	6,58	,247	-5,35	20,65
	32	11	27,36(*)	6,46	,000	14,60	40,11
		12	27,89(*)	6,46	,000	15,14	40,65
		13	26,50(*)	6,58	,000	13,50	39,50
		31	-,61	6,46	,925	-13,36	12,15
		33	7,04	6,58	,287	-5,96	20,04
	33	11	20,32(*)	6,58	,002	7,32	33,32
		12	20,85(*)	6,58	,002	7,85	33,85
		13	19,46(*)	6,70	,004	6,22	32,70
		31	-7,65	6,58	,247	-20,65	5,35
		32	-7,04	6,58	,287	-20,04	5,96
MAPCHAR	11	12	-4,7143E-02	,2880	,870	-,6159	,5216
		13	-,1193	,2934	,685	-,6989	,4602
		31	-,9043(*)	,2880	,002	-1,4730	-,3355
		32	-1,0271(*)	,2880	,000	-1,5959	-,4584
		33	-,6655(*)	,2934	,025	-1,2451	-8,5923E-02
	12	11	4,714E-02	,2880	,870	-,5216	,6159
		13	-7,2198E-02	,2934	,806	-,6518	,5074
		31	-,8571(*)	,2880	,003	-1,4259	-,2884
		32	-,9800(*)	,2880	,001	-1,5487	-,4113
		33	-,6184(*)	,2934	,037	-1,1979	-3,8780E-02
	13	11	,1193	,2934	,685	-,4602	,6989
		12	7,220E-02	,2934	,806	-,5074	,6518
		31	-,7849(*)	,2934	,008	-1,3645	-,2054
		32	-,9078(*)	,2934	,002	-1,4874	-,3282
		33	-,5462	,2988	,069	-1,1364	4,405E-02
	31	11	,9043(*)	,2880	,002	,3355	1,4730
		12	,8571(*)	,2880	,003	,2884	1,4259
		13	,7849(*)	,2934	,008	,2054	1,3645
		32	-,1229	,2880	,670	-,6916	,4459
		33	,2388	,2934	,417	-,3408	,8184
	32	11	1,0271(*)	,2880	,000	,4584	1,5959
		12	,9800(*)	,2880	,001	,4113	1,5487
		13	,9078(*)	,2934	,002	,3282	1,4874
		31	,1229	,2880	,670	-,4459	,6916
		33	,3616	,2934	,220	-,2179	,9412
	33	11	,6655(*)	,2934	,025	8,592E-02	1,2451
		12	,6184(*)	,2934	,037	3,878E-02	1,1979
		13	,5462	,2988	,069	-4,4053E-02	1,1364
		31	-,2388	,2934	,417	-,8184	,3408
		32	-,3616	,2934	,220	-,9412	,2179

* Die mittlere Differenz ist auf der Stufe .05 signifikant.

12.5.4. Ergebnisse zur Hypothese 4

Ergebnisse zu H4A (siehe Abschnitt 9.3.9).

Korrelationen										
		ALPRO	RIPRO	FQ	VNET	ZENT	INSEL	FACH	MAPC2	MAP-CHAR
FABS1	Korrelation nach Pearson	-,436(*)	-,444(*)	-,129	-,260	-,277	-,054	,372	-,340	-,132
	Signifikanz (2-seitig)	,020	,018	,513	,182	,154	,785	,051	,077	,502
	N	28	28	28	28	28	28	28	28	28
FLEI1	Korrelation nach Pearson	,063	-,018	,171	-,259	-,127	-,059	-,085	-,015	-,013
	Signifikanz (2-seitig)	,751	,927	,383	,183	,519	,764	,668	,941	,946
	N	28	28	28	28	28	28	28	28	28
FBEL1	Korrelation nach Pearson	,331	,211	,225	,108	,178	-,147	-,336	,109	-,204
	Signifikanz (2-seitig)	,085	,280	,250	,584	,366	,454	,080	,580	,297
	N	28	28	28	28	28	28	28	28	28
FABS2	Korrelation nach Pearson	-,273	-,254	-,133	,069	-,228	,099	,153	-,220	-,039
	Signifikanz (2-seitig)	,159	,193	,500	,729	,243	,617	,438	,261	,846
	N	28	28	28	28	28	28	28	28	28
FLEI2	Korrelation nach Pearson	-,029	,110	-,263	,132	-,219	,156	,316	,158	,466(*)
	Signifikanz (2-seitig)	,882	,576	,176	,503	,263	,428	,101	,422	,012
	N	28	28	28	28	28	28	28	28	28
FBEL2	Korrelation nach Pearson	,303	,199	,163	,064	-,078	-,061	-,239	,083	-,083
	Signifikanz (2-seitig)	,117	,311	,406	,746	,693	,759	,221	,673	,673
	N	28	28	28	28	28	28	28	28	28
FABS3	Korrelation nach Pearson	-,242	-,210	-,083	-,198	-,311	,620(**)	,011	-,279	-,141
	Signifikanz (2-seitig)	,215	,284	,673	,312	,107	,000	,956	,151	,476
	N	28	28	28	28	28	28	28	28	28
FLEI3	Korrelation nach Pearson	,128	,144	-,009	,021	,001	-,067	-,034	,135	-,036
	Signifikanz (2-seitig)	,518	,465	,965	,917	,998	,735	,865	,495	,855

	N	28	28	28	28	28	28	28	28	28
FBEL3	**Korrelation nach Pearson**	,286	,157	,184	,103	-,021	-,095	-,280	,016	-,121
	Signifikanz (2-seitig)	,140	,424	,349	,604	,915	,630	,149	,934	,541
	N	28	28	28	28	28	28	28	28	28
FABS4	**Korrelation nach Pearson**	-,325	-,353	,047	-,184	,055	,010	,254	-,221	-,058
	Signifikanz (2-seitig)	,092	,066	,811	,348	,781	,961	,193	,259	,769
	N	28	28	28	28	28	28	28	28	28
FLEI4	**Korrelation nach Pearson**	-,167	-,309	,278	-,108	,081	,052	-,008	-,279	-,263
	Signifikanz (2-seitig)	,395	,110	,151	,586	,683	,792	,969	,151	,176
	N	28	28	28	28	28	28	28	28	28
FBEL4	**Korrelation nach Pearson**	,259	,118	,277	,074	,153	-,114	-,381(*)	-,010	-,244
	Signifikanz (2-seitig)	,183	,551	,154	,709	,437	,562	,045	,962	,211
	N	28	28	28	28	28	28	28	28	28
LW1	**Korrelation nach Pearson**	,112	,081	,142	,091	,255	,133	-,165	,048	-,141
	Signifikanz (2-seitig)	,571	,681	,470	,645	,191	,498	,402	,809	,475
	N	28	28	28	28	28	28	28	28	28
LW2	**Korrelation nach Pearson**	-,017	-,140	,251	-,165	,040	,040	-,149	-,113	-,336
	Signifikanz (2-seitig)	,933	,478	,197	,400	,841	,840	,450	,566	,080
	N	28	28	28	28	28	28	28	28	28
L1K	**Korrelation nach Pearson**	-,212	-,106	-,200	-,158	-,103	,213	,157	-,100	,030
	Signifikanz (2-seitig)	,278	,592	,309	,422	,601	,277	,425	,611	,881
	N	28	28	28	28	28	28	28	28	28
L2K	**Korrelation nach Pearson**	-,063	-,097	,104	-,157	-,013	,168	-,035	-,037	-,145
	Signifikanz (2-seitig)	,751	,623	,597	,425	,948	,394	,861	,850	,463
	N	28	28	28	28	28	28	28	28	28
FPOSG1	**Korrelation nach Pearson**	,118	,127	,000	,136	,000	,022	-,086	,030	,178

	Signifikanz (2-seitig)	,551	,519	1,000	,489	1,000	,910	,662	,879	,364
	N	28	28	28	28	28	28	28	28	28
FPOSK1	**Korrelation nach Pearson**	-,273	-,243	-,102	-,247	-,127	,166	,218	-,117	,052
	Signifikanz (2-seitig)	,160	,212	,606	,206	,519	,398	,266	,554	,793
	N	28	28	28	28	28	28	28	28	28
FPOSW 1	**Korrelation nach Pearson**	,323	,288	,088	,302	,113	-,234	-,146	,258	,158
	Signifikanz (2-seitig)	,094	,137	,657	,118	,566	,231	,458	,184	,421
	N	28	28	28	28	28	28	28	28	28
FPOST1	**Korrelation nach Pearson**	-,263	-,211	-,102	-,129	,007	-,035	,252	-,086	-,024
	Signifikanz (2-seitig)	,177	,281	,607	,515	,972	,859	,195	,663	,904
	N	28	28	28	28	28	28	28	28	28
FPOSM1	**Korrelation nach Pearson**	-,241	-,240	,014	-,104	-,034	-,079	,045	-,232	-,198
	Signifikanz (2-seitig)	,218	,219	,946	,600	,864	,689	,821	,234	,312
	N	28	28	28	28	28	28	28	28	28
FPOS1	**Korrelation nach Pearson**	-,184	-,154	-,063	-,074	-,025	-,032	,162	-,069	,041
	Signifikanz (2-seitig)	,350	,434	,752	,708	,901	,873	,409	,726	,835
	N	28	28	28	28	28	28	28	28	28
KWH1	**Korrelation nach Pearson**	-,020	-,097	,135	-,006	,206	,126	-,067	-,106	,071
	Signifikanz (2-seitig)	,921	,625	,494	,975	,293	,524	,736	,592	,721
	N	28	28	28	28	28	28	28	28	28
KWH2	**Korrelation nach Pearson**	,002	-,005	,057	-,195	-,183	-,094	,026	,036	,014
	Signifikanz (2-seitig)	,991	,979	,773	,320	,351	,636	,895	,854	,943
	N	28	28	28	28	28	28	28	28	28
FPOSG2	**Korrelation nach Pearson**	-,174	-,260	,129	-,226	-,080	,265	,091	-,190	-,176
	Signifikanz (2-seitig)	,375	,182	,511	,247	,686	,173	,643	,333	,371
	N	28	28	28	28	28	28	28	28	28

FPOSK2	**Korrelation nach Pearson**	,246	,263	-,072	,164	-,083	-,305	,013	,261	,275
	Signifikanz (2-seitig)	,206	,176	,717	,403	,674	,114	,948	,180	,157
	N	28	28	28	28	28	28	28	28	28
FPOSW 2	**Korrelation nach Pearson**	-,067	-,048	-,037	-,190	-,128	,238	,023	-,139	-,135
	Signifikanz (2-seitig)	,734	,807	,850	,334	,515	,222	,907	,480	,493
	N	28	28	28	28	28	28	28	28	28
FPOST2	**Korrelation nach Pearson**	,326	,261	,257	,129	,286	,012	-,238	,199	-,009
	Signifikanz (2-seitig)	,091	,180	,187	,514	,140	,950	,222	,310	,962
	N	28	28	28	28	28	28	28	28	28
FPOSM2	**Korrelation nach Pearson**	,074	,168	-,205	-,120	-,010	,105	,069	,139	,064
	Signifikanz (2-seitig)	,710	,392	,295	,543	,960	,596	,729	,479	,745
	N	28	28	28	28	28	28	28	28	28
FPOS2	**Korrelation nach Pearson**	,229	,194	,146	-,022	,129	,124	-,129	,124	-,036
	Signifikanz (2-seitig)	,240	,324	,458	,913	,513	,529	,513	,529	,856
	N	28	28	28	28	28	28	28	28	28
S1	**Korrelation nach Pearson**	-,016	-,021	,007	-,219	-,106	,000	-,066	-,106	-,183
	Signifikanz (2-seitig)	,934	,915	,971	,264	,592	,999	,739	,591	,352
	N	28	28	28	28	28	28	28	28	28
S2	**Korrelation nach Pearson**	,307	,397(*)	-,085	,264	,069	-,225	,192	,563(**)	,432(*)
	Signifikanz (2-seitig)	,112	,036	,669	,175	,728	,250	,327	,002	,022
	N	28	28	28	28	28	28	28	28	28

** Die Korrelation ist auf dem Niveau von 0,01 (2-seitig) signifikant.

* Die Korrelation ist auf dem Niveau von 0,05 (2-seitig) signifikant.

Ergebnisse zu H4B (siehe Abschnitt 9.3.9).

Korrelationen										
		ALPRO	RIPRO	FQ	VNET	ZENT	INSEL	FACH	MAPC2	MAP-CHAR
FABS1	Korrelation nach Pearson	-,112	,003	-,105	,021	,242	-,093	,120	,024	,106
	Signifikanz (2-seitig)	,570	,990	,595	,916	,214	,639	,543	,903	,590
	N	28	28	28	28	28	28	28	28	28
FLEI1	Korrelation nach Pearson	-,306	-,167	-,183	-,149	-,285	,118	,317	-,136	,129
	Signifikanz (2-seitig)	,113	,396	,350	,449	,141	,548	,100	,491	,513
	N	28	28	28	28	28	28	28	28	28
FBEL1	Korrelation nach Pearson	,039	-,120	,220	,061	,105	-,011	-,208	-,194	-,097
	Signifikanz (2-seitig)	,842	,542	,260	,756	,595	,954	,288	,321	,623
	N	28	28	28	28	28	28	28	28	28
FABS2	Korrelation nach Pearson	-,217	-,096	-,142	-,148	-,113	,105	,280	-,015	,081
	Signifikanz (2-seitig)	,267	,627	,472	,453	,568	,594	,148	,939	,682
	N	28	28	28	28	28	28	28	28	28
FLEI2	Korrelation nach Pearson	-,105	-,064	-,074	-,089	-,202	,012	-,018	-,077	-,156
	Signifikanz (2-seitig)	,595	,746	,710	,654	,304	,952	,927	,698	,428
	N	28	28	28	28	28	28	28	28	28
FBEL2	Korrelation nach Pearson	-,210	-,126	-,105	-,160	-,070	-,023	,174	-,081	-,051
	Signifikanz (2-seitig)	,283	,522	,593	,416	,723	,906	,376	,682	,798
	N	28	28	28	28	28	28	28	28	28
FABS3	Korrelation nach Pearson	-,076	-,137	,014	-,228	-,024	,267	-,169	-,259	-,170
	Signifikanz (2-seitig)	,699	,486	,943	,244	,904	,170	,390	,184	,386
	N	28	28	28	28	28	28	28	28	28
FLEI3	Korrelation nach Pearson	,151	,179	-,088	,002	-,147	,053	-,025	,118	,087
	Signifikanz (2-seitig)	,444	,362	,656	,992	,455	,788	,898	,549	,660
	N	28	28	28	28	28	28	28	28	28

FBEL3	**Korrelation nach Pearson**	-,185	-,077	-,125	-,138	,016	,018	,239	-,008	,045
	Signifikanz (2-seitig)	,345	,697	,528	,483	,936	,927	,221	,970	,821
	N	28	28	28	28	28	28	28	28	28
FABS4	**Korrelation nach Pearson**	,068	-,064	,105	-,083	,224	,156	-,330	-,220	-,187
	Signifikanz (2-seitig)	,731	,746	,595	,673	,252	,427	,086	,260	,342
	N	28	28	28	28	28	28	28	28	28
FLEI4	**Korrelation nach Pearson**	,248	,134	,051	,093	,052	-,236	-,071	,177	,074
	Signifikanz (2-seitig)	,203	,496	,797	,636	,792	,226	,719	,367	,707
	N	28	28	28	28	28	28	28	28	28
FBEL4	**Korrelation nach Pearson**	,021	-,011	,063	-,038	,047	-,053	-,002	,014	-,031
	Signifikanz (2-seitig)	,914	,955	,752	,849	,811	,790	,993	,945	,875
	N	28	28	28	28	28	28	28	28	28
LW1	**Korrelation nach Pearson**	,251	,233	,195	,422(*)	,277	-,295	-,034	,251	,233
	Signifikanz (2-seitig)	,198	,232	,319	,025	,153	,128	,863	,197	,232
	N	28	28	28	28	28	28	28	28	28
LW2	**Korrelation nach Pearson**	-,089	-,120	,122	,177	,211	-,200	-,031	-,111	-,017
	Signifikanz (2-seitig)	,652	,545	,535	,367	,281	,308	,874	,573	,931
	N	28	28	28	28	28	28	28	28	28
L1K	**Korrelation nach Pearson**	,065	,099	,021	,228	,189	-,219	,051	,165	,072
	Signifikanz (2-seitig)	,741	,617	,917	,243	,334	,263	,797	,402	,716
	N	28	28	28	28	28	28	28	28	28
L2K	**Korrelation nach Pearson**	,104	-,001	,247	,370	,411(*)	-,349	-,156	,016	-,003
	Signifikanz (2-seitig)	,599	,996	,206	,052	,030	,068	,428	,936	,987
	N	28	28	28	28	28	28	28	28	28
FPOSG1	**Korrelation nach Pearson**	,014	,023	-,031	-,048	-,017	,095	,078	,113	,021
	Signifikanz (2-seitig)	,944	,908	,874	,810	,930	,632	,695	,566	,915

	N	28	28	28	28	28	28	28	28	28
FPOSK1	Korrelation nach Pearson	-,136	-,110	-,106	-,176	-,262	,238	-,030	-,181	-,057
	Signifikanz (2-seitig)	,489	,577	,590	,371	,177	,222	,878	,358	,771
	N	28	28	28	28	28	28	28	28	28
FPOSW1	Korrelation nach Pearson	-,281	-,211	-,168	-,332	-,246	,194	,088	-,222	-,161
	Signifikanz (2-seitig)	,148	,281	,392	,084	,207	,324	,655	,256	,414
	N	28	28	28	28	28	28	28	28	28
FPOST1	Korrelation nach Pearson	,003	,061	-,142	-,099	-,052	,214	,037	,048	,070
	Signifikanz (2-seitig)	,988	,757	,471	,616	,792	,275	,851	,809	,725
	N	28	28	28	28	28	28	28	28	28
FPOSM1	Korrelation nach Pearson	-,272	-,146	-,258	-,256	-,152	,295	,148	-,180	,031
	Signifikanz (2-seitig)	,162	,458	,185	,189	,439	,127	,452	,360	,877
	N	28	28	28	28	28	28	28	28	28
FPOS1	Korrelation nach Pearson	-,171	-,093	-,197	-,249	-,210	,301	,077	-,111	-,021
	Signifikanz (2-seitig)	,383	,636	,316	,202	,282	,120	,697	,576	,915
	N	28	28	28	28	28	28	28	28	28
KWH1	Korrelation nach Pearson	-,060	,019	-,146	-,161	-,188	,203	,062	,035	,044
	Signifikanz (2-seitig)	,763	,922	,459	,413	,339	,300	,753	,861	,826
	N	28	28	28	28	28	28	28	28	28
KWH2	Korrelation nach Pearson	-,028	-,054	-,064	-,172	,034	,331	,028	-,033	,059
	Signifikanz (2-seitig)	,889	,783	,746	,381	,864	,085	,887	,869	,765
	N	28	28	28	28	28	28	28	28	28
FPOSG2	Korrelation nach Pearson	,106	-,016	,118	-,089	-,268	,258	-,215	-,047	-,159
	Signifikanz (2-seitig)	,592	,935	,551	,651	,168	,184	,271	,813	,419
	N	28	28	28	28	28	28	28	28	28
FPOSK2	Korrelation nach Pearson	,023	-,065	,075	,008	,130	-,256	-,182	-,129	-,193

	Signifikanz (2-seitig)	,906	,742	,706	,968	,511	,189	,354	,512	,326
	N	28	28	28	28	28	28	28	28	28
FPOSW2	Korrelation nach Pearson	,197	,172	-,001	-,108	,062	,200	-,095	,154	-,014
	Signifikanz (2-seitig)	,315	,381	,998	,583	,754	,306	,630	,434	,944
	N	28	28	28	28	28	28	28	28	28
FPOST2	Korrelation nach Pearson	,113	,081	-,068	-,142	,000	,235	-,238	-,016	-,120
	Signifikanz (2-seitig)	,566	,682	,731	,470	1,000	,228	,222	,934	,542
	N	28	28	28	28	28	28	28	28	28
FPOSM2	Korrelation nach Pearson	,139	,314	-,197	,027	,234	,063	,231	,374	,332
	Signifikanz (2-seitig)	,480	,104	,315	,892	,231	,749	,238	,050	,084
	N	28	28	28	28	28	28	28	28	28
FPOS2	Korrelation nach Pearson	,227	,190	-,048	-,151	,050	,259	-,230	,113	-,080
	Signifikanz (2-seitig)	,245	,333	,809	,443	,799	,184	,240	,567	,684
	N	28	28	28	28	28	28	28	28	28
S1	Korrelation nach Pearson	,271	,238	,000	-,136	,005	,335	-,146	,186	-,042
	Signifikanz (2-seitig)	,164	,222	,999	,489	,981	,082	,458	,344	,833
	N	28	28	28	28	28	28	28	28	28
S2	Korrelation nach Pearson	-,115	-,096	-,029	-,153	-,251	,076	-,005	-,106	-,138
	Signifikanz (2-seitig)	,560	,625	,883	,436	,197	,702	,979	,592	,484
	N	28	28	28	28	28	28	28	28	28

** Die Korrelation ist auf dem Niveau von 0,01 (2-seitig) signifikant.

* Die Korrelation ist auf dem Niveau von 0,05 (2-seitig) signifikant.

12.6 Datenblatt eines Probanden aus der Computersimulation

Die von uns entwickelte und eingesetzte Computersimulation "Energie im Haushalt" speichert automatisch alle Probandeneingriffe. Im Folgenden wird das Datenblatt eines Probanden dargestellt.

```
MalteA  9A  12-07-2000  09:48:13
```

Beleuchtung

```
Merkblatt      09:54:12
8,99 steht auf dem

Merkblatt      09:54:29
8,99 steht auf dem Luxumeter

Merkblatt      09:56:00
Bei der ersten Lampe steht 8,99 auf dem Luxmeter.
bei der zweiten Lampe

Merkblatt      09:58:59
Bei der ersten Lampe steht  bei x1 Lux 1002 auf dem Luxmeter, bei einer
entfernung von 10 cm. Das Energiemeßgerät

Merkblatt      10:01:02
Bei der ersten Lampe steht  bei x1 Lux 1002 auf dem Luxmeter, bei einer
entfernung von 10 cm. Die erste lampe hat 25 w.
Bei der zweiten Lampe


Merkblatt      10:03:51
Bei der ersten Lampe steht  bei x1 Lux 1002 auf dem Luxmeter, bei einer
entfernung von 10 cm. Die erste lampe hat 25 w.
Bei der zweiten Lampe bei x1 Lux 1001 auf dem luxmeter, bei einer
Entfernung von 18cm.Die Lampe hat 14 Watt.

Merkblatt      10:06:17
Bei der ersten Lampe steht  bei x1 Lux 1002 auf dem Luxmeter, bei einer
entfernung von 10 cm. Die erste lampe hat 25 w.
Bei der zweiten Lampe bei x1 Lux 1001 auf dem luxmeter, bei einer
Entfernung von 18cm.Die Lampe hat 14 Watt.
Bei der dritten Lampe ist  der Wert bei 18 cm entfernung 999. Die Lampe hat
60 Watt.

Merkblatt      10:07:41
Bei der ersten Lampe steht  bei x1 Lux 1002 auf dem Luxmeter, bei einer
entfernung von 10 cm. Die erste lampe hat 25 w.
Bei der zweiten Lampe bei x1 Lux 999 auf dem luxmeter, bei einer Entfernung
von 18cm.Die Lampe hat 14 Watt.
Bei der dritten Lampe ist  der Wert bei 18 cm entfernung 999. Die Lampe hat
60 Watt.

Merkblatt      10:09:15
Bei der ersten Lampe steht  bei x1 Lux 1013 auf dem Luxmeter, bei einer
entfernung von 9 cm. Die erste lampe hat 25 w.
Bei der zweiten Lampe bei x1 Lux 999 auf dem luxmeter, bei einer Entfernung
von 18cm.Die Lampe hat 14 Watt.
Bei der dritten Lampe ist  der Wert bei 18 cm entfernung 999. Die Lampe hat
60 Watt.
Bei der vierten Lampe
```

Merkblatt 10:10:41
Bei der ersten Lampe steht bei x1 Lux 1013 auf dem Luxmeter, bei einer entfernung von 9 cm. Die erste lampe hat 25 w.
Bei der zweiten Lampe bei x1 Lux 999 auf dem luxmeter, bei einer Entfernung von 18cm.Die Lampe hat 14 Watt.
Bei der dritten Lampe ist der Wert bei 18 cm entfernung 999. Die Lampe hat 60 Watt.
Bei der vierten Lampe ist der Wert 1004 bei 9 cm Entfernung, Die Lampe hat 6 Watt.

Merkblatt 10:10:57
Bei der ersten Lampe steht bei x1 Lux 1013 auf dem Luxmeter, bei einer entfernung von 9 cm. Die erste lampe hat 25 w.
Bei der zweiten Lampe bei x1 Lux 999 auf dem luxmeter, bei einer Entfernung von 18cm.Die Lampe hat 14 Watt.
Bei der dritten Lampe ist der Wert bei 18 cm entfernung 999. Die Lampe hat 60 Watt.
Bei der vierten Lampe ist der Wert 1004 bei 9 cm Entfernung, Die Lampe hat 6 Watt.

Lampenversuch

InfoZeit: 00:04:02
LampenZeit: 00:21:47
LampenGesamtZeit: 00:25:49

Abstände			
9	18	18	9
Leistungen			
25	14	60	6
Beleuchtungsstärken			
1013	999	999	1004

Lesen: 2
ich glaube, das man zum lesen nicht so viel braucht, wie z.B. ein ganzes zimmer auszuleuchten.

Nachtlampe: 4
man die nur zum einschlafen braucht, und nicht um z.B. Hausaufgaben zu machen.
Merkblatt 10:21:46
Wasserkocher: 0,029 kwh
in 58 sekunden und bei einer Temperatur von 100sek.

Erhitzen von Wasser

Merkblatt 10:28:09
Wasserkocher: 0,029 kwh
in 58 sekunden und bei einer Temperatur von 100sek.

Merkblatt 10:28:24
Wasserkocher: 0,029 kwh
in 58 sekunden und bei einer Temperatur von 100sek.

Merkblatt 10:31:31
Wasserkocher: 0,029 kwh
in 58 sekunden und bei einer Temperatur von 100sek.
wasserkocher braucht 47 sek. Braucht 0,002 kwh
Merkblatt 10:31:50
Wasserkocher: 0,029 kwh

```
in 58 sekunden und bei einer Temperatur von 100sek.
wasserkocher braucht 47 sek. Braucht 0,002 kwh

Merkblatt     10:33:34
Wasserkocher: 0,029 kwh
in 58 sekunden und bei einer Temperatur von 100sek.
wasserkocher braucht 47 sek. Braucht 0,002 kwh

Merkblatt     10:37:22
Wasserkocher: 0,029 kwh
in 58 sekunden und bei einer Temperatur von 100sek.
wasserkocher braucht 47 sek. Braucht 0,002 kwh
Die mikrowelle braucht 0,035 in 1 min und 44 sek.

Merkblatt     10:37:30
Wasserkocher: 0,029 kwh
in 58 sekunden und bei einer Temperatur von 100sek.
wasserkocher braucht 47 sek. Braucht 0,002 kwh
Die mikrowelle braucht 0,035 in 1 min und 44 sek.


Wasserkochen

InfoZeit:      00:00:58
WassKochZeit: 00:22:30
WassKochGesamtZeit:         00:23:28


Aufgabe1: Wasser energiesparend zum Sieden bringen

Gerätereihenfolge:
Tauchsieder
Wasserkocher
Mikrowellengerät
Kleiner Topf auf der Kochplatte
Großer Topf auf der Kochplatte

Wassermengen:
 205
 203

Erreichte Temperaturen:
100,00
100,00

Energieumsätze:
 0,022
 0,029

Zeiten:
04:27
00:58

Aufgabe2: Wasser schnell zum Sieden bringen

Gerätereihenfolge:
Wasserkocher
Mikrowellengerät
Kleiner Topf auf der Kochplatte
Großer Topf auf der Kochplatte
Tauchsieder

Wassermengen:
 199
```

```
 201

Erreichte Temperaturen:
100,00
100,00

Energieumsätze:
 0,028
 0,035

Zeiten:
00:56
01:44
Ende
```

Peter Lang · Europäischer Verlag der Wissenschaften

Stefan Staiger

Computerbasierte Lehr-Lern-Arrangements

Didaktische Konzepte und Potenziale konkretisiert an einem Beispiel für beruflichen Unterricht

Frankfurt am Main, Berlin, Bern, Bruxelles, New York, Oxford, Wien, 2004.
313 S., zahlr. Abb. und Tab.
Europäische Hochschulschriften: Reihe 11, Pädagogik. Bd. 904
ISBN 3-631-52212-6 · br. € 51.50*

Didaktisch fundierte Konzepte sind eine wichtige Voraussetzung für den sinnvollen Einsatz computerbasierter Medien im Unterricht. Bislang existieren jedoch kaum derartige Konzepte. In dieser Arbeit wird auf der Basis von Literatur- und Internetrecherchen und eigenen unterrichtlichen Erfahrungen des Autors ein Konzept entwickelt. Zur Konzeptentwicklung wird ein interdisziplinärer Zugang gewählt, wobei technische, allgemeindidaktische, fach-didaktische und medienpädagogische Überlegungen zum Tragen kommen. Alle durchgeführten Überlegungen werden in einem Konzept für den Einsatz computerbasierter Medien zusammengeführt, welches in fünf Aspekten beschrieben wird. Abschließend wird das Konzept beispielhaft für die gewerblich-technische Berufsschule konkretisiert.

Aus dem Inhalt: Didaktische Potenziale · Aktueller Einsatz computerbasierter Medien · Forderungen für medienbezogene Kompetenzen · Stellenwert der Medien in Ansätzen der Allgemeinen Didaktik, der Fachdidaktik und der Medienpädagogik · Bestehende Konzepte zum Einsatz computerbasierter Medien · Entwicklung eines eigenen Konzeptes

Frankfurt am Main · Berlin · Bern · Bruxelles · New York · Oxford · Wien
Auslieferung: Verlag Peter Lang AG
Moosstr. 1, CH-2542 Pieterlen
Telefax 00 41 (0) 32 / 376 17 27

*inklusive der in Deutschland gültigen Mehrwertsteuer
Preisänderungen vorbehalten

Homepage http://www.peterlang.de